A
Cultural
History
of
Western
Fashion

西方时尚文化史

（第3版）

[美] 邦尼·英格利什

纳兹宁·哈达亚特·门罗

著

田瑞雪

译

中国画报出版社·北京

图书在版编目（CIP）数据

西方时尚文化史 / (美) 邦尼·英格利什, (美) 纳兹宁·哈达亚特·门罗著；田瑞雪译. -- 北京：中国画报出版社, 2024.4
书名原文：A Cultural History of Western Fashion
ISBN 978-7-5146-2227-0

Ⅰ.①西… Ⅱ.①邦… ②纳… ③田… Ⅲ.①服饰文化—文化史—研究—西方国家 Ⅳ.①TS941.12-095

中国国家版本馆CIP数据核字(2023)第165110号

北京市版权局著作权合同登记号：01-2023-0972

西方时尚文化史（第三版）

［美］邦尼·英格利什　　［美］纳兹宁·哈达亚特·门罗 著　　田瑞雪 译

出 版 人：方允仲
责任编辑：李　媛
内文排版：郭廷欢
责任印制：焦　洋

出版发行：中国画报出版社
地　　址：中国北京市海淀区车公庄西路33号　邮　编：100048
发 行 部：010-88417418　010-68414683（传真）
总编室兼传真：010-88417359　版权部：010-88417359

开　　本：16开（710mm×1000mm）
印　　张：17.75
字　　数：240千字
版　　次：2024年4月第1版　2024年4月第1次印刷
印　　刷：北京汇瑞嘉合文化发展有限公司
书　　号：ISBN 978-7-5146-2227-0
定　　价：168.00元

▲ 图 0.1 1914年3月，金伯尔兄弟百货公司模特展示波瓦雷设计的服装。

邦尼·英格利什（Bonnie English，1948—2013），艺术史论副教授，曾执教于澳大利亚格里菲斯大学昆士兰艺术学院。

纳兹宁·哈达亚特·门罗（Nazanin Hedayat Munroe），全美知名纺织艺术家，曾任大都会博物馆教员，现任纽约城市大学纽约城市技术学院纺织处主任、时尚商业和技术专业副教授，研究纺织、历史服饰和当代时尚业。

推荐序 一

李当岐

西方服饰文化与我们当代人的生活关系密切。自20世纪初始，在反帝反封建的民族救亡的风雨中，国人被动地开始接受西方服饰，在上海等沿海大都市开始参与国际潮流；冷战时期又一度中断了与西方时尚的联系；改革开放以来，我们再次打开国门，直面西方时尚潮流，先是盲目模仿，继而奋起直追，积极参与国际潮流，与国际接轨，我们的纺织服装产业高速发展，国人的时尚文化与国际同步。现在，我们不仅是世界第一的服装生产大国，而且是世界第一的服装消费大国，西方各大名牌云集，中国时尚品牌也纷纷崛起，中国风尚开始影响世界潮流。

然而，对于这个我们已经融入其中的国际时尚大潮的来龙去脉，大多数国人却并不十分清楚。这本《西方时尚文化史》从文化学、社会学、历史学的角度为我们解开了这个谜团。书中详细介绍了自19世纪中叶巴黎高级定制时装产业兴起以来，西方时尚文化的变迁历程：人们耳熟能详的著名时装设计大师在各个历史阶段的活动踪迹、国际上著名时尚品牌的兴衰过程和运作模式、面向社会上流的高级定制时装和面向中产阶层的高级成衣的运行轨迹、20世纪60年代的"嬉皮士"及70年代的"朋克"等亚文化对传统时尚的颠覆、信息时代互联网大数据对时尚传播和时尚流通方式的革命等，都在书中一一呈现。以往许多西方服装史的专著，在近现代部分大都以活跃在各时期的时尚弄潮儿——著名时装设计师及其作品介绍为主要内容，而这本《西方时尚文化史》视野更加宽阔，更加全面，在关注时尚潮流的同时，揭示其文化背景，社会结构的变化、人们价值观的变化、文化思潮的变化、科学技术的发展都左右和影响着时尚文化，时尚文化又在塑造着人们的生活方式。

总之，这本《西方时尚文化史》是非常值得细细阅读的近现代时尚史读物。不仅适合高等院校服装设计专业作为教材学习，而且也是时尚产业从业者的良师益友。因为现当代的许多时尚潮流的来龙去脉，欧美各国时尚产业的兴衰过程，我们曾经体验并正在经历的时尚潮流都能在这本书中找到答案。

李当岐，清华大学美术学院教授，清华大学学术委员会副主任，曾任中国服装设计师协会第七届理事会主席。

推荐序 二

王永进、任怀晟

作为中国服装产业从业者，尤其是服装设计师，系统学习西方服装史是帮助设计师了解西方服饰文化传承、演变与创新的重要途径。正因如此，许多国内时尚院校开设了有关西方服饰文化的专业课程，我们也可以在国内的各种平台和机构看到许多相关领域的书籍，这些为深入推动中西方服饰文化的交流起到了积极的作用。

从社会学角度来看，西方时尚发展史可以说是服务上层、服务大众、追求品牌引领地位三者博弈的历史，这些年有关近当代社会时尚文化的论著大都以此为主线展开。但纳兹宁·哈达亚特·门罗和邦尼·英格利什老师的著作《西方时尚文化史》却另辟蹊径。该书除了系统介绍19世纪中叶到21世纪的主要流行风格、设计师、品牌等，还着重讲述了时尚形成的社会文化背景。相较于其他同类书籍，该书呈现六大特色：

首先，从研究对象和范围上讲，全书分为十一章，完整、系统地将服装、饰品、数字化产品这三种当下可视的人类装扮物，作为一个前后关联的整体进行探讨。该书除了叙述技术变革与产业影响，也从更深层次的表象与起因关系中去寻找历史发展的规律，进而构筑了人类时尚演化最剧烈的一个半世纪的全景画卷。

其次，从论述重点上讲，该书没有像传统时尚史著作那样按照时间脉络和应用场合来逐一详细展示服饰的结构、工艺、材质细节，而是从时尚装扮物出发，延展到品牌策划、新兴思潮、公司运作、风俗制度等方面，分析介绍了许多著名设计师（品牌商）努力推动时尚装扮物普及的源动力。该书把握住了时代发展的脉搏，展示了推动时尚转变的根本原因，贯通性很强、易于理解，是传统款式介绍类时尚著作的有力补充。

第三，从前瞻性讲，作者通过对时尚产业发展史的梳理，阐释了对时尚未来发展动因的展望与预判——未来越来越多时尚转变的动力来自科技的进步，越来越多的新兴科技会融入时尚设计，进而改变我们原来的生活方式。如因特网和电子商务对21世纪时尚向数字化、信息化、自动化等方面转型升级所产生的决定性作用。因此该书具有一定学术前瞻性。

第四，从叙事风格上讲，该书没有像许多品牌宣传书那样充斥着溢美之词，而是尽可能采取客观务实的态度记录史实。作者让曾经被奉为圭臬的经典案例回归到历史应有的地位。如德国包豪斯和美国克兰布鲁克的艺术学院都对设计与时尚产生过很大影响力。作者也讲述了一些时尚重大变革的历史背景是设计师为适应市场不得不开发新品的史实。特别是作者还注意引证学者的研究成果，以增强信息的可靠性。如书中引用了皮埃尔•布迪厄《文化贵族》、伊丽莎白•威尔逊《装饰成梦》等研究成果。更可贵的是，该书没有回避社会不良现象对时尚行业的不利影响；即使是矛盾的观点，作者也做到了客观陈述。这种平实记录的风格，既体现了史学工作者对历史的尊重，也明确了该书是作为专业性时尚历史书籍，而不是品牌宣传册的定位，提升了该书的学术地位。

第五，从产业发展的历史构架上讲，该书注意到时尚转折节点的把握，如成衣发轫的标志是1824年"花园之家"（La Jardinière Maison）服装店在巴黎开业；成衣业形成的时间是1860年缝纫机开始普及，英国成衣行业完全成型。也注意到新兴经济体时尚业萌发的原因，如20世纪20年代前，美国通过盗版开创了本国时尚产业；日本成衣市场的兴起则是因为融汇各种思想文化使得多元和碎片化的艺术形式更能适合不同人群的需要。这种叙述把握住了时尚产业发展的各个重要历史节点，对全书起到了提纲挈领的作用。

最后，从经验总结上讲，该书善于总结、条理清晰、易于理解。这一方面展现了作者本人对时尚问题的完整思考。如要让成衣产业有稳固根基，从业者就要解决三大问题：第一，衣服要更时髦，更合身，更实用；第二，要批量生产，保持低价；第三，改变成衣在公众心目中的形象。另一方面作者也积极利用其他学者的研究成果，如布里渥发现，19世纪下半叶高级定制屋做好生意有三个条件：手工缝制、品牌控制和创意眼光。这种兼收并蓄的做法使得该书的思想性更加丰厚。

当然该书也存在诸如突出美国在时尚产业中所处道义地位的思考是否合适，对发展中国家成衣业起步问题的看待不够客观等情况。这些问题需要国内读者以审视的眼光去理解，即不但需要追寻书中介绍的西方时尚历程，也要能够洞悉作者所处的社会历史环境，不苛求西方时尚史著作的完美性。

当然，瑕不掩瑜，这是一本值得推荐、可资伴手的时尚参考书。

王永进博士，教授，北京服装学院服装艺术与工程学院原院长、科技处处长。教育部纺织类专业教学指导委员会委员，中国服装设计师协会学术委员会主任委员，北京时装设计师协会副会长。长期从事服装工效及服装装备设计研发。

任怀晟博士，北京服装学院副教授，曾为中国社科院民族学博士后，英国亚非学院访问学者，中国服装设计师协会学术委员会委员，中国民族史学会会员，英国皇家亚洲学会会员。研究方向为中国中古服饰史、服装设计理论与实践。

目录

致谢

感谢布鲁姆斯伯里出版社编辑乔治亚·肯尼迪提出修改建议。感谢纽约城市大学纽约城市技术学院院长大卫·史密斯、商务系主任卢卡斯·伯纳德、院里的行政工作人员支持我开展研究，出版研究成果。时尚话题离不开学生讨论参与。感谢时尚商业技术专业的学生。他们在课堂上专心致志地听讲，提出问题，给出意见，帮助我对未来时尚行业的发展有了清晰具体的认识。感谢我的丈夫。这一版数易其稿，其中艰辛自不待言，是他在一旁耐心倾听。感谢我的父亲，是他扶持我一路走来有所成。

绪论

《**西**方时尚文化史》从艺术、音乐、政治、大众传媒等多个文化维度阐释时尚如何折射社会现实。时尚既是文化晴雨表，也是反应器。新风格的形成离不开文化环境。本书分析塑造时尚历史的多种因素，探讨时尚如何记录社会和意识形态运动。本书从19世纪中叶高级定制时装的兴起开始，探寻时尚发展历程，以21世纪数字时代收尾，展现时尚风格如何随社会大潮起起落落。

近年来，人们越来越认识到，时尚是文化的重要组成部分。明星设计师不断涌现，国际大博物馆不断举办时尚大展，交叉学科研究越来越多，横跨纯艺术、实用艺术、设计、电影和时尚多个行业。《西方时尚文化史》以社会历史学为视角，回顾19世纪末以来涌起的几大潮流，探寻高级时装和成衣设计师如何为时代诠释时尚。

对时尚史了解得越多，越会发现时尚本身非常复杂。我们用服装表达自己对世界大事、环境问题和社会问题的看法。时尚时而统一思想意识，时而反叛社会成规。时尚可鼓动革命，传播革命思想。虽然人们很少把时尚看作艺术，但其实时尚一直在与艺术对话，化庸识为洞见。潮流起起落落，每一波都是一条社会思辨新信息。人们借鉴、改造古代服装廓形和纺织品图案，使其成为身份象征。传统就此逆转。时尚和艺术一样，不为传统、规则和道德标准所羁绊，一直在朝新方向演进。

时尚产业价值万亿美元。从商业和文化两方面来看，这一产业不仅创造了商业机会，还改变着人们用服装沟通的方式。时尚设计师、流行文化、大集团公司、高科技生产、电子商务、数字媒体之间紧密相关。对其关系的分析贯穿本书。

19世纪末20世纪初，以奢华专享为设计内涵的高级定制时装风头正劲。但随着制造业发展，设计师品牌出现，时尚等级体系弱化，高级定制时装与批量生产服装的关系也随之大变。一个设计师要想成功，必须以批判眼光分析社会文化风向，凭直觉应对社会变化。比如，出身工薪阶层的香奈儿能认识到，"一战"后，高档纺织品供应短缺，要以实用为本，用普通面料代之。更为重要的是，普通面料也是革命象征，象征着中产阶层对高级定制时装贵重面料的态度。能知道变化为什么会发生，并结合社会历史背景认识变化，对学生、设计师新锐、历史学家和密切关注时尚产业变迁的人来说都非常重要。从文化学角度认识时尚，是一种多文化、多学科宏观视角，有利于预测未来发展方向。但有一个问题显而易见：如果我们不了解过去，怎么可能思考未来？

自20世纪60年代以来，时尚设计师大多受过艺术院校教育，也有时尚机构工作经验，能够认识到艺术和时尚设计中最重要的一环是概念形成。有了概念，时尚和艺术才超出物品、产品范畴，变成思想。到了这时候，时尚是否为艺术已无关紧要。自20世纪80年代以来，时尚展览越来越像是装置艺术，时尚秀变成了一种表演艺术。当代时尚服装走进展览馆，被美术馆、博物馆购进，变成永久藏品。国际时尚展览展出兼具实用功能和美学价值的时尚作品，观者如潮。人们还可以在数字世界观瞻、消费时尚。兼具实用和幻想功能的时尚，代表了时尚产业未来发展方向。

本书沿时间脉络，分主题讨论。当然，有些章节不可避免会有时间段重合问题。第一章"时尚的商业化"揭示高级定制时装的内在矛盾。这种服装为有权有势者专属独享。百货商店兴起，促进了中上阶层的社会平等。第二章"时尚艺术巧思"回顾20世纪初，机械化生产成型，纯艺术和实用艺术相辅相成，艺术和服装有合流之势。第三章"时尚的平民化"探讨"一战"后，服装生产机械化，高级定制时装模型随之变化。第四章"时尚的美国化"阐释美国时尚产业发展趋势，探讨美国如何从制造业枢纽变成设计先导，重点聚焦第七大道何以变身成衣之乡。第五章关注"二战"后高级定制时装的变化，从社会学视角分析20世纪60年代的另类时尚，这种时尚转而又影响了高端时尚，导致"时尚的大众化"。一方面，越来越多的人消费得起主流时尚产品；另一方面，也有人希望用个性化服饰表达反文化观点。第六章"时尚的后现代性"揭示反时尚成为表达不同见解、意识形态、意义和记忆的载体，帮助人们表达个性，挖掘思想深度。第七章透析"时尚异思"，呈现时尚体系对人之境遇的各种看法，讥讽反思兼有。第六、七两章主题相同，即非西方文化的视觉比喻如何与服装元素混合，最终发展为街头风格。时尚产业越来越成为一项全球性活动。世界大事件也影响着服装设计、营销和经销方式。第八章回归美国时尚产业。在美国时尚产业体系下，设计师化身品牌，服装反映郊区和城区文化，时尚本身变成一种生活方式。第九章探讨"时尚的集团运作"，阐释政治动荡、经济下行、工业全球化等世界大事件如何全面影响个人设计师、企业、零售商和时尚从业者。全球环境恶化，社会正义问题引人深思，消费行为和企业社会责任随之变化，业内人士聚焦"时尚可持续发展"，即第十章的主题。本书最后一章"时尚的数字化"探讨技术发展背景下实体时尚和虚拟时尚新概念。目前，主流时尚界不再在百货商店摆放模特，而用互联网传播风格和思想，开发电子商务。从一定程度上来说，时尚渐渐变成了一种图像体验。社交媒体是强大推手，淘汰广告旧模式，让大众消费者自创潮流，紧跟网红。

本书第一、二版漏掉了主流时尚体系之外的设计师和消费者这一关键信息。在新一代时尚史家看来，世界多元多样，服装和社会息息相关。本书没有逐一探讨影响20世纪时尚的各种因素，但将主流体系外各种背景的设计师纳入研究视野，关注如何用非西式纺织品和服装形式制作高级定制时装和成衣。

总之，本书采用文化和历史视角，探究过去一个半世纪里改变时尚世界的诸多因素。本书无意事无巨细地呈现20—21世纪各时期、各设计师、各种时尚潮流，只为厘清逆转潮流的主要因素。在这些因素作用下，时尚原本是私人专享，现在走上街头，变得更加个性化，更加随意。本书同时以文化之变为背景，反思时尚演化历程。

Laceing a Dandy

时
尚
的
商
业
化

绪论

本章审视19世纪中叶服装生产和消费之变，涉及技术、经济、音乐和艺术多种因素。这些因素为当代时尚产业的发展奠定了基础。纺织技术进步，服装生产提速，总成本降低，中下阶层也能买得起衣服。市面上的衣服突然多了起来，艺术家和设计师走上竞技场。他们要面对全新受众，用平凡和脱俗的创造装扮客户。

中产阶层人数越来越多。社会上层和高级服装设计师这一新专业技术人士建立了联系，让他们为自己量身定制专属衣物，与中产阶层相别。但中产阶层不甘示弱，也想炫耀财富。他们找裁缝仿制衣服，去百货商店买工厂生产的服装。也就是说，上层掀起风潮，中产跟随其后，富豪精英再度标新立异，开启又一轮循环。

20世纪前的欧洲服装和社会

服装一直都是财富和社会地位的标记物。19世纪前，时尚变化缓慢。社会阶层以纺织品相别，不以风格区分。我们现在所说的"时尚"特指服装风格常变常新，在很大程度上，正是因为19世纪服装制作和经销活动猛增。纺织制衣工序耗时耗力，使得服装曾经是珍贵商品，只有大富之人才有一橱衣服。工薪阶层虽然纺织做衣，日常却只有几套衣服，过节才能换上"节日服装"。他们把衣服缝缝又补补，穿了又穿，一代传一代。平常穿的和特别场合穿的衣服一般以面料区分。颜色越鲜亮，图案越多，生产成本越高。成本一般包括两项：材料和技术。要用昂贵染料，雇用熟练工人在丝绸上编织图案，在细棉布上印彩。18世纪以前，欧洲的细棉布主要从印度进口*。

18世纪，纺织技术不断进步，先有珍妮纺纱机（Spinning Jenny），后有水力纺纱机（Water Frame）。1779年，塞缪尔·克朗普顿又改进了走锭细纱机（Spinning Mule）。这意味着，纺织厂用上了棉毛细线。1733年，约翰·凯伊发明飞梭，加快了纺织工序，减少了劳动力使用。1801年，约瑟夫·玛丽·贾卡发明贾卡提花织机。这是一种穿孔纹板自动化系统，织起带图案的毛料来，要比流行几百年的手工提花织机快得多，操作也要简单得多。1846年，伊莱亚斯·豪发明机械缝纫机，并申请专利。1851年，艾萨克·梅里特·辛格改造了缝纫机，使得纺织和服装生产提速。与

* 欧洲上层所穿印花面料主要是印花棉布，或称印花布，是从印度进口而来，风靡法英两国。18世纪初，因两国政府限制进口贵重物品，面料生产商开始研发木刻、铜版等印花工艺。

14 西方时尚文化史

此同时，欧洲和北美修筑铁路，货物运输速度更快、更有保障，时尚变成一种重要商品。能买得起华贵衣服的人用服装彰显社会地位。

服装生产提速，时尚加快变化。以前，皇室贵族决定新风格，中产阶层模仿穿着。从17世纪中叶开始，社会精英模仿法国王室着丽服华装。这样的衣服渐渐在欧洲其他国家皇室流行开来，成为旅行和外事往来服饰，并通过旅行日记、信件和时尚样板画插图，进一步流行开来。一有新式样流行，市面上就出现了昂贵的面料和边饰。纺织商急于向中上阶层和下层士绅推销。这些人家雇用的裁缝会模仿新式样裁制衣服。19世纪40年代，女性青睐的廓形是上身贴紧，下身球形裙及地，突出纤细腰身。做出这种廓形，要有束身胸衣，还要用六层硬挺的面料制作克里诺林式（crinoline）裙撑，把裙子撑满。这样一种服装属于分体式，分为上衣和裙子，得用上几米奢华面料，买一套投资不菲。身处上层为人父、人夫者，不得不背负债务，只为给妻子女儿穿衣打扮，免得总穿同一套，被人看成是中产阶层。不过，中产阶层也为穿衣在所不惜。*

* 几个世纪以前，就有国家出台禁奢法，专门规定哪些服装款式和面料能穿。皇族以外的人穿奢华面料会被认为是"抬高身份"，构成欺诈，会遭到惩罚。西方禁奢法源于古罗马时期，一直持续到17世纪。

▼ 图1.1　1913年11月，布拉索斯山谷棉纺厂女工，年仅14岁。路易斯·威克斯·海恩摄于美国西部得克萨斯州。19世纪到20世纪初，纺织厂普遍招用童工，引发社会改革者热议。（美国童工委员会藏品，美国国会图书馆藏）

▶ 图 1.2　约翰·坦尼尔《见鬼女》（*The Haunted Lady*）漫画，载于 1863 年《喷趣》杂志。裁缝正为贵族缝制华服；镜中，我们能看到一个针织女工形容枯槁。她们创造了华美服装，但收入微薄。

束身胸衣和衬裙给女性带来了背疼、呼吸不畅等健康隐患。19 世纪，女权主义者和医生开始注意到这一问题*。19 世纪 50 年代，钢材变成新材料，得到广泛使用，促成笼状克里诺林式裙撑的发明。起初，人们用布带系紧钢圈，做成半圆形框架撑满裙子。这样一来，最外层面料就能垂下来，不用一层层套穿衬裙。这种裙子被法兰西第二帝国皇帝拿破仑三世妻子、法国末代皇后欧仁妮和英国维多利亚女王穿到身上后，很快成为时尚女性标志。这种裙子还有伸缩效果，方便女性席地而坐。

新样式比老样式轻了不少，但廓形太大，在当时招来不少批评。伦敦发行的讽刺杂志《喷趣》（*Punch*）称 1857—1867 年为"克里诺林疯狂"，还配了嘲讽漫画。这种样式有更深层的社会影响，即用箍笼限制女性，把她们变成装饰品，让男人生出爱慕的心。不少人对这种时尚样式颇有异议。1863 年，记者哈里特·马蒂诺开了一个专栏，故意夺人眼球，栏目名为"恣意杀手"，列举了好几例女人穿着克里诺林式裙撑，离炉栅、蜡烛太近，最终被活活烧死。马蒂诺还引用了验尸官报告，报告内容覆盖伦敦在内的整个西米德尔塞克斯地区，当时的伦敦专门有人为有钱人家定制宽大礼服裙。这种宽裙廓形经久不衰，到现在还被称作"舞会礼服长裙"。当时，要做上这样一条裙子，得花上熟练女工 15 个工时。她们身处社会底层，坐在昏暗的房间里，给上层女子绣衣服。这种衣服在 1 月到 6 月尤其流行，因为那个时节英国议会要开会，有钱的庄园主都要赶去伦敦。

19 世纪中叶到 60 年代末，巴斯尔（bustle）臀垫登场。这种垫子放在臀部，卷起外裙，使之垂下来形成拖裾。这种样式比球形笼箍易于打理，但把重量转移到了腰部和下身。最终廓形如同沙漏，也要搭配束身胸衣穿，一直流行到 20 世纪初。

欧洲男装变化也很大。起初是花里胡哨的宫廷装，到了 19 世纪，颜色淡雅不少。17—18 世纪，贵族男装仿照路易十四的宫廷装，丝绸面料上饰有法国、西班牙、意大利流行图案。全套衣服包含及膝外套、贴身马甲、马裤。颜色有玫瑰粉、翠叶绿、锈橙等。配饰有扑粉白色假发、绸缎围巾打成的松软蝴蝶结、蕾丝袖口、丝绸长袜和缎子鞋。假发上还会系上小三角形礼帽或羽毛。全套搭配风靡全欧，为贵族所青睐。这种式样源于法国。1789—1799 年法国大革命期间，普通民众厌弃这种及膝马裤绸缎套装，把这种样式和统治阶层联系在一起。工人和同情他们遭遇的上层人士更喜欢穿条纹平织棉或羊毛制成的及踝长裤。这些社

* 关于 19 世纪英国人对女装的批评意见，请参阅 2018 年米歇尔编著《让维多利亚人时尚起来》（伦敦、纽约：布鲁姆斯伯里出版社）。

会革命者相应被代指为"非及膝马裤"——从法语"sans-culottes"翻译而来——象征无产阶级与贵族理想决裂，为社会正义而战。从19世纪初开始，男装亦不断变化。

18世纪中后期，英国贵族热衷行遍欧洲"壮游"。归来时，穿戴时髦装束，被戏称为"通心粉"，因为他们在意大利时经常吃通心粉。英语中，"通心粉"和"纨绔子弟"是同一词（macaroni）即由此而来。这些年轻男子手持望远镜，戴着大号蜷曲假发，上面插着羽毛。当时的戏剧作品对此多有嘲讽。例如，1757年大卫·加里克的戏剧《风流男子》（The Male-Coquette）。此外，纨绔子弟认为只有精英阶层才配追逐时尚。

19世纪前几十年，男装发生了一些变化。这要归功于一个叫乔治·布鲁梅尔（1778—1840）的人（"布鲁梅尔"代指花花公子即由此而来）。这个人善于钻营，不断往上爬，引得宫廷圈青睐一种新样式——黑羊毛面料制成的贴身三件套装。此后，男装从华丽转向淡雅，以量身定制贴身剪裁为上。伦敦萨维尔街就是高级男装定制一条街。19世纪，法国服饰不断演化。男性不再喜欢马裤，以穿长裤为时尚。燕尾服仍然是重要正装，有单双排扣之分，前短后长，后腰或开叉或不开叉，垂到膝盖位置。19世纪下半叶，男士日装有晨礼服，有搭配长裤穿的双排扣宽下摆礼服大衣，还有从英国狩猎装演变而来的正装裙式外套，长度到大腿中部。这些衣服看起来比较朴素，但价钱不菲，每套都是用精纺羊毛等高档面料量身定制而成。到了19世纪，英国男性不再像18世纪那样喜欢特别花哨的布料和

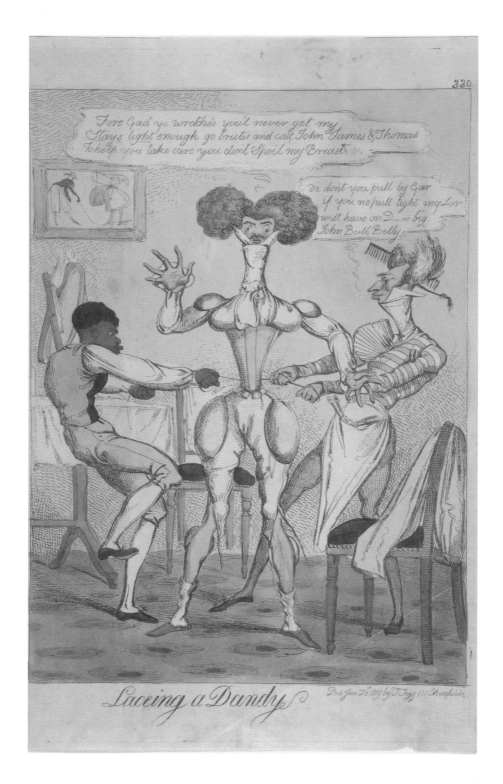

剪裁，但仍然特别关注外表。有的人甚至还学女人穿加了箍圈的束身胸衣。因为这些极端的做法，这些男子被称作花花公子。当时的知识分子常在报纸杂志上撰文抨击浮浪虚荣作风。

对于工薪阶层来说，穿衣服跟行礼仪关系不大。衣服不能彰显社会地位，只有实用功能。他们在纺织厂等工厂上班，每天都穿工作服。工厂主不允许穿笼状克里诺林式裙撑，或者其他又长又宽的衣服，害怕让磨床卷住。十多岁的男孩、成年男性怕受工伤，脱下马裤，换上了长裤。公府宅邸的仆从是主人家的固定财产，一般穿制服。女仆穿裙子、围裙，戴帽子，男仆穿制服，管家等高一级的雇工穿正装。从他们身上穿的衣服可以看出各自体力劳动的强度。紧身衣服不便于活动，适合悠闲自在的绅士。不过，虽然女仆不用穿笼状克里诺林式裙撑，但还是要穿束身胸衣，显得庄重体面。

在英美两国殖民地，佃户或奴隶一般要自己做衣服，为此先要纺丝，做成粗口袋布，不加漂白，最后缝纫。到了19世纪，市面上有现成的服装可以买给奴隶穿。不过，面料一般还是粗布，表明其社会地位不高。因此，从奴隶身上穿的衣服可以看出他是否是在逃的奴隶。为了逃出去，奴隶要花钱买自由人穿的衣服。有时，他们穿主人剩下的衣服，或者自己掏钱，再或者通过交换的方式，得到质量好一点的衣服。1833年，英国殖民地废除奴隶制；1865年，美国废奴，情况才有所改观。

对于所有社会阶层来说，有能力穿对衣服，改变生活境遇，既有积极意义，也有消极影响。当时，欧洲潮流一般流行一两年后才会传到美国。但美国人信守清教价值观，崇尚艰苦朴素，认为穿精致华美的服装是在招摇过市，显摆自己有钱会受到道德谴责。凯特·豪尔曼分析了18世纪美国时尚产生的政治影响，发现可从时尚角度观察贵格会（Quakers）等群体的宗教道德观。这些人穿着朴素以示有德，谴责丝绸饰物虚荣浮华。当时，个人不得不朴素着装以减轻社会压力。但衣服依然是区分社会阶层的工具。美国没有贵族体制，社会流动性较大。这意味着，穿对衣服，就有可能过上新生活。

服装的社会影响

19世纪末，美国经济学家、社会学家索尔斯坦·凡勃

◀ 图1.3 《新花花公子》（*The New Dandies*）。1819年1月26日，托马斯·泰格出版。这幅插画是一位不知名的英国艺术家所作。描绘的是法国发型师（右）和助理给一个花花公子系蕾丝。中间的是花花公子，正在呵斥两人没有给他穿好束身胸衣。发型师抱怨他肚子太大。花花公子心中的理想男性体型是宽肩、细腰、健腿，可用垫肩塑造这种沙漏型身材。（纽约大都会艺术博物馆藏[69.524.35]。罗杰斯基金和伊莉莎·惠特西收藏。伊莉莎·惠特西基金，1969年）

伦认为，"花钱买品位"的观念是19世纪80年代末影响服装变化的主要经济因素。在1899年出版的《有闲阶级论》（Le Bon Monde）一书中，凡勃伦分析了少数特权阶层，认为劳动分工催生有闲阶级。他创造了不少新词，其中有两个是"炫耀消费"（Conspicuous consumption）、"炫耀休闲"（conspicuous leisure），还假设消费主义会导致社会分层。德国哲学家鲁道夫·冯·耶林阐发了"渗透效应"（trickle-down effect），即下层模仿上层穿衣打扮，给人留下高贵的印象。关于维多利亚时代的时尚，凡勃伦认为，女装束缚女性活动，表明男性在经济上处于强势地位，女性要依附男性。从凡勃伦的观点可以推出，在维多利亚时代，家庭背景和个人在家庭中的地位是推动服装模仿的主要因素。

20世纪，渗透效应和炫耀消费理论得到进一步阐发。昆汀·贝尔以凡勃伦理论为基础，建立了自己的研究框架，证明凡勃伦理论有局限性，只能放在19世纪社会背景下去考察。1947年，贝尔发表《论人之华服》（On Human Finery），成为经典之作。他认为，人穿华服是为了彰显"阶层团结"，说明"大多数人追逐时尚不是为了崭露头角，而是为了悄然打入'显赫阶层'"。在他看来，服装发展的根本因素是阶层冲突。时尚是一种欧洲产品，不代表普遍情况。但他同时也认为："在任何一个分层的社会里，几乎都存在按服装分阶层的现象。服装引起下层与上层的竞争。"

他还观察到："模仿现象说明某一社会群体足够强大，能够改变传统社会模式和身份地位。历史上，中产阶层模仿贵族、无产阶级模仿中产阶层都是实力壮大的结果。"

19世纪末，中产阶层具备了经济和政治实力，社会财富进一步分配，社会上又多了一个买得起"华服"的阶层。换言之，中产阶层努力模仿社会上层，促进了消费品的生产，时尚也随之变迁。

文化研究学者进一步阐发贝尔理论，说明下层模仿上层品位，促使上层接受新品位，从而巩固地位。这在19世纪体现得尤为明显。中产女性模仿上流精英，把掸子、报纸塞在裙下，做成时髦的巴斯尔臀垫。薇薇安·蕾切芒德认为，阶层效仿还有更深层次的原因。2013年，她引用第一手资料，写成《给19世纪英格兰穷人穿衣》（Clothing the Poor in Nineteenth Century England）一书，揭示中产阶层竭力效仿上层，而下层效仿的是同一阶层。她所指的"穷人"是广义范畴，既包括生来贫苦的人，也包括在一定阶段生活困难的人。蕾切芒德认为，穷人用服装做筹码，找回丢失的资本。有的人生活节俭，等高档服装打折再将其买下来。一旦社会阶层划分规则发生变化，时尚就不再是一种特权，而是一种手段。总之，从时尚之变可以洞见现代西方社会文化结构和经济消费之变。

高级定制时装应运而生

现代社会之前，普遍认为只有贵族才懂时尚，才有艺术品位。当时，文化界一直在讨论中上阶层和半上流社会在引领品位方面到底发挥了多大作用。法国社会学家皮埃尔·布迪厄在《文化贵族》（The Aristocracy of Culture）一文中指出，品位是导致优势阶层场域和文化生产场域冲突最关键的因素。他写道："上层把品位看作纯正贵族最显著的标志。这就是品位的全部意义。"布迪厄认为，文化实践和社会出身相关，上层知识分子和中产阶层的文化交流具有不连续性。文化交流受个人利益驱使，导致"互相清醒和反射性盲目"。

时尚精英主义和社会地位、阶层、成功、服装品位大有关系。几百年来，王室以时尚为手段，表明自己高高在上，有实力，有影响力。法国国王路易十四要求臣子注重仪表，出席宫廷活动必须穿华服。他对宫女穿过什么衣服一清二楚，怕她们总是穿同一件衣服抛头露面，有损国王脸面。在他看来，秉持这种穿衣法则能够守住宫廷财富和排场。

19世纪下半叶，时尚界形成了一种新的独裁式等级制度。时尚设计师被誉为天才艺术家，与做衣服的卑微裁缝大有差别。时尚精英主义呈现新形式。不过，这一次钱比阶层出身重要。时尚史学家克里斯托弗·布里渥认为，时尚市场精英刻意渲染时装设计师身份高，作用大，目的是抬高价格，防备外人进入。布里渥发现，高级定制屋做好生意有几个条件：手工缝制、品牌控制和创意眼光。高级定制时装既考验手艺，又耗费体力，价钱自然不低*。

当然，高级定制时装变成时尚形式，也是因为人们越来越具备欣赏奢侈品的品位。从经济角度来看，高级定制时装连接里昂奢侈丝绸生产商和贵族世界。上流社会女性心仪华贵面料、蕾丝饰边、精美珠饰和华美手工刺绣。不用说，只有手艺高超的裁缝才能胜任。19世纪中叶以来，高级定制时装一度备受青睐。

查尔斯·弗莱德里克·沃思

从巴黎第一位高级定制时装设计师的客户身上可以看到文化价值观之变。这位设计师是英国人查尔斯·弗莱德里克·沃思。时尚史学家认为，沃思不仅创造了高级定制时装，还开拓了两个市场——皇室贵族服装和歌剧女主角舞台服。

沃思的服装设计生涯始于巴黎久负盛名的纺织品制造商梅森·加格林时装屋。工作之余，他用公司生产的布料给妻子玛丽·韦尔内设计衣服。见韦尔内裙子好看，有人便下了订单。其中有两单来自奥地利大使的妻子。后来，拿破仑三世的妻子欧仁妮皇后看到这样的衣服也很喜欢，便邀请沃思进宫。一般来说，裁缝按顾客要求设计。但沃思做好后，才带着衣服去觐见。皇后很是满意，变成沃思的老主顾。1858年，沃思和奥托·博贝里合伙在巴黎和平街开了自己的店铺，很快开拓了法国宫廷贵妇做客户。当时，欧仁妮皇后名头很大。沃思为她定制的几百件衣服一度引领皇室时尚，把1789年法国大革命以来皇家奢侈品之需推向难以企及的高度。1869年，欧仁妮皇后正式宣布沃思时装屋专为皇室定制服装。自此之后，沃思商标带上皇冠。沃思建立起了一个时尚帝国，从其雇工人数可见一斑，

* 贝弗利·勒米尔研究表明，早在18世纪的英国，成衣产业就已成型，消费主义也开始盛行。1777年，工薪阶层女性花8先令就能买到现成的裙子。18世纪70年代，已经出现了15种男式素色棉布紧身裤。18世纪80年代，能在旧衣市场买到便宜皮马裤。从1791年开始，布料商账本上频繁出现棉质工装衬衫。但必须指出的是，18世纪，成衣行业面向的是工薪阶层。中产阶层认为穿这样的衣服有失体面。

1870 年，员工多达 1200 人。为了庆祝苏伊士运河通航这一历史大事件，皇后希望沃思为她定制 250 多件衣服。

这些衣服被英国王室看到。1866 年，威尔士王妃亚历山德拉邀请沃思为她定制婚服。鉴于王妃很会穿衣打扮，沃思抓住这次机会创造了一种新廓形。他不用圆形克里诺林式裙撑，而是设计出带巴斯尔臀垫的窄裙。在王妃的带动下，这种廓形风靡 30 年之久。

除了给欧洲皇族——比如，奥地利驻法国大使的妻子梅特涅公主、奥地利大公爵夫人玛丽亚公主、奥匈帝国皇帝弗朗茨·约瑟夫一世的妻子伊丽莎白皇后——设计服装，沃思还精于营销之道，大大拓展了客户群。在早期高级定制时装设计师中，他最早认识到美国市场的商业机会。他吸引了罗斯柴尔德家族和范德比尔特家族等富裕主顾的注意，建立法国、美国和澳大利亚批发渠道，把衣服装在海上旅行箱里运到世界各处。当时，"沃思"这个名字就代表巴黎时尚。美国的西尔斯百货和蒙哥马利·沃德百货商店都在卖他的衣服。就连澳大利亚的大卫·琼斯百货也不顾路途遥远，在伦敦设办公室，专门采购沃思服装，再卖到澳大利亚。大卫·琼斯等百货公司也开设工作坊，仿制巴黎款式。

为保证衣服合身，单单是做礼服裙上身，沃思就要用掉 17 块布料。为保证术业有专攻，他让工作坊各司一技，有的做下裙，有的做胸部，有的做袖口，有的卷边。当时已经有了机械缝纫机，但沃思时装屋绝大多数衣服都是手工缝制，最后才用机器接缝。他给设计师定的任务是选择面料，确定后处理工序，生产模型以备销售。

沃思开拓了两个市场。一个是定制市场，仅此一件，绝无仅有，帮助客户跻身上流精英社会；另一个是国际市场，收益更高。早在 19 世纪 70 年代，"沃思"这个名字就频频出现在时尚杂志上，比如，1892 年亚瑟·特努尔创办的美国版《时尚》(Vogue)。登上杂志意味着，沃思声名远播宫廷圈之外。

沃思深谙商道，把当时红得发紫的歌手演员等公众人物也变成主顾，大大拓宽了受众面。著名表演艺术家莎拉·伯恩哈特、莉莉·兰特里、内莉·梅尔巴和珍妮·林德等都穿沃思服装上台表演、日常起居。1883 年，大明星兰特里要去欧洲巡演，一口气买了很多件沃思礼服裙，装满了 22 个箱子。沃思一边给自己创下了创意艺术家的名声，专门给特权阶层设计服装，一边改变了高级定制时装的套路，迎合社交货币不明确的中产阶层的品位。这就形成了

◀ 图 1.4　1872 年法国巴黎沃思时装屋设计的舞会礼服长裙。这件巴斯尔臀垫晚礼服是捐赠者的外祖母威廉·德福里斯特·曼尼斯的衣物，曾流行于拿破仑三世和维多利亚女王统治期间法英两国宫廷。(纽约大都会艺术博物馆藏[46.25.1a–d]。1946 年，菲利普·K. 莱茵兰德夫人捐赠)

▶ 图1.5 1890年，朱尔斯·切雷特为巴黎公园制作的海报。切雷特的石版广告作品掀起了时尚风潮，从中可以了解当时巴黎工薪阶层女性的道德观念。

一种社会矛盾。（详见第三章）

　　沃思成功开创商业模式，其他设计师也纷纷创办时装屋。要在巴黎开一家高级定制时装屋，必须通过女装、服装制造商和裁缝行业协会的批准。这一组织成立于1868年，1910年更名为"巴黎时装工会"。1945年，"高级定制时装"一词载入法条，协会再次更名为"巴黎高级定制时装工会"，现名为"高级定制时装联合会"。工会对时装屋的设立有详细规定，比如，要为客户量身定制，雇员不少于20人，每年至少两次在巴黎媒体发布35套日装、晚装。1946年，巴黎高级定制时装屋一度达到100多家。

　　早期设计师有卡洛姐妹、珍妮·帕奎因、雅克·杜塞、珍妮·浪凡等。还有很多小服装屋，有待深入研究。这些时装屋都是沃思的竞争对手，满足了19世纪末人们对奢华服装的需求。对于时装屋来说，雇用女装裁缝、男装裁缝、蕾丝缝制工、刺绣工只占成本一部分，从纺织商采购昂贵丝绸才是大头。很多高级定制屋学沃思的做法，不仅开拓欧洲皇室贵族客户，还找有钱的美国人。当时，欧洲人看不起美国有钱人，觉得他们只是暴发户。但实际上，后者只是抓住了工业革命的机会，从事制造业而发了财，可以帮助高级定制时装屋免于亏本经营。和沃思一样，很多时装屋也设计舞台服，以此提高知名度。

主流社会接受流行文化，精英社会地位观念随之而变。高级定制时装设计师为国家政要、社会名媛量体裁衣，艺术家也在作品中塑造流行演员形象，吸引中产阶层的注意。巴黎红磨坊歌舞明星简·艾薇儿就经常出现在亨利·德·图卢兹·罗特列克的作品中。图卢兹·罗特列克以绘画为主业，深受石版画吸引，石版画启发他在平面设计作品中自如运用线条，塑造更有表现力的人物形象，而且石版画还可以多次复制。19世纪八九十年代，平面设计行业得到发展，海报设计突出流行文化主题、事件和产品，吸引了新中产阶层的关注，艺术和生活融为一体。1900年，海报成为一种艺术形式，促成了视觉艺术的文化转向。艺术交易商把作品卖给大众，创造了商业市场，培育了新型艺术买家。品位不再由学者专家主导。

朱尔斯·切雷特被誉为法国现代海报之父。他的作品以舞蹈演员夏洛特·维赫为原型，反映19世纪下半叶中产阶层女性摆脱束缚、呈现年轻活力之姿。切雷特塑造的秀美女性形象出现在乔勃牌卷烟包装上，给他的广告插画生涯画上了浓墨重彩的一笔。这些年轻女性也因此成为"切雷特"女郎。海报变成重要的社会工具、中产阶层的新艺术，反映了特定社会的观念与道德变迁。

19世纪末20世纪初，女性参政运动声势日大。年轻女性开始模仿海报刻画的工薪阶层姿态，渴望摆脱束缚。艺术和时尚扮演的角色和发展的方向反映了文化变迁。时尚、艺术和流行文化联系得越来越紧。

消费主义甚嚣尘上

中产阶层加入消费行列，生产体系改进，批量制造成型，广告带动销量，视觉展示成为营销手段，经销市场扩大，普通老百姓也能买得起时髦衣服。中产阶层的经济实力和社会影响力提升，社会流动性加快，精英文化向流行文化转变。在此之前，人们对成衣等批量生产的商品不太放心，只是因为手头拮据才不得不买。

伊丽莎白·尤因和迈克尔·米勒等时尚史学家研究技术发展和营销新策略如何促进社会流动，发现生产体系改进、经销市场扩大、广告业发展等因素都扩大了国内市场。贝弗利·勒米尔也指出，中产阶层穿上又便宜又时髦的成衣，缩小了社会差距。她认为，早在18世纪，工薪阶层就对时髦衣服有很大需求。当时，棉制服装产量大增，"经报纸杂志推广，风行伦敦王室和曼彻斯特寻常百姓家"。尤因认为，这标志着新一轮时尚制造和销售的开端，百万女性开始追逐时尚。1824年，"花园之家"（La Jardinière Maison）服装店在巴黎开业，法国人第一次买到了质量好的现成衣服。此后20年间，又有225家成衣店开业，推动时尚进一步平民化。19世纪50年代，机械缝纫机、模切设备、女装样板业得到发展。美国胜家牌（Singer）缝纫机显著降低了服装生产时间、成本和价格，极大促进了成衣产业的发展[*]。

　　成衣和百货商店几乎在同一时间兴起，让男男女女都能买到现成衣服，促进了文化消费，有利于推倒社会阶层藩篱。乐蓬马歇等大百货公司出售披肩、斗篷、毛皮披巾、衬里、女帽等，促进了19世纪60年代成衣专卖店的发展。米勒研究发现，19世纪70年代，乐蓬马歇大量销售衬衫、领带等男士成衣。19世纪80年代，"衣已制好，买来就穿"之类的广告铺天盖地[†]。这些情况都表明，成衣开始侵入时尚领地。但我们依然不清楚，成衣颠覆私人定制服装的力度有多大。利波韦茨基认为，1870年，才有工厂开始生产标准尺寸服装。但受工艺所限，工厂加工的主要是内衣、头纱、外套等宽松的衣服。要买其他衣服，"女人还要找裁缝。这种情况持续了很长时间"。卢·泰勒研究英国粗纺毛织物，发现位于曼彻斯特和伦敦的男装生产商海姆公司也生产女骑装，打广告称其与定制服装相比，"价格和质量无与伦比"，其他成衣公司生产的户外服装不合身，不适合追逐时尚的中产阶层女性。有学者研究过19世纪70年代发行的时尚杂志《女王》(The Queen)、《时尚画刊》(La Mode Illustrée)、《青年女性杂志》(The Young Ladies' Journal)、《时尚实用指南》(La Mode Pratique) 等，发现私人时装公司和大百货商店发过很多成衣广告。19世纪末20世纪初，批量生产的商品花样多、种类全。但在很长一段时间里，普遍认为，这些东西看起来时髦，但粗制滥造不经用[‡]。当时的广告重销售轻产品，再加上大部分设计师都没有名气，因此19世纪消费者普遍不认可批量生产的东西。

　　有人认为，社会上层可能不会买这些东西。但中产阶层会不会买这些东西，现在仍有争议。19世纪，美国社会流动性大，时尚平民化引人注目。当时，美国刚建国不久，没有代代承袭的贵族家庭，一般人都能通过穿衣打扮显露财富，花钱铺路变成社会精英。很多生意人互相攀比，希望用挣来的钱弥补早年身世卑微之窘。穿得时髦不仅显露财富，还彰显品位，说明自己具备上层精英的品行。手套、手杖和手表等时尚物件明白无误地传达了一个信息：中产阶层"想往上爬"。工薪阶层男性渴望戴上金链表，照相馆拿金链表当道具，让坐着照相的人尊享"片刻气派"。

百货商店促进社会平等

　　服装生产技术日精，消费文化日浓。百货商店促成批

[*]　斯坦利·查普曼等人认为，英国成衣行业完全成型是在1860年。那一年，缝纫机开始普及。这说明缝纫机并没有引导成衣生产，只是起到了加速作用。舍努恩认为，"19世纪四五十年代，成衣快速发展，机器应用越来越多，而非机器应用促成行业发展"。他指出，用缝纫机制衣效率提高了50倍。但因为服装某些部位不能用机器做，所以缝纫机一度遭到抵制。

[†]　晚礼服、婚服等仍需量身定制。

[‡]　1876年9月16日，乐蓬马歇创始人布西科给秘书卡雄写了一封信，要求加大宣传力度，让更多人知道店里出售成衣。

量销售。乐蓬马歇是现代百货商店典范。1838年，阿里斯蒂德·布西科在巴黎开了一家布制品店，后来改做百货。1852年，布西科引入一位合伙人，改变了经营发展思路，增加商品种类，打广告，按固定价格出售，允许退换货。1898年，乔治·达文内撰文《乐蓬马歇百货》，谈到了这些做法。达文内认为，布西科很会做生意，乐蓬马歇百货堪称现代百货商店"典范"。达文内分析有多种因素促成布西科的成功。其一，布西科所售商品为批量生产，价钱虽低，但有质量保证，而以往价高质才高。这种策略远胜于"薄利多销"。其二，布西科固定商品价格，引发商业革命。售货员不用跟顾客讨价还价，也不用看人相貌决定价格贵贱。其三，顾客不买东西也能随意看，买了不满意，还可以退款。其四，19世纪50年代以前，巴黎其他零售商"把商店看作私人场所，当成自己的家"。相比之下，布西科善于把握消费心理，推出"现代零销法"。

米勒系统研究过乐蓬马歇百货，发现布西科一方面创造了家长制工作环境，要求员工服从命令；另一方面给中产阶层顾客提供无微不至的周到服务，在大众消费背景下创造了一种共生关系。最后，布西科花重金做广告，推销特价商品，获得高投资回报率。1883年，埃米尔·左拉创作小说《妇女乐园》（Au Bonheur des Dames），把故事背景就设在乐蓬马歇百货。欧洲大陆、英国和美国很多城市复制乐蓬马歇模式，新建、装修百货商店。1896—1899年，阿尔弗雷德·梅塞尔在德国柏林莱比锡大街开办韦特海姆百货。1905年，弗朗茨·乔丹和亨利·索瓦奇在巴黎创办莎玛丽丹百货。1877年，大卫·琼斯百货在澳大利亚悉尼盛大开业，1906年上市。

1849年，查尔斯·亨利·哈罗德在伦敦骑士桥创立哈罗德百货。1883年，发生火灾，其子查尔斯·迪格比·哈罗德重修建筑。建成后，气势宏伟。哈罗德百货的口号是"只有想不到，没有买不到"。所售商品从药物到服装，应有尽有，面向社会各阶层。早期百货商店目标一般都是让所有人买得到、买得起。1826年，塞缪尔·罗德和乔治·华盛顿·泰勒创办了美国第一家百货商店罗德与泰勒。1858年，罗兰·赫西·梅西创建梅西百货。1872年，莱曼和约瑟夫·布鲁明黛两兄弟在纽约开办布鲁明黛百货。

而芝加哥的马歇尔·菲尔德百货到世纪之交时，已经开了30年。当时的芝加哥首富创办了这家公司，还在华盛顿开了旗舰店，旗舰店由美国一流设计师亨利·霍普森·里查德森设计。1892年建成后，这栋六层建筑成为地标。外观看似普通，但其实是早期"美国经典"现代建筑。1978年，被列为"美国国家历史名胜"——走进商店会看到一派富丽堂皇的景象，蒂芙尼风格天花板用彩虹玻璃马赛克镶嵌而成。以前从来没有哪家百货商店这样装潢过。菲尔德本人是百货商店发展史上的关键人物。他率先在英国曼彻斯特设立采购办公室，率先在美国开餐馆，提供结婚礼品登记服务。欧美百货商店都提供卫生间、餐馆、小剧院、展览厅等设施，为的是让顾客花上一天工夫充分感受商店氛围，常来消费。这种零售商业模式是哈里·戈登·塞尔福里奇创造的。塞尔福里奇原本在马歇尔·菲尔德百货工作，后来自立门户。1906年，他到伦敦请丹尼尔·伯纳姆和弗兰克·阿特金森做设计，在牛津街开了一家商店，1909年开业。塞尔福里奇首创夜间点亮橱窗模式，学习马歇尔·菲尔德百货的成功经验，布设公共卫生间、餐馆、陪逛丈夫休息区、儿童游乐区，让女人安心留下来慢慢逛。

1902年，梅西百货在百老汇先驱广场开设旗舰店，做广告称自己是全球最大百货。百老汇是纽约主街，1893年，铺成第一个地面缆车轨道，同时设有地下线路，免去了立杆架线的烦琐。每天，几百人坐电车经过梅西百货，看见大橱窗里展览着商品，这些人变成了潜在主顾。

1899年，凡勃伦著书阐述消费主义。1983年，詹姆斯·艾伦撰写《商业和文化的浪漫》（*The Romance of Commerce and Culture*），进一步阐明消费主义构成要素。他认为："现代营销诞生后，经济理论重心从生产转向消费。工厂主不再认为产品价值存在于产品成本中，而认为价值与供应相对，取决于消费者的主观需求和愿望。"

艾伦的结论是三种营销策略能够促进消费。第一，采用各种方法展示商品。第二，借鉴"勾引"理论，开展心理营销。第三，利用风生水起的大众传媒做广告。商家采用大众营销法，促进产品生产，刺激炫耀消费，也导致凯恩斯经济学所称的"自发性消费"（autonomous consumer object），即不论收入高低，都不得不花钱支出。时尚变成消费品这一现象不仅出现在英国、法国、美国，还出现在意大利。卡洛·马尔科·贝尔凡蒂和伊丽莎白·梅洛研究了意大利米兰的百货商店"意大利之城"（Alle Città d'Italia），观察19世纪前20年欧洲商家如何采用利润为导向的销售技巧，会发现他们越来越善于经营。时尚广告已经变成现代社会商品化和商业化的象征。

知识分子和艺术家都批评当时企业唯利是图的倾向。先锋艺术家巴勃罗·毕加索和乔治·布拉克注意到了当时的营销噱头，为此收集了一些商品标志，做成拼贴画。1913年，毕加索创作拼贴画《餐馆》（*Au Bon Marché*），把巴黎莎玛丽丹百货发布的内衣广告与其竞争对手乐蓬马歇同类广告混合在一起。两类广告字体不同，混合在一起，既有美感，又能让人对比两家企业的经营策略。"莎玛丽丹"（Samaritaine）一词用的是传统钝圆无衬线体，而"乐蓬马歇"（Bon Marché）两个词呈曲线形，有装饰效果。

这幅拼贴画用不协调的形式创造了一种视觉错觉，让人恍惚看到一个坐着的女人。毕加索在画上写上了两个词"trou ici"（"洞在这里"），有性暗示意味。内衣不正是闺中之诱的象征吗？当然，他也在嘲讽时尚广告形式刻板，背后有隐秘动机。毕加索一般不在作品中评价社会和文化，但这幅拼贴画是例外。法德两国达达主义艺术家从中受到启发，也用广告材料做拼贴画，将时尚形象和社会评论结合在一起。当时的广告抓住人的心理做营销，受到20世纪初先锋艺术家的滑稽模仿。

商家用玻璃橱窗展示商品，命令店员精心摆放，把整个商店布置得富丽堂皇，为的都是让中产阶层顾客感觉自己受到特殊礼遇。1985年，伊丽莎白·威尔逊写了《装饰成梦》（Adorned in Dreams），聚焦爱逛百货商店的中产阶层，研究时尚与现代性。她指出："百货商店营造重服务轻买卖的氛围，让人产生贵族生活的幻想。阶层和人际关系出现了新的形式。"爱逛百货商店的中产阶层感觉商店抬高了自己的社会地位，享受到了以前只有上层才能享受的东西。中产和上层都经常来逛，似乎促进了社会平等。这在英国体现得更明显，因为英国人比美国人和澳大利亚人的社会等级观念重。

通过了解百货商店展示的中产阶层文化，可以深入思考流行文化的内涵，以及社会分层在生活方式和消费品位中所起的作用。布迪厄在《区分》（Distinction）一书中指出，文化产品品位是阶层标志。比如，年轻女性当去店员，比做女工社会地位高，有条件穿好衣服。虽然百货商店薪水微薄，但能给她们提供黑色制服、工作餐、宿舍。因为穿得比同类人好，她们就幻想自己能模仿有钱人不断向上爬。那些靠赊欠买贵衣服的人也是这么想的。

左拉认为，中产阶层文化的典型特征是以消费为美德，诱引人掏空钱包去消费。这种文化害人不浅，对女性影响很坏。他在《妇女乐园》中写道："在百货商店偷窃成癖，心里不安，渐成女性特质。现代世界生产过量，物资充裕，人们挥霍无度，每日逛街买东西，导致不安定，甚至是不正常。"但赛斯林不这么看。他在《中产和小玩意》（The Bourgeois and the Bibelot）中阐释女性和百货商店的关系，认为不论在纽约、芝加哥，还是在巴黎，结果都一样。女性消费者"受过美学教育"，这是她们的优势。消费是在展示戏剧化效果，"可以推广美学体验"。赛斯林还发现"博物馆和百货商店在结构、空间和展览方式方面惊人相似"。但"艺术展品和消费品存在社会、审美和理论上的差别"。

20世纪初，巴勃罗·毕加索和马塞尔·杜尚等艺术家从消费主义和时尚视觉中受到启发，颠覆了纯艺术传统。杜尚对后现代主义影响深远（见第六章）。1914年"一战"爆发前，杜尚创作现成品艺术，毕加索在咖啡馆创作拼贴画，鲜明体现了现代主义和后现代主义的艺术观念——"艺术即物品"，"艺术即产品"。

第二章将详细阐释20世纪初消费主义、艺术和时尚之间的关系。

小结

20世纪前，服装样式折射社会地位。工薪阶层穿廉价的衣服，注重其实用功能。中产阶层希望装扮成上层。而上层模仿君主朝臣。笼状克里诺林式裙撑和束身胸衣是女性时尚饰物，价格不菲，穿戴不便。穿的时候要找人帮忙，但财富和权势也体现其中。巴斯尔臀垫塑造了一种新廓形，但要呈现的仍然是完美不切实际的身材比例。穿的时候容易发生危险，而且，制作这样的廓形要用掉很多昂贵面料。但在当时，巴斯尔廓形非常流行。查尔斯·弗莱德里克·沃思等在巴黎创办高级定制时装屋，给欧洲皇室和美国有钱主顾提供的就是这种廓形的衣服。沃思起初只服务有钱有势者，后来与剧院演职人员合作，为百货商店提供价钱较低的衣服，促进了社会平等。沃思时装屋服务中产阶层，注重打广告，面向大众销售，创造奢华环境，让顾客感觉自己重要。

　　缝纫机等技术加速劳动密集型工艺流程。虽然用缝纫机制衣有粗制滥造之虞，但为成衣行业铺平了道路，使其成为未来几十年时尚主流。19世纪中叶以来，服装生产经销发生重大变化，时尚变成一种商品，越来越多的人买得起衣服了。

时
尚
艺
术
巧
思

绪论

20世纪初，欧美艺术家建立工作坊，从美学和哲学角度思考纺织品和服装的批量生产问题。本章研究的工作坊有一个共同目标：用各种媒体统一美学观念，实现纯艺术和实用艺术地位平等。一方面，成衣行业不断发展；另一方面，高级定制时装屋制作的演出服、优雅礼服越来越流行。保罗·波瓦雷、马里亚诺·福图尼、玛德琳·薇欧奈、索尼娅·德劳内和艾尔莎·夏帕瑞丽都从艺术角度看时尚设计。要创造理想设计环境，纯艺术和实用艺术都不能缺位。本章梳理时尚和艺术实践的联系脉络。

艺术家工作坊

自文艺复兴以来，艺术家工作坊一直很流行，消弭了纯艺术和实用艺术的等级差别。到了20世纪，人们对"艺术"和"工艺"是否要分家有了新的看法。20世纪的艺术工作坊一般位于欧美大城市，参与者既有艺术家，也有建筑师和设计师。他们聚在一起，创造整体美感体验。他们既设计消费品，也设计代表理想环境的建筑空间，让观众对美、思想、行动和体验有更深刻的认识。

维也纳工作坊的整体艺术

1903年，建筑师约瑟夫·霍夫曼、画家科洛曼·莫泽、工厂主弗里茨·瓦恩多弗一起在奥地利创立维也纳工作坊。他们受到19世纪下半叶英国艺术和工艺运动先锋约翰·罗斯金和威廉·莫里斯的影响，倡导手工制作，达到美和实用一体。当时，中产阶级上层买得起精工细制的产品，看不起批量生产商品。维也纳工作坊的第一个成果是1904—1905年霍夫曼受委托设计的两个作品，一个是维也纳附近的普克斯多夫疗养院，另一个是位于布鲁塞尔的斯托克雷特宫。内部装修装潢也是霍夫曼一手设计。最开始，维也纳工作坊把纺织品设计外包出去，后来专设纺织品和时尚设计部。工作坊内部实施专业分工，但各部门的审美观一脉相承，即通过建筑和设计创造"整体艺术"（Gesamt-kunstwerk）。

工作坊下设艺术和工艺学院，聘用全职、独立艺术家，其中包括维也纳分离派画家古斯塔夫·克里姆特，其职责是设计纺织品等实用艺术品。克里姆特大胆设色，搭

◀ 图2.1　1911年，模特身穿"阿波罗"面料制成的衬衫。设计者是维也纳工作坊的约瑟夫·霍夫曼。维也纳工作坊的衣服很少有褶裥或边饰，线条简单，凸显织物印花。

图2.2 1911—1913年，维也纳工作坊设计的"麦加"面料图案。从图案名称和亮丽色彩可知设计师从东方汲取了灵感。

配抽象几何或花卉图案，使其与深色背景轮廓融为一体。1910年左右，工作坊单设时尚部和纺织品部，任用爱德华·约瑟夫·维默-维斯格里尔为主管。此后22年间，先后聘用80多位艺术家。他们抓住欧洲上层崇尚旅行、迷恋东方的心理，从地中海和伊斯兰世界汲取灵感，推出"阿波罗"、"庞贝"、"麦加"、"君士坦丁堡"和"伊斯法罕"等系列，并将图案色板整理成册，为服装和装潢设计提供参考。从工作坊内饰和员工身上，可以感知工作坊的审美趣味：线条干净简洁，辅以珠宝色泽组合色彩，和色彩暗淡、繁复冗杂的维多利亚风格大有不同。用这种风格的面料制成的衣服一般是高腰，极少有边饰，与沃思时装屋的束身胸衣和巴斯尔臀垫迥然相异（参见第一章）。莫泽等画家绘制明信片，展示工作坊的时尚作品。1911年，工作坊设计的纺织品亮相罗马国际艺术展，备受业界好评。

瓦恩多弗自己也用工作坊作品装饰宅邸。1913年，他宣布破产，工作坊不得不重组，扩大纺织品部和时尚部规模。1916年，两部门盈利可观，另设展览室。克里姆特为工作坊设计的服装图案中有不少女性形象。比如，1916年作品中的富家女费德里卡·比尔-蒙蒂，还有克里姆特的情妇艾米莉·弗洛格。后者给了他不少设计灵感，也让宽松廓形、亮丽色彩服饰非常流行。弗洛格姐妹在维也纳开了弗洛格姐妹时装屋，经常用维也纳工作坊的纺织品设计高级定制时装。

工作坊作品材料好，制作精，满足了有钱有势者的需求。和巴黎高级时装屋一样，维也纳工作坊也主要服务有钱人家、社会名流。当时的报纸杂志经常展示这些人家住的房子。维也纳著名设计杂志《装饰》（*Das Interieur*）刊登了维默-维斯格里尔的房子，其内饰是工作坊设计的纺织品。同一期杂志还有维默-维斯格里尔本人画的沙发，很像是1911年维也纳上演的瓦格纳歌剧《玫瑰骑士》（*Der Rosenkavalier*）中的道具。"一战"期间，工作坊遍地开花。但手工制作投入大，这些工作坊最终竞争不过量大价廉的工厂。1932年，维也纳工作坊停业。但其秉持的价值观，即艺术家和设计师联手创造有艺术品位的日用品，给其他艺术家工作坊带去了创作灵感。

布鲁姆斯伯里和欧米茄工作坊

1913年，维也纳工作坊风靡全欧。此时还有一群艺术家在伦敦菲茨罗伊广场31号创立了欧米茄工作坊。该工作坊由艺术评论家罗杰·弗莱出资，联合先锋艺术家和设计

师，专注于色彩和抽象艺术研究。创始成员中有艺术家、作家和知识分子，又被称作"布鲁姆斯伯里小组"（Bloomsbury group）。1905 年，他们首次聚会，表达了对维多利亚风格的厌弃。小组主要成员有：画家瓦内萨·贝尔和作家弗吉尼亚·伍尔夫姐妹，艺术评论家罗杰·弗莱和瓦内萨丈夫克莱夫·贝尔，作家里顿·斯特拉奇。后来，画家邓肯·格兰特也加入进来，他是瓦内萨的同居伴侣。瓦内萨和贝尔分居后，一直和格兰特生活在萨塞克斯郡的查尔斯顿农舍。布鲁姆斯伯里小组成员联系紧密，是英国第一批从事抽象绘画的艺术家，受到了毕加索、高更、梵高等后印象主义画家的影响。工作坊名字"欧米茄"取自古希腊文最后一个字母，寓指作品设计精妙，登峰造极。

在欧米茄艺术家看来，维多利亚风格作品层叠堆砌，是炫耀消费载体。但装饰品应提振心神。1913 年，"理想家"展览展出了欧米茄作品，其中有贝尔、格兰特等人设计的窗帘和软装家具。工作坊早期作品有手绘屏风、毯子和壁画。但因为手工制作，售价不菲，所以能买得起的都是有钱人。

欧米茄工作坊与维也纳工作坊早期理念相似，都提倡艺术和设计相辅相成，创造整体视觉环境。两个工作坊最初都是抱着试验的心态设计纺织品和时装，但最终超出预期，成效斐然。1915 年，瓦内萨·贝尔用欧米茄印花亚麻布设计裙子。从商业角度来看，这是一着好棋。因为，"一战"期间，时装比其他产品卖得好。他们的主顾有知识分子，还有伦敦社会精英——小说家、散文家爱德华·摩根·福斯特，剧作家、诺贝尔文学奖得主萧伯纳，社交名媛奥托琳·莫雷尔夫人名列其中。虽然有罗杰·弗莱出资扶持，但欧米茄工作坊还是因为生产成本高、主顾不多、人事管理问题于1919年歇业。但布鲁姆斯伯里小组和欧米茄影响深远。

专注提高设计品质的包豪斯

1919—1923年，建筑师瓦尔特·格罗皮乌斯在德国魏玛开办包豪斯学校。1923—1931年，学校迁往德绍。1931—1933年，再次迁到柏林。学校受德国政府资助，是设计智囊机构。所任教师均为知名先锋艺术家，致力于物品和建筑设计，提高生活品质。学校秉承维也纳工作坊理念，开设多种专业，向建筑、家具制作、纺织、绘画等各种艺术形式致敬。专职教师头衔为"大师"，带领学徒动手实践，完成受托项目，开设基础班，教授绘画、油画、二维/三维设计和色彩理论等。时至今日，这些课程仍然是艺术学校标准科目。

包豪斯的办学理念是，设计、批量生产实用物品，促进高品质设计的平民化。包豪斯大师名家有俄裔法国画家、艺术理论家瓦西里·康定斯基，德国画家、设计师约瑟夫·阿尔伯斯，瑞士裔德国画家保罗·克利，匈牙利工业设计师马歇·布劳耶，德国戏剧和服装设计师奥斯卡·施莱默，匈牙利印刷设计师拉兹洛·莫霍利-纳吉，以及纺织工程师冈塔·斯托尔策尔和安妮·阿尔伯斯。后两人轮流管理织布车间，目标是创造适合包豪斯环境的面料，用直线做图案，开展色彩实验。这一时期的油画也是类似风格。斯托尔策尔提倡使用玻璃纸、金属、玻璃纤维等不常见的材料织布，跨部门合作完成。包豪斯纺织品分为两类：一类是手工艺术品；另一类可投入大规模生产，适用于家具装潢和服装时尚。

最开始，包豪斯织工几乎是清一色的女性。格罗皮乌斯认为，女性不适合从事建筑、雕塑等空间设计，适合编织纺布。安斯科姆盘点女性艺术家和设计师所做的贡献，认为正是因为纺织品抽象设计深入人心，先锋抽象艺术才能走进博物馆。她研究发现："从早期包豪斯纺织品风格可以看出，'一战'前纺织品图案发生了很大变化，不再是俄罗斯建构主义学派、巴黎和维也纳工作坊推崇的传统图案和写实风格。抽象艺术之所以被广泛接受，包豪斯纺织品设计功不可没。"

"二战"前，德国保守右翼政府不断向包豪斯学校施压，限制开展活动，开除持政治异见的教师。1933年，学

◀ 图2.3 欧米茄工作坊设计的家具和纺织品。工作坊艺术家多为1913年成立的布鲁姆斯伯里小组成员。

校停课。很多大师逃离德国，最后离开欧洲。安妮和约瑟夫·阿尔伯斯夫妇去了美国北卡罗来纳州的黑山学院授课。约瑟夫最终任教于耶鲁大学。安妮躬身纤维艺术，精于挂毯和图案编织，1965 年撰写《论编织》（On Weaving），名震业界。1949 年，纽约现代艺术博物馆为她举办个展，以前从来没有哪个女性有这样的机会。

时至今日，包豪斯审美观念仍然深刻影响着纺织和时尚业，给了玛丽·坎德兰佐和罗塞塔·盖蒂等高端时装设计师灵感。快时尚巨头优衣库专门推出产品系列，向安妮·阿尔伯斯致敬。2019 年，为纪念包豪斯艺术诞生 100 周年，哈佛艺术博物馆举办"包豪斯和哈佛"展览，伦敦泰特现代艺术馆举办"安妮·阿尔伯斯"专展。

克兰布鲁克艺术学院开创美国设计

20 世纪初，受欧洲先锋运动影响，美国人也开始关注整体艺术。位于密歇根州布卢姆菲尔德希尔斯市的克兰布鲁克学校就是建筑和设计整体艺术典范。1904 年，报业大亨乔治·布斯和妻子艾伦·斯克里普斯买下一处占地 319 英亩*的农庄，委托阿尔伯特·卡恩设计乡间宅邸。与此同时，夫妇二人着手创办初等、中等教育机构，设立克兰布鲁克艺术学院，践行建筑和室内设计整体艺术观。克兰布鲁克开创了 20 世纪中期现代设计之风。其鲜明特点是，在每栋建筑的门口、通道、含铅玻璃窗、家具、护墙板和纺织品上绘制可伸缩视觉效果的几何图案。场地配有精巧花园，瑞典雕塑家卡尔·米勒斯的青铜人物雕像点缀其间。

学校设计者是一对芬兰夫妇，丈夫伊利尔·沙里宁是建筑师，妻子洛哈·沙里宁是纺织设计师。伊利尔还给底特律市设计了几处地标性建筑。洛哈有自己的工作室。1928 年，克兰布鲁克艺术学院建成，仅对艺术家开放；1932 年，注册为教育机构。1932—1950 年，伊利尔任建筑和城市设计系主任，1932—1946 年兼任院长。1929—1942年，洛哈任编织和纺织设计系主任。当时，学院还未开设时尚系。沙里宁的女儿皮桑在校内办时尚班，洛哈自己动手做衣服。1934 年，学院举办"克兰魔鬼舞会"。包豪斯学校也举办过类似活动。但跟包豪斯不同，来克兰布鲁克参加舞会的人穿着华贵，不时有人穿奇装异服。

克兰布鲁克纺织品名闻遐迩。很多人模仿这种风格装修房屋，穿衣打扮。学院编织和纺织设计系培养了不少学生，日后产生了很大影响力。比如，建筑师、家具设计师佛罗伦斯·诺尔（1938 年，和丈夫一起创办全球著名家

* 1 英亩约为 40.47 公亩。

具公司诺尔）、纺织设计师杰克·勒诺·拉森（1951年创办拉森纺织），以及纤维艺术家安妮·威尔逊、尼克·凯夫和索尼娅·克拉克。

19—20世纪之交的高级定制时装

　　19世纪末20世纪初，巴黎服装业巨变。上层人士穿高级定制时装出入社交聚会，创造了一个虚拟剧场，展示各种新思想。其中一种为保罗·波瓦雷首创。

时尚之王保罗·波瓦雷

　　波瓦雷的父亲在法国经销纺织品。受父亲影响，波瓦雷从小热爱时尚，喜欢奇异面料。1898—1901年，他师从雅克·杜塞学习高级服装设计基础，为女演员莎拉·伯恩哈特设计"艾格隆"（Aiglon）舞台服，为歌剧《歌星扎扎》（Zaza）女主角加布里埃尔·雷珍设计手绘黑色斗篷。波瓦雷因为小时候接触过歌剧服装，所以1901—1902年受聘于沃思时装屋期间，他借鉴东方文化元素，设计了一款大袍式黑色宽松披风，取名为"孔子"。做好给俄国公主时，她觉得衣服没有喜气，便不再委托波瓦雷设计。虽然有此挫折，但波瓦雷于1903年自己创立时装屋，继续设计东方系列服装，并大获成功。

　　波瓦雷把妻子蒂妮斯当成灵感缪斯，根据她的身形设计服装。蒂妮斯在法国乡村长大，身材苗条，没有穿过巴斯尔臀垫和束身胸衣配套服装。波瓦雷的主打款式是高腰、直线廓形、没有内衬。当时，这种款式在维也纳也很流行。1911年11月，波瓦雷带着作品巡回展览，参观了维也纳工作坊，买回一些色彩亮丽、图案抽象的纺织品，准备做裙子和上衣衬里。

　　波瓦雷钟爱东方的图案衣裙，并把一腔热爱转化为巴黎词汇。这是他对20世纪初服饰最重要的贡献。虽然欧洲人用亚洲纺织品制衣已经有上百年的历史，但波瓦雷融汇或者说挪用了亚洲文化中的服装剪裁和风格，设计阔腿哈伦裤、长裤和缀满流苏的下摆。1911年，他举办化装舞会，参照《一千零一夜》取名"一千零二夜"，让人想起中世纪巴格达的阿拔斯王朝，一时引起轰动。波瓦雷让参加舞会的300名客人穿他设计的服装，或当场购买头巾、哈伦裤和独创的"灯罩束腰外衣"。这一套衣服面料绚丽多彩，下摆到膝盖处，A字廓形。波瓦雷妻子蒂妮斯穿着这套衣服，扮演"苏丹宠妃"。波瓦雷把她关在金笼中，再放出来，给舞会增添了戏剧元素。灯罩束腰外衣流行一时，演员穿着这样的套装走上舞台表演，上层精英便寻样定制。1913年，波瓦雷第一次去美国，被称作"时尚之王"。他发现灯罩束腰外衣款式已经传遍了美国。

　　1912年，几家大百货商店设置主题售卖巴黎高级定制时装，款式远比歌剧服装大胆。波瓦雷也在1913年旅美途中，举办"尖塔"作品展。他希望创造一种高贵奢华品位。每每举办展览，他都亲自到场，盈利颇丰。一年后，他在巴黎文艺复兴剧院"执导"五部剧《阿佛洛狄忒》（Aphrodite），让演员身着丽服，尽显华贵。这些活动都非常成功，说明设计师可以用剧院搭建文化和商业之桥。

　　但波瓦雷的巧思不是在真空中产生的。1910年，谢尔盖·迪亚吉列夫率俄罗斯芭蕾舞团到巴黎表演《天方夜谭》（Schéhérazade），一时万人空巷，创下了东方服装和纺织品用于现代歌剧的先例。这场演出被誉为文化大事件，让时尚设计师看到肢体活动、戏剧和视

▲ 图2.4 法国喜剧演员科拉·拉帕卡里（1875—1951）身穿保罗·波瓦雷设计的服装，参演雅克·里奇平导演的三幕喜剧《尖塔》(*Le Minaret*)。照片摄于1913年5月，刊登在巴黎报纸《剧院》(*Le Theatre*)上。波瓦雷给这部剧设计的服装原形就是妻子在"一千零二夜"舞会上穿过的灯罩束腰外衣。

▲ 图2.5 1913年，波瓦雷设计的雪葩晚礼服（Sorbet evening dress，前视图）。丝缎、雪纺面料，饰有玻璃珠。当时，灯罩束腰外衣非常流行，不仅是舞台装，也是高级定制时装。波瓦雷的巴黎主顾对他的东方系列设计既感惊讶，又很欣赏。很多设计师仿制这一款式。

觉盛景可以增强服装穿着效果。因为这次演出，俄罗斯芭蕾舞蹈家瓦斯拉夫·尼金斯基第一次走出国门，欧洲观众第一次看到俄罗斯画家、戏剧艺术家莱昂·巴克斯特的实验性服装和布景。这部芭蕾舞剧情节跌宕起伏，演出服色彩绚丽，镶满珠宝，让观众记忆深刻，可谓空前绝后，创造历史。波瓦雷的异域风情设计流行热度不减，但这种现象背后是芭蕾的影响波及各个艺术领域。俄罗斯芭蕾变成"文化催化剂"，让人称奇。但更奇的是，评论家不知道先称赞哪一方，是米歇尔·福金的编舞，尼金斯基的舞蹈，火遍巴黎时尚和室内设计圈的巴克斯特的服装和布景，还是里姆斯基·柯萨科夫的奇特配乐？

薇欧奈和福图尼创造女神廓形

波瓦雷从东方汲取灵感，也有其他设计师把目光投向地中海。19世纪的几次考古发掘活动让古希腊、古罗马的雕塑和手工艺品重见天日。欧洲学者和艺术家撰写报告，制作印刷品和版画。长裙飘曳的女神成为幻想和时尚主题。

1912年，玛德琳·薇欧奈在法国开了高级时装设计工作室。此前，她在卡洛姐妹时装屋做学徒，学会了高级定制时装裁剪技术，后来又去雅克·杜塞工作室修学。20世纪头十年，流行的是宽松廓形，但薇欧奈设计的柔软贴身廓形随即成为主流。和波瓦雷一样，薇欧奈也从欧洲当时流行的艺术形式中寻觅灵感。她去卢浮宫等博物馆欣赏展览，留心观察帕台农神殿等古希腊遗址中的带饰。倾慕古希腊服饰的设计师不止她一个。19世纪末，美国舞蹈家、现代舞创始人伊莎多拉·邓肯在职业生涯之初，曾为社会精英表演舞蹈，比照帕台农神庙女像柱服饰，穿束带长裙。纯艺术、表演艺术和时尚融为一体。社会大众慢慢接受了与西方不一样的艺术风格。

薇欧奈首创整衣斜裁法，塑造了希腊女神风格。为了突出人体自然曲线，她不设计结构，而是缠绕束带，模仿古希腊希顿（chiton）麻布贴身衣和佩普罗斯（peplos）束腰外衣。这种女神廓形受到巴黎精英热捧。"一战"爆发前，薇欧奈已经有了一批忠实客户。1914—1918年，她去了罗马。1919年，回到巴黎，重开时装屋，继续引领时尚20年。薇欧奈款式在好莱坞影响更大。珍·哈露、玛琳·黛德丽等明星常穿斜裁长裙，拍摄性感照片摄人心魄。1924年，薇欧奈与纽约第五大道零售商希克森公司签署独家经销协议。第二年，她在纽约办沙龙，后来又在法国南部城市比亚里茨开分店。她在纽约店售卖做好的围裹束带礼服

▶ 图2.6 1935年9月，模特身穿玛德琳·薇欧奈斜裁及地长裙，裙子上半部分有垂褶，盖住一只肩膀。

裙，根据顾客身高调整长度。

20世纪30年代的十年间，薇欧奈不断运用新材料创造经典风格。1938—1939年，她用薄纱和金箔设计晚礼服，用覆有金属膜的合成纤维细条编织或针织面料，呈现金属线纺织品奢华质感。她在裙子下摆卷入合成马毛，增量不增重，搭配合体上衣，创造丰满质感。薇欧奈注重剪裁，手艺高超，所创款式经久不衰，为同时代高级时装设计师所敬重。"二战"期间，法国政局动荡，薇欧奈等很多设计师不得不关掉时装屋，但这些品牌没有就此销声匿迹。20世纪90年代中期，阿诺德·德鲁曼收购薇欧奈品牌，重振品牌影响力。自2009年以来，高嘉·阿什肯纳兹成为新掌门人，致力于实现品牌可持续发展。

马里亚诺·福图尼也倾慕古希腊文化，设计的套装风格优雅，从中可以了解欧洲丝绸奢侈品生产史。福图尼出身于西班牙艺术世家，幼年时父亲病故，在巴黎度过青年时光，后随母亲移居威尼斯。他在绘画方面很有天赋，但转攻歌剧和舞台设计。他受瓦格纳笔下历史人物的启发，设计的第一件服饰是克诺索斯围巾，让人想起希腊矩形披风。

1896年，德尔斐考古遗址出土战车御者青铜雕像。福图尼复原了人物身上披挂的长袍。1897年，他与亨丽埃特·内格林结婚。1907年，两人一起设计了德尔斐褶裥裙。他独创褶裥工艺，至今该工艺仍然是谜，仅能从他申请的专利上推知一二，可能是把陶瓷滚棒加热，烫出褶裥。福图尼连衣裙呈柱形，层层叠叠，天然色素上色，中间部分松散，需束带。这种女神样式的衣裙一般是由花式丝绒或复合梭织丝绸制成，配有小抽绳袋，让人想起意大利文艺复兴时期流行的服装，想起阿拉伯国家金属线混织丝绸，透着奢华、高贵、神秘的气息。

福图尼在巴黎有时装屋，但主要在威尼斯开拓事业，建有福图尼宫，该地现成为博物馆，专门展出福图尼作品。福图尼与美国室内设计师艾尔西·麦克尼尔·李合作，生意越做越大。李钟情于福图尼所用的面料。1928年，李开始独家代理经销福图尼服装和面料，在麦迪逊大道设展览室，将商品卖给纽约精英。1949年，福图尼去世。李与意大利伯爵成婚，接管了威尼斯工厂，继续在纽约开拓业务，1988年去世。1960年前，德尔斐褶裥裙一直是福图尼时装屋的主打产品，对同时代设计师及后来者影响深远，比如，保罗·波瓦雷、格雷夫人、克里斯汀·迪奥、罗伊·霍尔斯顿·弗罗维克。

◀ 图2.7 1938年，模特索尼娅穿着玛德琳·薇欧奈设计的夏季晚礼服。挂脖领口、束腰设计、精致薄纱层次感是20世纪30年代末薇欧奈风格的标志。

艺术与时尚

纯艺术和实用艺术逐渐形成共生关系，美学概念在时尚中的分量越来越重。索尼娅·德劳内等纯艺术家用现代视觉语言在巴黎创作了一种实用艺术形式——服装。德劳内通过时尚和纺织品阐发美学，让日常生活物件表现抽象概念，巩固了"二战"后艺术和设计运动之间的联系。值得一提的是，德劳内将美术色彩理论直接应用于纺织品设计，制作式样简洁的服装。

索尼娅·德劳内与色彩同时对比

在德劳内看来，绘画是一种诗歌。色彩是词汇，色彩模式创造节奏，形成构图。早年她和丈夫罗伯特·德劳内一起创作抽象画，做色彩交响乐试验，于1913年发起俄耳甫斯主义艺术运动。1905年，德劳内途经俄国到巴黎，与俄国和西欧艺术家广泛交流，跟毕加索、布拉克、安德烈·德兰等多位先锋派艺术家见过面。德劳内终生推动绘画、应用艺术、手工艺、时尚和纺织设计融合发展。她在色彩方面见识不凡，用染料等做媒介广泛开展试验。

德劳内认为，时尚设计是一种另类艺术表达形式。她有意投身时尚商业，但对概念更感兴趣，希望赋予材料以生命。1977年12月4日，她接受《纽约时报》(The New York Times)采访，谈到对时尚设计的认识："我对时尚不感兴趣。我感兴趣的是把色彩和光线应用到面料中去。"她受米歇尔·尤金色彩理论启发，阐发了同时对比色彩理论。而尤金又受到1839年古斯塔夫·雪弗勒著作《论色彩同时对比法则》的影响。她给第一个作品取名为"1913同时裙"(Simultaneous Dress of 1913)，混合各种材质和色彩，把自己的抽象色彩画与毕加索、布拉克的实验立体拼贴画合在一起。色彩和抽象形式同时互动，纯艺术完成了向时尚的跳跃。

德劳内和达达主义诗人特里斯坦·特萨拉有过合作，说过这样一句话，让人记忆犹新："如果说绘画是我们生活的一部分，那是因为女人一直都把绘画穿在身上！"德劳内认同特萨拉等达达主义画家和诗人的价值观，从她1922年创作的诗歌裙(robes-poèmes)上可见一斑。诗歌裙由几何色块和特萨拉达达诗句构成。身体活动时，色彩和文字处于流动状态，呈现多种组合。其中一件叫"柔美之永"(The Eternally Feminine)，诗歌在人身上嬉戏，字母"l"出现在肘弯，字母"e"出现在手指。德劳内认为，时尚稍纵即逝，而艺术是一

▶ 图2.8　1935年《时尚》杂志。威廉·韦特莫尔夫人身穿福图尼百褶长裙，身后是印花面料。福图尼擅作细褶，采用天然染料，模仿古希腊风格，让穿者宛若仙子。

种组织行为，具有永恒的价值。这种观念和达达主义相合。

德劳内曾和特萨拉合作设计歌剧服装。1923 年，特萨拉创作《气动之心》（*Le Coeur à Gaz*），埃里克·萨蒂配乐，特奥·凡·杜斯伯格布景，曼·雷摄影。这部剧荒诞不羁，让世人记住了达达主义者和德劳内的服装。服装用硬纸板做成，呈现雕塑外观，不方便活动。1920 年，达达主义者勒内·克里维尔认为其"直接大胆"，"迅即引人注目"。曼德森认为："索尼娅用硬纸盒为中产阶层设计晚礼服，一本正经，僵硬拘束，其实是在嘲讽这个阶层的品格和服饰。"达达主义者创作表演艺术和诗歌*，打破了服装遮蔽身体的旧观念，让人们看到，身体是一个液体屏幕，可以不断定义和转化。20 世纪 20 年代初，包豪斯剧场里也出现过雕塑感服装。奥斯卡·施莱默创作的包豪斯舞蹈和三人芭蕾，舞者很像是机械木偶。

有人拿德劳内的舞台服和 1917 年毕加索的芭蕾舞剧《游行》（*Parade*）舞台服进行对比，发现毕加索也用大纸板剪出大块材料，做成立体派拼贴画装点舞者†。虽然有这样一番对比，但"德劳内舞台服形式新颖，没有几个作品能产生如此深远的影响"，"德劳内对现代时尚设计做出了重要贡献。""到了第二年，纸板服装体现的抽象概念就在上流社会面前'游行'。"20 世纪 20 年代，德劳内继续创作几何构型纺织品和时装，表现未来主义思想。1923 年，里昂纺织品制造商比安奇尼-费里尔委托德劳内设计 50 款面料。德劳内从此走上商业设计之路。

和里昂这家纺织品公司合作，让德劳内赚到了钱。同年在巴黎，她向布里耶舞厅的时尚展位推销作品。1924 年，她在巴黎马勒塞尔布大道开了一家服装精品店，取名"同时工作室"，既生产同时风格的面料，又制作各种服装和配饰。她手工印制"同时"布料和挂毯，客户越来越多，在时尚设计界很有影响力。她去美国等国家开拓市场，生意越做越大。她用拼贴法设计"围巾、芭蕾舞服、泳装、刺绣外套，卖到世界各地"。1925 年，巴黎举办装饰艺术与现代工业博览会，推广艺术和商业融合的理念。德劳内和皮草商雅克·海姆合作创办"同时精品屋"，展出自己设计的服装、绘画和纺织品。这次博览会是"二战"后现代工业文化和艺术盛会。会后，"索尼娅·德劳内创造的'现代风格'成为法国装饰艺术典范"。

德劳内秉承 20 世纪 20 年代包豪斯等现代主义理念，让现代艺术融入现代生活，创造出一种通行的视觉语言，寓形式和功能为一体，诠释机器美学价值。这种美学是在

◀ 图 2.9 两位女性身穿索尼娅·德劳内设计的泳装。右边女士的丝绸泳装是浅蓝色的，绣有红白绿三色。

* 1916 年 6 月 23 日，雨果·鲍尔在达达主义发源地伏尔泰酒馆朗诵声音诗《卡拉瓦内》（*Karawane*）。当时，他戴着蓝白条纹巫医帽，脖子上套着硬纸板大项圈，腿上套着蓝色硬纸管。

† 《游行》是俄罗斯芭蕾舞团表演的芭蕾舞剧，由埃里克·萨蒂作曲。1916—1917 年，让·谷克多将其改编为单幕剧，毕加索设计布景和服装。1917 年 5 月 18 日，在巴黎夏特莱剧院首演。表演灵感来自巴黎街头杂耍。主要人物有一个中国魔术师、两个杂技演员和一个美国年轻女子。1976 年，乔佛瑞芭蕾舞团重新制作演出，表现如梦如幻之境。法国作家纪尧姆·阿波利奈尔撰写节目说明，称该剧表现"超现实主义"。1903 年，他在创作剧本时首次使用这一术语。1920 年，该词正式成为超现实主义艺术流派的官方名称。

20世纪20年代技术复兴的背景下出现的。有人认为，德劳内只给精英阶层设计服装和纺织品，价钱太高，只有富人才用得起。面对批评，德劳内申请面料图案专利，开始批量生产。把这些图案复制到商业生产中，实际上是在预制服装图案，统一设计，降低成本，惠及消费者。按理说这种办法应该会行之有效，但实际情况却不是这样。因为设计标准化后，无法顾及个人身材差异，不少女性感觉要再次裁改才能合体。

1927年，德劳内去巴黎索邦大学做讲座，题目是"绘画对时尚设计的影响"，强调服饰"建构""明显受到绘画影响"，"创造服装的人在构思如何剪裁时，同时也在思考如何装饰"。1967年，她在自传中又提到了这一点，认为物品美在功能，不在品位。而机械和动能是让物件实用的关键因素。

在削弱精英主义方面，德劳内所做的主要贡献是将艺术理论应用于实用艺术设计，而不是大规模生产自己设计的产品。她最突出的贡献是预见到了未来时尚生产。1931年，她发表论文《艺术家与时尚的未来》(Les Artistes et L'Avenir de la Mode)，认为时尚平民化后，有助于"提高行业整体标准"。她还建议，时尚行业要实现两个目标。第一，建立实验室，研究实用服装设计，满足生活需求。第二，各行各业实现大规模生产，降低生产成本，扩大销售面。20世纪20年代末，成衣流行。德劳内在自传《奔向太阳》(Nous Irons Jusqu'au Soleil)中表示认同。她写道："成衣最终会一统天下。在此之前，我们还可以享受'独一无二的模特'。而在此之后，第一个解放了的女性将被成千上万人模仿。"成衣将于20世纪20年代征服世界。诗歌裙将出现在大街小巷。

德劳内借鉴纯艺术，重新定义纺织品和时尚设计，其贡献不可小觑。但是直到现在，还没有人充分认识到，德劳内在拓展传统艺术和设计的边界方面也发挥了非常重要的作用。近年来，欧洲举办过几次德劳内作品回顾展。2014—2015年，巴黎现代艺术博物馆举办"抽象的颜色"。2015年，伦敦泰特现代艺术馆举办"索尼娅·德劳内EY展"。

艾尔莎·夏帕瑞丽与时尚超现实主义

艾尔莎·夏帕瑞丽一反时尚传统，更加突出艺术在时尚中的作用。她在相互矛盾的意象中找到灵感。这种意象与弗洛伊德思想有联系，在超现实主义者的作品中有鲜明体现[*]。她奇思妙想不断，不按常理用材，不屑维持高级定制时装的庄重之态，常与同行发生冲突。夏帕瑞丽不是定制时装科班出身，在20世纪二三十年代，常与画家、作

* 1924年，安德烈·布雷顿等人撰写《超现实主义宣言》小册子。超现实主义正式诞生。1923年，德劳内为《气动之心》设计服装。布雷顿等人与特里斯坦·特萨拉为代表的达达主义者决裂。

家、诗人和电影制作人交往。达达主义者反艺术，挑战沙龙和艺术学院立下的规矩；而夏帕瑞丽反时尚，质疑巴黎高级定制时装的结构和观念。

和德劳内一样，夏帕瑞丽也是先从事纯艺术，后来转行时尚。她常用艺术研究方法创作，用达达主义和超现实主义思想表达象征涵义，不断定义、重构时尚和艺术之间的互动关系。尽管她不守成规，还是在高级定制时装界有了显赫地位和巨大影响力。她和很多达达主义者一样，"反对所有装腔作势、墨守成规、了无趣味的东西"。她用非传统材料打破传统精英主义观念。比如，用裸露性感的意象装饰服装，用流行文化纪念品创作。

夏帕瑞丽用的材料和主题与众不同。有一次，她从报纸上剪下与自己有关的文字，委托里昂卡尔康贝纺织厂生产带文字图案的丝绸和棉布。这些文字是时尚编辑和记者对她作品的评价，正面负面都有。有学者认为，这是一种视觉位移，说明夏帕瑞丽可能是受了毕加索1911年拼贴画的启发，也可能是仿照报纸上刊登的斯堪的纳维亚半岛渔家女的帽子。奥尼尔研究发现："设计师本人高度认同毕加索报纸拼贴立体主义风格。"他推测："她很可能是从达达主义艺术家库尔特·施维特斯那里得到的灵感。因为她本人精通现代艺术，认识很多艺术家。"虽然夏帕瑞丽用报纸拼贴材料做成自我批评形式，在20世纪30年代引起争议，但启发了后现代主义实践。

夏帕瑞丽能用司空见惯之物创造惊世骇俗之感。她设计过一条透明塑料项链，把彩色昆虫点缀其间。人戴上项链，就像是脖子上爬满了虫子，刺激感官，非常怪异。可能是法国珠宝商莱俪给了她灵感。19世纪末20世纪初，莱俪推出一款项链，饰有各种生物，体现了新艺术运动特征，同时也反映了超现实主义思想。这两种艺术运动都强调混合昂贵材料和廉价材料，创作非同寻常的主题。

超现实主义展现梦境世界，理性和非理性二元一体，真实和虚幻并置。各种现实交错相生，互相矛盾。夏帕瑞丽的作品有传统定制服装的廓形，配有精工刺绣，"体现历史和传统绣法，像是华丽的教会法衣"，给人以超现实之感。威尔科克斯和门德斯认为，夏帕瑞丽的作品"古怪和抒情交相辉映"，远古和现代融为一体，深得纯艺术和装饰艺术之妙。从她的时装作品可以看出，新艺术运动和超现实主义艺术联系紧密。

1934年，夏帕瑞丽首次委托刺绣商弗朗索瓦·莱斯奇用亮色在腰带、项链、裙腰、圆领上手工刺绣巴洛克风格。当时，似乎很难看出仅凭她一己之力就能挽救一个衰落的行业。帕尔默·怀特深入研究发现，夏帕瑞丽在女装刺绣设计上下了很大功夫。威尔科克斯和门德斯研究夏帕瑞丽的职业生涯，发现"20世纪20年代，珠饰流行。夏帕瑞丽不赶潮流，转而用中世纪的亮片刺绣，让人想起16世纪的彩色玻璃窗和礼拜仪式装饰"。帕尔默·怀特研究发现，波瓦雷称赞"夏帕瑞丽提高了刺绣的地位"。她的服装剪裁普普通通，但饰品非常抢眼，激发了观者想象力。

夏帕瑞丽曾和法国著名刺绣坊勒萨日创始人艾伯特·勒萨日合作，鼓励他创新材料和工艺。"艾伯特用过穆拉诺吹制玻璃做小花朵，用过玻璃石和鹅卵石，粉碎明胶珠，看起来像是锤过的硬币，还让机器时代的金属有了新用途。"1937年，他们一起制作刺绣套装，夏帕瑞丽用红宝石镜子装饰上衣，依胸围绕轮廓排开，既有巴洛克式的奢华，又能反射观者，呈现戏剧效果。一般认为，高级时装不该用镜子做装饰。但夏帕瑞丽可能是用这种方式戏谑偷窥成癖的人。

夏帕瑞丽不拘一格，融合创新，创造非专享"专享"。她用艺术"骗过眼睛"，大胆挪用视觉情境象征符号。她以精美面料和高超技艺搭建精英框架，融入光学偏移，创造视

▶ 图2.10 温莎公爵夫人沃利斯·辛普森穿着夏帕瑞丽的龙虾裙坐在池畔草地上。辛普森鼓动英王爱德华八世退位，声名扫地。为了改善形象，她请《时尚》为她撰文拍照，塞西尔·比顿是摄影师。但夏帕瑞丽不怕拿这个女人开涮。

觉异象。从她的作品可以看出，超现实主义的性心理意象和传统刺绣、串珠手艺相互联系。她原本专攻纯艺术，与达达主义艺术家、诗人、作家交好，如惊动世人的萨尔瓦多·达利。夏帕瑞丽的很多作品都体现了时尚和艺术的共生关系。

从夏帕瑞丽的早期作品可以看到1925年巴黎两次大型展览对她影响很大。一次是装饰艺术与现代工业博览会，另一次是首届超现实主义展。第一个展览聚焦应用艺术，让夏帕瑞丽了解了新机器时代的新材料。此后，她用塑料、乳胶、玻璃纸、人造丝绉纱、螺旋弹簧和金属丝创作。

观看超现实主义展览两年后，她设计羊毛领结毛衣，取名"欺骗眼睛"，引起轰动。她在巴黎找到一对专门做手工编织的亚美尼亚夫妇，让他们按照她的设计在领口织上蝴蝶结。远观可见三维蝶形领结，近观却模糊一片，从而形成视觉矛盾，让观者感到可笑。视觉欺骗体现了超现实主义，即现实往往是幻觉。

20世纪20年代，夏帕瑞丽首次使用超现实主义矛盾意象。20世纪30年代，她得到更多人认可，1937—1938年名声大振。1936年，她和萨尔瓦多·达利一起创作桌子套装，把一个个亦真亦假的口袋竖直排列绣在衣服上，呈现出浮雕效果，看起来像是抽屉，而纽扣像抽屉上的把手。通过这种视觉和概念矛盾，夏帕瑞丽和作品合为一体。应该指出的是，我们要在一定社会环境中理解夏帕瑞丽的服装和达利的三维作品。夏帕瑞丽挪用矛盾意象，象征非理性情绪、视觉模仿、图腾和神话。这些意象常随环境和社会而变。她选用的材料本身就是一种象征。比如，她给一种手感好的面料取名为"树皮"。这种面料包住身体，就像是树皮包住树干。这样一来，服装就变成了第二层皮肤，体现了视觉二分法。1943年，夏帕瑞丽用玻璃纸、丝绒和玻璃纤维"罗多芬"（rhodophane）设计作品。《时尚》杂志认为，罗多芬"易碎，透明如玻璃，但也不会像窗玻璃那样碎裂"。玻璃腰带"像百丽耐热玻璃，但像纸一样薄"。夏帕瑞丽就是用这些材料设计惊世骇俗的新服装。以这种"新艺术"为载体，夏帕瑞丽又创出一种概念矛盾，即罩住女性身体的玻璃并不是百货商店橱窗上的玻璃。

这些面料经夏帕瑞丽挪用、重新应用后，让女性变得更性感。她又用台球桌毡做连衣裙，用橡胶做衬里设计衬衫围裙两用衣服。这些材料一般让人联想到酒吧和妓院。但夏帕瑞丽正是要以非精英形式诠释精英时尚概念。1937—1938年，她和达利合作，创作"眼泪连衣裙"（The

Tears Dress），所用纺织品上似乎有眼泪、撕痕，让人产生色情联想。这种幻觉或幻想引得人想要去触摸，这就说明面料本身需要用眼睛看，用双手触摸。

夏帕瑞丽将超现实主义时尚艺术中的幽默和刺激因素融为一体。帕尔默·怀特研究夏帕瑞丽设计的帽子，发现她无视帽子蕴含的庄重意味，"赋予其时而顽皮，时而邪恶的幽默"。塞西尔·比顿认为，"在夏帕瑞丽的作品中，丑陋自成一格"，"让很多人惊诧之余长了见识"。夏帕瑞丽的作品饱含幽默感。有一次，她受达利启发，创作羊排帽，搭配的有一件绣有炸肉排图案的上衣，一件腹部有鱼在扭动的图案的泳装，两个形似电话或鸟笼的手提包，一双露出指甲的黑手套。她的作品也像艺术品一样按主题展出。1938年，她设计"马戏团"系列，扣子是杂技演员造型，裙子后背写着"油漆未干"，像是广告牌。

有些高级定制时装设计师喜欢直截了当地评论时政，而不仅仅是讽刺幽默。1936年，人民阵线当选，"罢工四起"，夏帕瑞丽"拿出弗里吉亚帽，寓意摆脱束缚，获得自由。罢工者纷纷戴上了这种帽子"。弗里吉亚帽有历史渊源。罗马时代，获得自由的奴隶戴上这种帽子以别身份。1789年，法国大革命期间，革命人士也戴这种帽子。知道帽子象征意义的不只有夏帕瑞丽一个人。1940年，纳粹占领巴黎，高级女装设计师格雷夫人以革命三色丝带为主题设计服装，彰显爱国情怀。在法国大革命时期，同情无产阶级的人士也曾经佩戴过这样的丝带。

夏帕瑞丽也和很多达达主义者一样经常与人合作创作。她与达利、法国诗人让·谷克多、法国画家马塞尔·维特斯、法国野兽派代表画家基斯·凡·邓肯、瑞士存在主义雕塑大

▲ 图2.11　1952年《时尚》杂志。黑色设得兰羊毛结子绒披肩（bouclé Shetland stole）饰有大号昆虫别针。均由夏帕瑞丽设计。这套作品美丽和奇异兼具，让观者感到不安。

师阿尔贝托·贾科梅蒂、法国时尚插画家克里斯蒂安·贝拉德等艺术家合作，设计针织、毛皮、染色、珠宝、刺绣等作品，质疑高级定制时装和纯艺术中是否有独一无二这样的概念。夏帕瑞丽的作品表现了达达主义者的伤感情绪。她认为，服装设计是转瞬即逝的艺术。让·谷克多也持这样的观点："时尚会夭折，所以我们必须宽恕一切。"拉韦尔也写道："我们只能用当代人的品位欣赏时装。"夏帕瑞丽认为，服装设计是"最难让人满意的艺术，因为服装从诞生那一刻起，就已经过时。一旦你设计出来，服装就不再属于你。服装不能像画一样挂在墙上，也不能像书一样长长久久保存在书架上。"《时尚》编辑迈克尔·布德罗认为，在超现实主义鼎盛时期，艺术和时尚关系最为亲密，当时"理性不是决定因素"。他写道："超现实主义时尚设计师的创作初衷是为了好玩、好笑、惊人，让人对艺术创作产生怀疑。"

超现实主义者最初用绘画、摄影等二维媒体表现视觉矛盾，用电影创造偶像。后来发现时尚和实用艺术表达效果更好。时尚和生活境遇、社会性质联系得更直接。因此，达达主义者常以时尚作品表达思想。马克斯·恩斯特用时尚意象阐释弗洛伊德心理学中心理和性的关系，1938年，夏帕瑞丽创作鞋帽，更直接、更戏剧化地呈现这一矛盾。鞋帽寓指"被压抑的无意识"，"服装玩起了视觉位移游戏"。而且这里还有性意味，鞋子应该穿在脚上，这里却放在头顶上。夏帕瑞丽还有两个标志性作品，其中一件主人公头部是美杜莎式，扭动的卷须有性挑逗意味，搭配晚礼服；另一件就是龙虾裙。1937年，夏帕瑞丽受达利作品"龙虾电话"启发，创作白色蝉翼纱裙子，阴部位置裙面印有欧芹和龙虾。而达利的"龙虾电话"又名"春药电话"。在达利看来，龙虾象征情色和危险[*]。这条裙子专为沃利斯·辛普森夫人设计。这个美国女人离婚后，鼓动英王爱德华八世于1936年退位，轰动一时。

这些意象混合在一起具有色情意味，震动了高级定制时装界。夏帕瑞丽受到的非议越来越多。她不仅赋予时尚以意义，打破了长期固化的等级观念，还质疑20世纪上半叶巴黎的精英文化传统。1954年，她在自传中写道："服装只有让人穿在身上，才有自己的生命。而人一旦穿上衣服，就被另一种人格主导。你可以让这种人格活起来，有光彩，也可以把它毁掉，还可以把它变成一首美丽颂歌。"

小结

20世纪初，时尚也受到了艺术哲学和美学的影响。维也纳工作坊和包豪斯学校打破了纯艺术和实用艺术的边界，促进了画家、雕塑家、纺织和时尚设计师的交流，将时尚和纺织提高到艺术境界。波瓦雷从戏剧和传统东方服饰中汲取灵感。薇欧奈和福图尼在希腊考古遗迹中品鉴女神之态。德劳内运用色彩理论，促成达达主义和高级时装界的合作，预见到成衣在时尚平民化中起到的作用。夏帕瑞丽和超现实主义艺术家合作，既传承手工制衣的优雅，又注入象征和幽默意味，同时庆颂和嘲弄高级定制时装。

[*] 有的超现实主义者经常批评达利动机不良，认为他哗众取宠，把他赶出了圈子。

第
三
章

时
尚
的
平
民
化

绪论

本章探讨如何推进时尚"平民化"。"平民化"意味着社会各阶层都能穿上设计精良的服装。时尚广告越来越多,人们对美和消费主义有了新认识。印刷媒体盛行,给了消费者充分模仿的机会,百货商店和服装生产商聘用专职设计师,新职业随之形成。加工工艺改进后,批量生产的服装和高级定制时装难分高下,时尚产业抄袭事件越来越多。高级时装设计师不得不去思考,是听之任之,还是与抄袭者一战?可可·香奈儿蜚声巴黎,反映了"一战"后社会各阶层追求平等,希望消除工薪阶层服装和精英阶层奢侈品之间的概念差别。

商业和社会结构的变迁

19世纪末20世纪初,时尚产业日兴,预示着时尚"平民化"。社会阶层和女性地位大变,极大影响了20世纪20年代的时尚走向。霍兰德认为:"1918年前,士绅贵妇不会跟时装设计师同席吃饭。"欧洲等级体系森严,"上流社会从来没有向时装设计师敞开大门,再有才华也不行。女设计师被贬称为'裁缝'"。但霍兰德研究发现,"一战"后,"社会等级旧体系重组",艺术家和设计师"社会地位突升"。

"一战"前十几年,中产阶层模仿权势阶层穿衣。生产工艺日精,高级定制时装和批量生产服装高下难辨。"批发式高级时装""中产阶层时尚"也随之发展。一些公司既注重精良品质,又注重"时装屋独有的风格和精良设计"。在世界各地,商业设计的本质和属性都在变化。当时,英国耶格公司甚至宣称"女店员和公爵夫人没有差别"。19世纪90年代,耶格集服装生产、批发和销售于一体。20世纪20年代,雇用专业设计师设计"中等价位的优雅时尚服装",满足大众市场需求。

20世纪20年代,时尚之所以平民化,是因为满足了三个前提条件——有竞争力的价格体系、先进的生产工艺、便利的经销网络。普遍认为,20世纪20年代,连锁商店数量渐渐超过百货商店数量。两者消费群不一样。连锁店面向的是越来越庞大、越来越富有的工薪阶层。而且,和19世纪的百货商店一样,连锁商店创新了时尚经销方式。

连锁店商品种类多,尺码全,自主选货,价格固定。工薪阶层女性人数骤增。她们实现了经济独立,变成小众新市场消费者。这在人类历史上有重大意义。"时尚产业平民化"的另一主要因素是"香奈儿等设计师为女性设计简洁实用的衣服。这些女性有工作，有活力。穿衣服是为了自己舒服，而不是为了取悦别人"。

时尚广告艺术

营销战略专家认为，时尚产业要想不断吸引眼球，就要创新变革。历史证明，要遵循大规模生产和消费法则，让经济资本主义体系车轮滚滚向前，就要保证消费源源不断，销量不断增加。

19世纪末20世纪初，时尚产业系统创造"精心安排的需求"和愿望。服装风格年年在变，社会结构、"地位"一词的内涵也在变化，技术不断发展，服装设计师越来越注重创新。米勒在《乐蓬马歇百货》一书中写道，19世纪90年代，这家百货商店卖骑车装，男装女装都有。十年后，又开始卖汽车司机穿的外套。1904年，伦敦时尚品牌博柏利制作了254页的产品目录。放眼望去，几乎全是运动成衣。服装商发现，消费者主要看的是款式，而不管实用与否。为了显露自己生活安闲富足，就要炫耀消费。正是基于这种"炫耀消费"的观念，"一战"前的时尚设计和广告注重创造视觉意象。

自19世纪初以来，商店主要卖时装和纺织品。成衣和巴黎百货公司发展同步。而这些百货公司原本卖"窗帘和高档商品"。1906年，乐蓬马歇百货有52家分店，有41家只卖两样东西——时装和布制品。百货商店遍地都是，时装经销商发布产品目录，推销新款式、特价商品和邮购服务，在日报上做整版广告。时尚意象占据视觉主导地位。销售数字非常可观。1910年，乐蓬马歇百货发出100万份商品目录，写着"一月家居用品促销，送达各省"。"一战"前，营销技巧越来越成熟，推动了"营销革命"。

早在1874年秋，伦敦德本汉姆大百货公司就提供邮购服务，直接向来伦敦旅游的美国人推销货真价实的巴黎披风、服装和女帽。西尔斯百货首创美国本土邮购服务，口号是"我们什么都卖"。1893—1894年短短一年时间，西尔斯的产品目录就从196页增加到322页，1895年达到502页，而且城乡都可送达。乡下人最开始买衣服只看是否实用，但商品目录让他们看到"时髦衣服"可选余地很大。有了商品目录，就跟逛百货商店一样，能一次买全，满足各种愿望。

要把产品卖出去，就要表演出来，引诱人去买。艾伦·汤姆林森比较了19世纪商品目录和后期出的册子，发现前者注重价格和选择范围，后者打起消费心理战。他写道："商品不仅有实用价值，还带着一种光环。商品'作用于'消费者，让他/她感觉自己同时具备几种品质，可以展示给别人看。"米勒认为："大众营销有一种魔法，能激起人们的向往，挑起强烈的冲动，创造新意识。"在他看来，"中产阶层文化越来越变为消费文化。二者难解难分"。产品"形象"至关重要，与所有者身份紧密相关。不论是时尚物件，吸尘器、电冰箱等家用电器，还是汽车都变成了一种身份。原先只有社会上层才会炫耀消费，现在中产阶层也受到诱惑开始消费。

德格蕾丝的《美国挑战欧洲广告艺术》一书揭示了影响20世纪20年代欧洲广告走向的另一个重要因素：美国商业广告公司智威汤逊、艾耶父子和欧文·瓦西等风生水起。这些广告公司采用更理性、更有说服力的办法——"硬推销"法，即在广告中"插入评论"，综合信息和"令人信服的推理"。这种"印刷销售术"一般有科学数据相佐证，有社会名人推荐，强调产品有益而非有用，统一新闻文章和广告专栏部分页面排版，"故意模糊'真实'阅读材料、社论文章和消费品之间的区别"。欧文认为，凡勃伦的炫耀消费理论揭示的是19世纪有闲阶层的消费习惯。到了20世纪一二十年代，炫耀消费被"鼓吹为一种理想"。欧文写道："要推销商品文化，就要让人们意识到，以前的文化建立在消费基础上，的确让人反感。但现在，情况发生了变化。"跟美国人不同，欧洲人一般不愿意把大众消费主义当作乌托邦理想。这可能是因为与美国相比，欧洲社会有更加森严的等级体系。

很多大众传媒批评人士认可凡勃伦对广告特点的认识，即广告是一种策略，是在用人性弱点做交易。广告文案撰稿人似乎洞悉社会各阶层人士的弱点，带着这种认识，再去说服他们。从巴黎《年鉴》（Les Annales）等流行杂志、《时尚》等精英刊中可见一斑。因为要不断提升自己，人会有一种不安全感，就会去消费新出的各式化妆品和香水。20世纪20年代初，赫莲娜化妆品帝国就建立在这样的消费文化基础上。赫莲娜化妆品、时装和广告中的女性光彩照人，让人感觉自己也能通过购买商品达到那种状态。脸部清洁广告塑造了一种青春理想，向观者承诺只要买了产品，就能祛除皱纹，焕发容光。用这些产品当然可以在短期内"变年轻"，这一点无可厚非。但离谱的是，美容手术和假发承诺青春永驻。此外，商家很少按年龄、婚姻状况、种族等做产品分类，给消费者一种幻觉——产品谁用谁好。

"一战"后的广告竭力刺激女性消费需求。这一时期，女性一如既往承担家务劳动，但越来越多的人找到工作赚钱养家，实现了经济独立，创造出新的小众市场。广告商利用女性"自恋"心理，说服她们购买产品可以提高地位，变得更有尊严。同时又以色衰爱弛之说吓唬她们，让她们意识到，自己用了产品就能维持在家中的地位，获得安全感。恐惧心人皆有之。20世纪20年代的广告主打恐惧心理战。最让人恐惧的事莫过于丢掉工作，没赢得爱人芳心，婚姻破裂，甚至是害怕别人会怎么想、怎么说。社会阶层不再是一道藩篱，女性购买设计师设计、工厂批量生产的服装，跟有钱人穿得一样时尚，不必感觉低人一等。美国一些广告特意强调成衣是巴黎同款，或者至少是受了巴黎款式的启发。而且，贴上商标，让消费者有专属于己的感觉。富兰克林·西蒙公司将布拉姆利套装定位成独家销售成衣，并于1925年春在美国申请设计专利。

20世纪20年代，女性产生消费幻想，认为自己可以不受经济和阶层的限制，自由表达个性。换言之，消费经济需求反映了女性需求。"社会心理学研究消费者行为"，关注"人的动机和联系"，由此产生"生活方式广告"。让某种商品和某个生活方式产生联系是一种特别奏效的广告技巧。买了产品就能享受幸福、安全和快乐；反之，生活不顺，陷入绝望。广告行业不断发展，人们也跟着崇拜物质，变得肤浅。可以说，广告推销的一大秘诀是建立心理联系。

大众市场产品越廉价，"生动逼真"的视觉展示模型就越有吸引力，中产阶层消费者就越动心，消费者规模随之扩大。与此同时，经销中心越来越多，家中男女老少都能选到自己心仪的东西。广告营销手段和材料花样百出，击中社会各阶层软肋。原来仅面向社会精英阶层的消费市场变得越来越大。

仿品和假货充斥美国市场

"一战"结束后，材料短缺，高级时装设计行业人工和材料成本不断抬升。有些设计师战前就已关店歇业，现在还不能回本。为提振产业发展，法国政府要求银行增加授信额度。即便如此，就连一些大时装屋也经营困难，不得不拓展低收入阶层市场。高级定制时装设计师再也承受不起只给巨富主顾做衣服的压力。这种困境预示着，20世纪时尚将更加平民化。高级时装设计师一面继续给精英阶层制作昂贵服装，一面降低价格，拓展中产阶层市场。第一章探讨了沃思的商业实践，19世纪70年代末，"沃思扩大'缝纫沙龙'产业规模后，有人'明目张胆复制样式'"。究其原因，缝纫机使用方便，标准化图案可以互换互用，只剩下裁剪、后处理、刺绣用得着手工。劳动有了分工，变化的只是面料，仿制就不可避免。

帕奎因、沃思、波瓦雷都认识到了美国市场的重要性。1891年，珍妮·帕奎因开了第一家沙龙，是第一位在高级定制时装行业有影响力的女性。她经常说，美国市场"最重要"。沃思也有类似看法。他在1895年《巴黎拾忆》（*Some Memories of Paris*）一书中打趣道："美国人会花钱。我喜欢给他们设计衣服。有时候我觉得，他们有信仰，有身材，有法郎。他们'信仰'我，有穿出型的'身材'，有'法郎'给我。真的，我喜欢给美国人设计衣服。"19世纪60年代，沃思把款式卖给美国布制品店、百货店，让他们去仿制。这样一来，很多衣服看起来都差不多，就不得不打出时装屋商标，区分哪些是沃思正品。打标跟艺术家签名差不多，目的是证明自己的作品独一无二。即便有这样的措施，但到了19世纪80年代末，有人开始仿制沃思商标，仿品充斥市场。消费品市场快速发展，版权保护势在必行。

1916—1917年，波瓦雷打入美国市场，成立"时装酒店"工作坊，以此为名设计了一系列服装，款式符合美国女性品位。衣服上带有商标，标明"授权复制"。沃思本来是给精英阶层定制服装，现在做出妥协，成功创造了新时尚品类。但他和五个模特去美国参观时，却发现自己无力保护知识产权，"时尚盗版体系庞大，个人无法控制"。（详见第四章）

玛德琳·薇欧奈审美造诣深，手艺高超，备受同行敬重，对仿制现象极为愤怒。为了区分正品，甚至把自己的指纹印在商标上。但依然还是有人仿造薇欧奈、波瓦雷、沃思服装，卖给美国百货商店。为了打击造假行为，薇欧奈在1921年8月期行业杂志《女装》（*Women's Wear*）上发表声明，称自己的作品已取得版权，未经许可不得复制*。

* 薇欧奈开创高级定制时装设计版权先河，对衣服正面、背面和侧面拍照，再把照片提交给巴黎高级时装公会。

凭着独一无二的商标，薇欧奈把不少法国、美国公司和百货商店告上法庭。其实薇欧奈并不反对把复制品卖到美国。她只是想设计一种复制许可体系，从中拿版权费，控制产品的生产和流通。虽然她的斜裁设计特色鲜明，不好复制，但也不是完全不可能。1923年，薇欧奈聘用律师路易斯·丹格尔担任商业经理，成立反盗版组织——塑料和应用艺术保护协会，呼吁法国政府实施国际通行的版权法，保护巴黎时尚设计师的创意知识产权。初衷虽好，但不是所有的设计师都同意加入，因为他们并不完全反对美国大众销售模式。可可·香奈儿就是其中之一。

可可·香奈儿——贫中见奢

可可·香奈儿原名加布里埃·香奈儿，是授权仿制过渡时期影响最大的女设计师。香奈儿出身于工薪阶层家庭。在高级定制时装设计师中，她是以简洁理性解构女装、强调服装实用功能第一人。1927年，她因设计小黑裙声名大噪。她挪用了丧葬服的颜色，设计出可以从白天一直穿到晚上的服装。她设计及膝落腰女装，不凸显女性线条，诠释法语对"男孩"（garçon）一词的定义，首创男孩风格。需要指出的是，1924年前，社会普遍不接受这种长度。她的客户既有巴黎社会名流，还有信奉独立自由精神的富裕美国人。现在人们普遍认为，可可·香奈儿和艾尔莎·夏帕瑞丽在20世纪二三十年代的审美和社会革命中扮演重要角色，但其实当时革命已经在进行过程中，他们只是做出了自己的反应而已。

香奈儿故意颠覆、破坏社会阶层标志，不认为炫耀消费能彰显社会地位。早年，她不遗余力推广适合工薪阶层穿的服装，却导致了一种社会矛盾——"贫中见奢"（Pauvreté de luxe），穿便服反成精英时尚。批量生产工艺愈加成熟，成衣流行，高级定制时装所体现的独特、新颖、庄重的时尚理念被改写，进一步削弱了精英主义根基。在此50年前，很多设计师用品质面料、精致剪裁、娴熟技艺捍卫高级定制时装的堡垒。到了20世纪二三十年代，他们不再把这些标准应用于工作室。1931年，波瓦雷在《装扮时代》（*En Habillant L'Époque*）一书中指出，精英路线无以为继，香奈儿和夏帕瑞丽是罪魁祸首。言语之中满是痛惜。在波瓦雷看来，两个人"靠走精英路线赚了不少钱，又窃取了高级时装设计师和时尚创造人的名头"。

▶ 图3.1　1926年《时尚》杂志插图。香奈儿小黑裙被誉为"福特"。穿这种裙子，可以搭配黑色钟形帽，珍珠耳环和项链，几何图案细手镯，黑色高跟鞋。

► 图 3.2 1927 年《时尚》杂志。两个穿香奈儿时装的女人。左边那位身穿厚重的苏格兰粗花呢外套，搭配与衬里相配的家织羊毛连衣裙。右边那位身穿条纹衬里粗花呢套装，搭配毛衣。香奈儿通过多种方式挑战高级时装代表的精英主义观念，用粗花呢做面料是方式之一。

1926 年 10 月期美国版《时尚》有这样一段话："香奈儿'福特'，即风靡世界的黑绉纱连衣裙。这种裙子上半身正面和侧面略宽，背面紧。"样式简洁，流线廓形，没有赘饰，符合通用标准。20 世纪 20 年代，服装工厂在生产各环节使用模具，注重实用设计。关于 T 型车，福特曾经表示："是什么颜色不重要，只要是黑色就行。"这一说法概括了 20 世纪 20 年代机器时代流行的审美标准。而香奈儿成功的秘诀是"服装简洁，不带个性"，生产出一种"迎合各种品位的标准"。

从香奈儿的创新可以看出现代主义者推崇实用功能，注重批量生产的模块化和标准化。香奈儿重视细节，手艺高超，渐至炉火纯青。在她看来，口袋应该能装香烟，扣子和扣眼有实用功能，不是装饰物件。虽然香奈儿也用过很多昂贵的边饰，体现"贫中见奢"，但这些饰物都是现代主义时期机器审美的组成部分。比如，她创造性地使用树脂和塑料，做"假"配饰，创造时尚新风格*，即首饰不能反映个人地位和财富，仅仅是大众审美品位象征。香奈儿颠覆了"一战"前的优雅传统，改变了服饰彰显地位的方式。

香奈儿采用两种方法发起风格"政变"。第一，使用新材料；第二，把男装改为女装。"一战"期间，纺织品经销商罗迪尔囤了不少做袜子和内衣的平纹布。当时，没有人用这种材料定制高级时装，因为"质量不好，质地太软，不易裁剪"。平纹布"是颜色单调的米色，不好打理"，"穿这种衣服的人主要是运动员和渔民"。1916 年，香奈儿没花多少钱就买下了罗迪尔的所有存货，用这些布制作高级时装，打破了"传统奢侈观念"，并使之"线条更简洁，从而引发服装和外表革命"。她用廉价"二等"材料做外衣，这在高级定制时装史上是第一次。香奈儿在康朋街 21 号租下店面定制高级时装，但"租约规定不能制衣"。不过，因为"平纹布不算是面料"，她也没有违法。平纹布特别适合批量生产，成衣行业由此不断发展。

这种原本卑微的面料为传统高级定制时装注入了流行文化元素。香奈儿针织服装没有赘饰，质感舒服，形状不定，无僵硬之感，便于穿着，象征着青年解放。香奈儿设计的两件套内有微褶裙，外搭长外套，面料柔软，似乎平淡无奇。但在当时，正是这种普普通通的打扮具有革命意义。因为平纹布用量大，香奈儿自己在阿涅勒开了一家工厂，起名为"香奈儿针织"，后改为"香奈儿纺织"。香奈儿还用别的"流行"材料定制高级时装。以前从来没有人

* 20 世纪 20 年代，塑料工厂应用战时技术，生产高级时装配饰。

用这些材料给精英人士做衣服。比如，格子呢、绗缝布，以及被称作"人造"丝绸的合成
纤维人造丝。20世纪20年代，人造丝绸生产工艺得到改进，垂坠效果好，特别适合做小黑
裙。而皮草供应中断时，香奈儿转用"海狸毛、兔子毛等普通毛皮，把短缺转化为发挥创
造新款式的机会"，由此打破了传统等级边界，让"手头不太宽裕的女性也能买得起皮毛
披肩，把狐狸毛做成的围巾，随意围在肩上"。

　　香奈儿创新运用纺织品，还用过英国粗花呢设计女装。她从英国卡莱尔的林顿粗花呢

▶ 图3.3 1928年《时尚》杂志。在康泰·纳仕的公寓里，伊丽莎白·舍夫林戴着由法国设计师艾格尼丝设计的黑色徽章钟形针织帽，穿绉纱和平纹布连衣裙，搭配香奈儿设计的几何印花围巾。

* 西方时尚界引入东方各种服装形式，制作家居服。英语"睡衣"（pyjama）一词源自乌尔都语"宽松长裤"（pae-jama）。这种裤子一般上身搭配长衣，男女都可以穿。1858—1947年，英国人殖民印度，熟悉了这种服装样式。和服刚被引入西方时，被当成沙滩度假外套。但在设计师眼中，和服的重要价值体现在八件组合模块化设计，可以变成不对称装饰画布。19世纪以来，西方艺术家不断发掘东方艺术神韵，改进时尚等装饰艺术形式。1876年，费城举办世界博览会，为美国艺术家和手工艺人提供了第一次欣赏东方装饰艺术的机会。

公司采购布料。1927年，香奈儿在伦敦开了一家精品屋，卖冬夏两季"不起皱"粗花呢开衫套装。时尚史学家研究发现，香奈儿很懂面料，这是她的优势所在。瓦莱丽·门德斯认为，"一想起某个高级时装设计师，就会想起他们最喜欢的面料"，"特定面料与特定时期的时尚趋势如影随形"，"纹理粗花呢非常适合做香奈儿经典套装"。香奈儿注意到女性积极融入社会，因此用柔软舒服的面料做成套装，满足职业女性需求。

香奈儿对时尚平民化的另一重要贡献是直接挪用男装元素，反映现代女性地位的变化。她不仅用男装面料做女装，还从各种男装款式中汲取灵感。比如，海军陆战队穿的直筒夹克，男士羊毛衫，翻边衬衫和袖扣，挪威男工作服，水手喇叭裤，侄子的英式西装外套。1920年，她推出了有阳刚气质的宽松游艇裤。1922年，设计出阔腿喇叭沙滩睡衣*。从女性主义视角研究发现，香奈儿对女性时尚的贡献不仅是"改变形式和细节，更重要的是改变意义，让女装有阳刚之气"。尤其值得一提的是，她的衣服有经典花花公子气，即以服装为媒介体现阳刚特质。花花公子气可以促进社会流动，这一点对于香奈儿个人具有重要意义，对于20世纪初面对社会大环境变迁的女性也具有普遍意义。

艺术大师塞西尔·比顿持类似观点："女性打扮得越来越像是年轻小伙。可以看出，这些女性要么原本性格乖张，要么获得了新的自由。对服装设计，香奈儿持虚无态度。她虽未明确表达，但作品暗含这样一种哲学——衣服真的不重要，穿出来的样子才重要。"在一些时尚史学家看来，香奈儿并不推崇女性心理学或女权主义，而是要打破性别刻板印象，让女人穿男装诱惑男人。"香奈儿从来都不是女权主义者"。在香奈儿眼中，女性的"最高目标是诱惑男人。要想获得真正意义上的成功，就不能把这一最高目标排除在外"。

也有人认为，表现出阳刚之气的女性能在男性主导的文化里上升得更快。如果说时尚是一种文化建构，那么女装体现的独立和平等应该反映社会价值观的变迁。20世纪20年代，女性身材曲线被淡化，最终在形体和社会两方面与男性平起平坐。香奈儿挪用"阳刚之气"，"让女装有阳刚意味"，这一点与夏帕瑞丽不同。夏帕瑞丽显然不在意服装是否庄重，也绝对不用女装表达阳刚意味。香奈儿将男式骑马红外套改成开襟长衣晚礼服，后来又改成女士家居服。但这些服装真的提高了女性的社会地位吗？

　　意味深长的是，香奈儿和劲敌夏帕瑞丽（见第二章）都设计了一款黑色亮片男风晚礼服。香奈儿的这一款于1926年推出，夏帕瑞丽的是1931年1月。香奈儿的款式反映出她喜欢"简单结构搭配艳丽装饰"，而夏帕瑞丽"缩小了性别差距"，创造出具有"激进、阳刚特质"的"硬派时尚"。两款服装都体现出"一战"后女性积极自信，有了一定的经济实力。夏帕瑞丽的款式肩部加宽，方方正正，似乎"以好斗好战隐藏女性的脆弱无力"。这种廓形成为20世纪40年代的主流造型，似乎是80年代"权力穿搭"的预告。两位设计师都质疑服装中蕴含的性别身份，反映了20世纪20年代不断变化的社会观念。"夏帕瑞丽和香奈儿一样，也注重表现青春气息，方便身体活动"，"在两性之战中，夏帕瑞丽的服装折射了一种社会革命——白天谨谨防守，夜晚咄咄引诱"。

香奈儿之所以成功，是因为她有能力洞见，并满足不断变化的市场需求。这和纯艺术家索尼娅·德劳内、俄罗斯建构主义者代表人物瓦尔瓦拉·斯蒂帕诺娃和柳博芙·波波娃形成意味深长的对比。她们都把时尚看成是应用艺术，密切关注20世纪二三十年代纯艺术发展趋势（参见第二章索尼娅·德劳内作品分析）。由此可以看出，在现代社会全媒体发展背景下，视觉艺术有融合发展之势。

和先锋艺术家一样，香奈儿和夏帕瑞丽都颠覆了传统时尚观念和体系。两人都采用不能彰显社会地位、不常用作衣料的材料替代奢华面料，都把工薪阶层男装改成女装，都复制产品满足大众需要，而非独创专享。夏帕瑞丽寓幽默于平凡，创造高端时尚。而香奈儿让工匠之服走入上流社会。香奈儿认同机器时代的"实用理论"，根据战时供求状况调整高级定制时装设计理念。而夏帕瑞丽反时尚，和纯艺术界联系紧密。

到此为止，本章探讨了香奈儿及其同代人如何颠覆传统时尚观念和营销方式，进一步削弱了精英主义。香奈儿从工薪阶层男装中汲取灵感，选用朴素面料，批量复制、生产，否认独特专享观念，让高级定制时装呈现"工薪阶层风貌"。由此可见，香奈儿的个性设计和立体派艺术家融艺术和生活为一体的做法有相通之处。比如，布拉克和毕加索用不同寻常的材料制作拼贴画，在构图中融入流行文化，复制意象反映中产世界存在的商业和社会刻板现象。1917年，俄罗斯芭蕾舞之父谢尔盖·迪亚吉列夫和让·谷克多、毕加索共同创作《游行》，将绘画、音乐和编舞融为一体，从中可以找到当时巴黎舞厅的影子。一般认为，只有工薪阶层才会去那种地方找乐子。立体派艺术家的作品呈现的是视觉矛盾，而可可·香奈儿的作品揭示的是社会矛盾。她用"穷小子"时尚和仿制首饰为中产阶层打造安闲舒适的形象，而不是上层装腔作势之态。但要指出的是，香奈儿服装定价很高，靠做工维持生计的女孩儿根本买不起。露丝·莱纳姆指出："香奈儿时装屋的套装、连衣裙式样都很简单，但和金银刺绣衣服一样贵。"她的衣服上明显没有凡勃伦所称的"炫耀消费"，但衣服下摆是手工做出来的，短上衣后身夹着重重的链条。香奈儿服装朴素简洁，但穿这样的衣服要搭配很多首饰，脖子、手腕、手臂和耳朵上都要有。有时候甚至还要搭配红宝石、祖母绿首饰。对此，香奈儿认为就是要让贵重首饰"看起来像垃圾"！这是否说明，混搭贫穷和奢华是她成功的秘诀？如果她的原创作品价格昂贵，只有社会上层才买得起，那她是否真的推动了时尚"平民化"？

让·巴杜——风格显风流

20世纪20年代到30年代初，香奈儿服装风靡欧美，但她也不是没有劲敌，那就是巴黎高级定制时装设计师、风度翩翩的让·巴杜。巴杜家境优越，父亲开制革厂，叔叔是皮草商。1907年，巴杜和叔叔一起开店。1912年，开始自立门户，做服装生意。他先是学缝纫制衣，1914年开了巴杜时装屋。刚开不久，"一战"爆发，他去了部队服兵役。1919年重操旧业，把店开在巴黎圣弗洛朗坦路7号，给有钱人定制刺绣钉珠晚礼服。在东部战线服兵役期间，巴杜喜欢上了地中海和东欧民间传统服饰。他把这些地区的刺绣彩色图案用

▲ 图3.4　1928年《时尚》杂志。模特身穿让·巴杜设计的两件套泳装——束带条纹毛衣、羊毛针织短裤。巴杜高级
时装屋分设运动装部，服务社会上层。

于连衣裙和上衣设计，融现代与传统为一体。

　　巴杜不仅精娴缝纫，而且有人格魅力，很会做生意。他擅长制作简洁优雅的日装，以及线条利落、装饰雅致的晚装。20世纪20年代，他还给著名网球运动员苏珊·朗格伦定制服装。朗格伦场上场下穿的衣服皆出自巴杜之手。1921年，朗格伦穿着巴杜设计的及膝网球裙，搭配无袖衬衫和头带上场，一反网球服帽子和裙子传统风格，轰动一时。1925年，巴杜在其高级定制时装屋一楼设运动角，兼售泳装、高尔夫装、骑装和滑雪服。这些运动装大部分都绣有花押字，体现穿戴者身份地位。他设计的日装大多带有网球百褶裙样式。上衣是丝绸或羊毛针织开衫，搭配倒褶裥紧身裙。

　　巴杜的客户既有欧洲贵族，也有桃丽姐妹、约瑟芬·贝克等舞台影视明星。20世纪20年代，歌女和时髦女郎离经叛道，备受争议，但巴杜照样为她们设计服装。美国很多富豪也穿他的衣服。他把模特称作"合作者"，挑出六个人比赛，邀请媒体详加报道，进一步提升了知名度。巴杜时装屋是巴黎第一家用美国模特展示服装的时装屋。

▼ 图3.5　让·巴杜在美国为他的法国工作室挑选模特。巴杜是第一个选用美国年轻模特展示服装的设计师。他在纽约选人时，一般会邀请媒体全程精心策划报道。

而且，巴杜还在高端服装中融入时髦女郎元素，惊动了巴黎精英人士。这其实也反映了巴杜的名声做派。他终身不婚，风流韵事不断，常光顾赌场夜总会，结交欧美上层人士。为了发展企业，他注册了天然纤维、概念、边饰等几百个产品。为了搭配晚礼服，巴杜开拓香水业务，在"鸡尾酒吧盒"里出售。卖得最好的那一款名叫"喜悦"。趁着风头，1921年，他又开了一间香水酒吧，让顾客在试衣服的时候喝上一杯。住在巴黎的外国人特别喜欢去美式酒吧，因为1920—1933年，美国本土实施禁酒令，卖酒喝酒的人不得不转向地下酒吧。欧美人不分男女聚在一个高级时装屋里饮酒，打破了好几重规矩，但也让巴杜时装屋更有人气。

20世纪20年代，香奈儿和巴杜风格风靡巴黎。当然，不是每个人都能欣赏男装改女装的款式和及膝百褶裙。尤其是"咖啡会社"（Cafe society）里的人。《纽约美国人》日报记者莫里·亨利·比多·保罗创造了"咖啡会社"一词，指的是常去咖啡馆的知识分子和艺术家。他们聚在一起讨论哲学、艺术，和"美人"为友，鄙视香奈儿和巴杜风格。巴杜可能对此有所耳闻，也可能有意要和香奈儿以及抄袭他作品的设计师有所不同，于20世纪20年代末调整服装腰线，加长裙身。到了1930年，消费者已经不再喜欢香奈儿的直筒落腰连衣裙，更青睐巴杜和薇欧奈风格的柔软斜裁连衣裙。这标志着浪漫主义和女性特质重现女装。

这种加长廓形款式衣服在晚6点到8点的鸡尾酒时段特别流行。为了满足美国客户需求，巴杜设计披风、带披肩的无袖裙等可摘除配饰，便于日服到晚礼服过渡。巴杜在色彩方面很有造诣，1931年开始设计色板和相关纺织品，推出主打展品。这些展览主要在晚间举办，是20世纪20年代中期巴黎大事件。由此，巴杜风头在香奈儿之上。但在1936年，他突然离世，成功故事戛然而止。而香奈儿服装继续热卖，一直持续到"二战"前后。

时尚和实用理论

现代主义帮助香奈儿和巴杜创造风格新潮。20世纪二三十年代，视觉艺术进入现代时期。"一战"期间，出现了不少新技术、新发明，对各种视觉艺术门类影响空前。时尚和珠宝设计也不例外。塞拉尼斯和杜邦发明醋酸纤维素和粘胶人造丝等新型人造材料。这些材料原本用于制作降落伞，现在是丝绸替代品，给设计师提供了更多面料选择。20世纪30年代，有机玻璃等合成塑料发明，既用于制作拉链和纽扣，也可用于艺术创作，如夏帕瑞丽的实验配饰。19世纪中叶，工厂开始大规模生产自动化针织机，精工细编的产品随之批量生产。技术革新是现代时尚休闲风格的基础。

20世纪20年代是机器时代，实用主义大行其道，功能决定形式和结构，赘饰和机器生产不相容。"形式追随功能"由建筑师路易斯·沙利文首创。他的学生弗兰克·劳埃德·赖特将之用于实践，得到现代主义者推崇。赖特的建筑以优雅简洁著称，和周围环境融为一体，体现建筑功能决定布局的理念。这种现代抽象视觉语言带有模块化几何形式，让人想起机器科技，"说明现代主义在不断发展"。俄罗斯女艺术家瓦尔瓦拉·斯蒂帕诺娃和柳博芙·波波娃是典型代表。两位艺术家重视结构和材料，大胆设色，创造动感，融数学结构于设计之中，诠释机器时代美学理想。她们和索尼娅·德劳内一样，设计服装和纺织品，拓展了传统艺术和设计边界，实现了现代主义运动的目标。

俄罗斯建构主义代表人物斯蒂帕诺娃和波波娃

很多设计师把时尚做成了生意，而斯蒂帕诺娃和波波娃为实现社会主义理想而创作。她们不设计高级定制时装，坚信可以通过服装、美学和实用功能表达现代主义原则，冲击商业时尚。她们推崇建构主义哲学观念，用服装这一艺术形式直接影响社会大众。1917年俄国大革命前，共产主义者认为时尚是一种资本主义现象，代表精英主义，没有社会功能。斯蒂帕诺娃和波波娃改变了这种时尚观。具有讽刺意味的是，斯蒂帕诺娃致力于融合结构和形式，跟香奈儿的美学时尚设计理念很像。其他的建构主义者也认可这一理念。

波波娃和斯蒂帕诺娃都做过裁缝，很看重手艺。当时，不论在资本主义社会，还是在社会主义社会，实用设计似乎提高了工业生产效率，促进了艺术和商业的融合。两人都于1921年开始设计实用服装和纺织品，怀抱服务人民的强烈愿望，实现建构主义理想*。但当时了解俄罗斯时尚和纺织品设计的人并不多，两人的作品也不像德劳内作品那样有影响力。她们的作品都体现对角线的相互作用，色彩明丽，线条干净清新，彰显机器时代美学观。

德劳内的艺术作品和俄罗斯建构主义者的作品在视觉上惊人相似，可从历史、经济和社会环境角度去解释这一点。德劳内出生在乌克兰，后来迁居法国。因此，从她的早期作品中可以明显看到乌克兰民间艺术的影子。"一战"后，艺术活动多元多样，现代设计、先锋艺术促进了法国经济的发展。在"一战"后的巴黎，艺术家、设计师、高级时装设计师、作家和摄影师"频频交流思想"，"合作完成很多歌舞表演、插图书籍、芭蕾和室内设计项目"。这种文化环境对应用艺术女设计师很有利。她们开始设计纺织品，帮助法国纺织业"从战后凋敝中快速复苏"。"德劳内在巴黎设计纺织品和服装，而在此时，俄罗斯艺术家把美学理论应用于社会实践。"

"1918—1921年，俄国大革命结束，原材料极度短缺，经济匮乏"，先锋艺术家和设计师不得不中断实施很多计划。研究发现，只有莫斯科纺织业是个例外。该产业规模大，能够保证建构主义抽象设计批量生产。这些抽象作品中蕴含的"动能形式象征着解放和流动"，与俄国当时的意识形态相契合。俄罗斯历史学家萨拉比亚诺夫和阿达斯金娜进一步发现，建构主义者能够实现设计理想，也与当时的生产技术条件有关。当时的纺织印刷工厂主要重复印制小件订单。20世纪20年代初，工业生产处于"一战"前第三阶段，即"物质和技术标准都有限"。建构主义者中似乎只有弗拉基米尔·塔特林、斯蒂帕诺娃和波波娃尝试过时尚设计。为了统一图案标准，斯蒂帕诺娃一般只用两种颜色，用圆规和尺子画出圆形、三角形和矩形三种形状。这种简单程式化的艺术不仅表现了自然界中随处可见的旋律，还体现了高效运转的机器的系统工作原理，具备多重象征意义。"几何构图象征艺术家劳动的机械化"，"反映工业世界"，"表现技术形式原理"，说明俄罗斯建构主义者设计的纺织品和工业流程密不可分，并受其指导。

▶ 图3.6 1933年《时尚》杂志。在墨西哥裔法国百万富翁查尔斯·德贝斯特圭的巴黎顶层公寓客厅里，两个模特身穿让·巴杜设计的晚礼服。巴杜把裙子加长，迎合了巴黎"咖啡会社"的品位，创造了20世纪30年代浪漫服饰新潮流。

* 斯蒂帕诺娃是俄罗斯建构主义奠基人亚历山大·罗德琴科之妻。1921年，罗德琴科、斯蒂帕诺娃、波波娃等人成立俄罗斯建构主义者小组，提出艺术制作是一门技术学科，艺术具有社会功能。

MABPYWA

▲ 图 3.7　1922 年，瓦尔瓦拉·斯蒂帕诺娃为俄国剧作家亚历山大·苏霍沃·科比林的《塔列尔金之死》(*The Death of Tarelkin*) 设计的舞台服。斯蒂帕诺娃还为该剧设计布景，但没有得到导演弗谢沃洛德·梅耶荷德的认可。

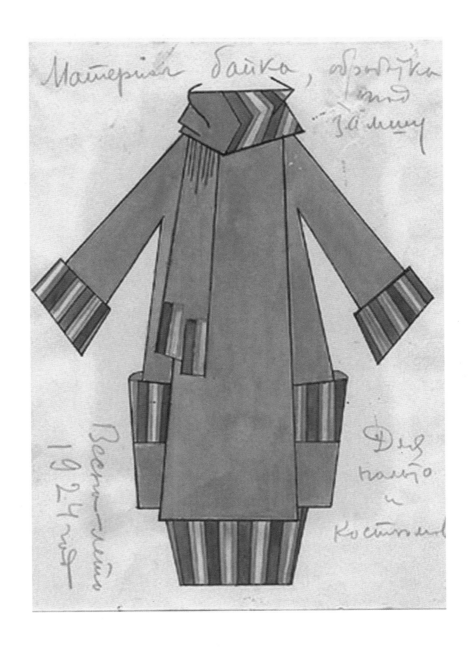

▲ 图3.8 柳博芙·波波娃1924年作品。服装廓形和几何图案线条鲜明，体现服装的现代性和实用功能。

波波娃从自己的抽象绘画中抽取几何图形，在普通棉布上设计极简样式。但普通人更喜欢印花布料。研究发现，虽然这些建构主义女艺术家既设计纺织品，又设计服装，但只有纺织品从抽象概念转化为实实在在的产品。她们最伟大的贡献是，"重新审视设计全过程，创造布料和服装新形式"。需要指出的是，德劳内从建构主义整体设计流程中得到启发，先用纸样做实验，后来设计出标志性面料，方便消费者量体裁衣。

当时，俄国先锋艺术家还设计过反时尚服装，希望发动服装革命，但只影响了一小部分用服装表达理想的人。原因是，到了20世纪30年代，人们已经清楚认识到，服装不是社交工具，也不是社会凝聚器。连体工装代替不了传统男装。集体制服虽然实用，但无法取代个性化服饰。

让千万人穿上成衣

高端时尚真正实现批量生产是在"二战"后。但在战争期间，已朝此方向发展。1929年，香奈儿率先在高级定制时装主业之外开辟成衣业务，将同一款衣服复制多件，提供各种尺寸，如需改码，价钱另算。其他设计师纷纷效仿。到20世纪30年代中期，巴黎大部分高级定制时装设计师都有了成衣生产线。香奈儿的时尚设计哲学是"时尚不只是为了一个人，甚至不只是为了一群人。如果时尚得不到很多人的认可，那就不能算是时尚"。她认为，"复制品只能是复制品"，但同时也承认，"模仿是成功的显著标志"。香奈儿密友克劳德·拜伦写了《香奈儿的一生》，引用了香奈儿说的一句话，颇有火药味，"我创造时尚，并不是为了三四个婊子"。在1953年2月期《时尚》中香奈儿也表达了类似的观点："我再也不想给几百个女人定制衣服，我要给千万个女人设计衣服。"这句话预示了高级定制时装的未来。

香奈儿对时机把握得很准，这是她成功的一大秘诀。她"首创闲适风格"，舒适和实用是她的商标。她敏锐地认识到，到20世纪20年代，社会等级体系已经不再森严。当时，经济不振，生活不安定。原来在俄国当贵族，现在来巴黎开出租车；原来是气派公爵夫人，现在当模特。这些事情并不稀奇。研究发现，当时"有些富家豪门变成了穷困潦倒的破落户"，有钱人、时髦人的生活方式发生剧变。很多女人家境优越，但要坐有轨电车、火车、公交车出去，就要穿行动方便的衣服。社会分层弱化，服装剪裁形式随之改变。香奈儿拓展正装边界，把工薪阶层服装引入高级定制时装界。"当时，时尚不是优雅女性专享，而是生活的一部分。手头不那么宽裕的女人也可以找街角的裁缝复制设计师服装。是香奈儿让这一切变得简单。"

香奈儿在"当时的艺术运动中扮演重要角色"。但意味深长的是，她自己从来不认为自己是艺术家。相比之下，波瓦雷却坚持要让别人相信他创造艺术，对赚钱做买卖不感兴趣。1910年，俄罗斯芭蕾舞团《天方夜谭》在巴黎上演，对艺术界影响空前，波瓦雷的设计受到关注，但香奈儿依然我行我素。她说："我们做的是生意，不是搞艺术。做生意讲的是诚信。"在她看来，制衣是一种技巧，一门手艺，一个可以维持生计的行当。读她的传记，可以发现她认识很多艺术家、作家和知识分子，但很少有证据表明，她要靠汲取艺术灵感而创作。

不过，香奈儿也并不是没有涉足艺术和表演世界。1921年，她为迪亚吉列夫的现代芭蕾舞剧《蓝火车》（Le Train Bleu）设计服装，该剧在法国温泉圣地里维埃拉上演。让·谷克多为此剧设计布景，毕加索设计前幕。香奈儿设计的针织运动装很适合演员做大幅度肢体动作。1907年，毕加索创作《亚维农的少女》（Les Demoiselles d' Avignon），成为立体派运动标志性画作，不过他自己并不知晓。他创造了一种新的空间语言，将三维、立方体状的形式排列在二维空间中。20世纪20年代，这种艺术形式得到充分发展，影响了很多装饰艺术家。理查德·马丁在《立体主义和时尚》一书中，以香奈儿作品为例说明"不是立体主义艺术，而是立体主义文化影响了时尚。而立体主义文化与戏剧、文学、电影中表现的新思想一致"。有学者与之看法相似，认为"香奈儿让不起眼的面料和皮草登上大雅之堂。其精神内涵与立体主义诗学观相通"。麦克罗尔主要做香奈儿艺术品位研究，他发现，香奈儿聘用过俄国未来派艺术家伊利亚·兹达内维奇。而1922年，兹达内维奇曾与索尼娅·德劳内合作设计过纺织品。因此，兹达内维奇可能帮助香奈儿加深了对立体派的认识。麦克罗尔认为，这说明，香奈儿的时尚与纯艺术存在某种联系。"香奈儿喜欢用简单的线条、素淡的色彩，跟当代艺术运动立体主义有些相似。在立体主义发展的早期阶段——分析立体主义中，可以见到不起眼的材料和淡雅的色彩。"现代派摄影家霍斯特·霍斯特认为，20世纪20年代，时尚设计师和纯艺术家互有来往，当时"大家一起工作，讨论时尚和艺术"。但从香奈儿的作品中，不能直接看到美学观念，而夏帕瑞丽的作品却有鲜明体现。

苏格兰艺术委员会发布的《时尚1900—1939年》的结论是："虽然香奈儿和毕加索、谷克多等艺术家交契甚厚，但她明显反对艺术。她的沙龙很时髦，但没有现代气息。除了她之外，别的所有年轻高级时装设计师都出现在时尚杂志《美丽声音》（Bon Ton）中。而该杂志定位如1920年发刊词所言——'反映所有艺术的镜子'。她嘲讽头号竞争对手艾尔莎·夏帕瑞丽的话也很能说明问题，说她是'那个会做衣服的意大利艺术家'。"

小结

高级定制时装原本面向精英人士，是一种艺术实践。"一战"后，情况发生变化。高级时装设计师开始拓展成衣业务，给设计加上版权，再授权制衣厂使用。香奈儿、巴杜、薇欧奈等许可、授权复制成衣，重塑高级时装设计师角色。在20世纪20年代的法国，那些能够满足市场需求的时装屋风生水起，也推动时尚行业成为法国第五大行业，创造了资本主义的奇迹。

香奈儿和巴杜都在美国开拓客户。美国工厂也仿制他们设计的衣服。这可以说是一种成功。批量生产的服装销量很好，说明中产阶层更有经济实力，也说明女性发挥着更大社会作用，希望买到实用、舒服的服装。技术不断进步，生产材料更优，服装价格更低，普通消费者也能买得起，时尚产业不断发展壮大。但要把价格降下来，需求提上去，劳动力本身就要付出代价。第四章将探讨这一问题。

时
尚
的
美
国
化

绪论

本章探讨促使美国成衣产业成型的社会现象和技术进步。在法国，成衣与定制相对。在美国，成衣是时尚的同义词。随着美国成衣业的发展，零售策略、设计风格和生产方式也在不断变化。如果没有以女人和孩子为主的廉价移民劳动力，纽约制衣区就发展不起来。自19世纪起，劳动力问题一直是社会争议焦点，由此促进了新法律出台，推动了社会变革。

美国高级时装产业批量生产服装，让社会下层也能买得起衣服，同时服务各类有钱主顾，把奢侈定制服装卖给高端百货商店和好莱坞明星。20世纪30—50年代之所以是时尚的"黄金时代"，好莱坞明星功不可没。少数族裔喜欢街头风，以此表达自己的政治主张，街头风渐渐受到舞台电影明星的追捧。

邋遢衣店、血汗工厂和工厂劳动

在美国，最早的成衣出自"邋遢衣店"。"邋遢衣"的叫法可追溯到18世纪末。这种衣服非常廉价，买的人都是水手、苦工和奴隶*。早在18世纪，大西洋两岸港口城市就有这些店铺，售卖斜纹粗布双排扣外套"豌豆夹克"、马甲、衬衫、长裤等"邋遢衣"，还有长筒袜等镶边针织品。所谓"邋遢衣"，是指这些衣服线脚粗，线头明显，面料是廉价的棉布、亚麻布。但从当时的广告和插图可以看出，这些衣服也有多种颜色，布料上饰有条纹、图案，样式也很多，说明买的人选择余地很大。从留存下来的衣服可以发现，当时还没有标准尺寸，大部分是均码，衣服宽松肥大，得用拉绳调节尺寸。因为那个时代的衣服是定制而成，所以同时期的插画讥讽这种不合体的衣服，把零售商叫作"邋遢卖家"。买这种现成衣服的人都是工薪阶层。因此，20世纪初以前，人们一直认为穿成衣的人社会地位也低。要让成衣产业有稳固根基，从业者要解决三大问题：第一，衣服要更时髦，更合身，更实用；第二，要批量生产，保持低价；第三，改变成衣在公众心目中的形象。19世纪到20世纪初的一百年间，社会大众慢慢改变了对成衣的看法。

19世纪，给上层男性定制的高端服装风格有所改变，不再突出贴身廓形。这样一来，裁缝就不必件件量体裁

* 18世纪末，似乎出现了一种趋势——给奴隶买成衣。1782年，乔治·华盛顿撰文写道，庄园产的羊毛和亚麻布足够给弗农山庄的人做衣服。但在1793年，他又写道，给奴隶穿的是现成做好的衣服。现在还无法确定这些衣服是不是在邋遢商店买的。

衣，平常比照尺寸提前做好，光景不好的时候卖出去。为了多赚钱，他们按衣服纸样分片，分给寡妇孤女。这些人手艺也不差，还愿意以远低于男工的工钱干活。这些"缝纫女工"在家里长时间做工，或者在昏暗的工作间劳动，工钱极低，引起了上层女性和社会改革者的同情。1845年，《纽约每日论坛报》创始人兼编辑、劳工改革领袖霍勒斯·格里利撰文描写19世纪新英格兰劳工生活状况，分析服装行业用工情况，称其为"工资奴隶制"*。

19世纪下半叶，缝纫机价格降低，美国成衣产业飞速发展。19世纪50年代，伊莱亚斯·豪、列察克·梅里瑟·胜家等发明家申请缝纫机零部件专利，把缝纫机的价格从25美元降到5美元。胜家公司甚至还允许顾客分期付款†。这样一来，不用投资太多钱就能创办服装厂，从制造商处分包订单。这就意味着，服装在工厂按纸样形状分片，在别的地方加工完成。分包商每提交一件，就收款一件。这种分包模式被称为"计件作业"。为了多交件，雇工就要快速完工，质量因此受到影响。一般来说，工期不合理，分包商不得不超时劳动，但承包商嫌弃质量不好，就少给钱、晚给钱。

除了产品质量不高，这些"血汗"承包商还有贪婪的恶名。他们让工人在逼仄的环境下做衣服，克扣工人工钱以降低成本。与此同时，这些榨取雇工血汗的雇主之间也在竞争，为了拿订单，争相出最低价。很多血汗雇主受不了制造商的削价，满足不了要求，经营一两年就破了产；而制造商还要受零售商大百货商店的削价，最终形成恶性循环（见第一章）。成衣价格低，很容易买到，讨得了中产阶层消费者的欢心，却让劳动者付出了极高的代价。

在服装厂做工的人主要是移民。他们成群来到美国，有的是为了躲避迫害，有的是为了多赚钱。从19世纪50年代开始，第一批移民从爱尔兰抵达纽约和波士顿。1865年，瑞典人和德国人来到美国。19世纪90年代，意大利人、波兰人和犹太人经俄国和东欧到达美国。这些移民主要定居在纽约，也有的落脚波士顿和芝加哥，给成衣厂做工。

19世纪60年代，制衣厂主要为美国内战士兵批量生产军服。到了80年代，这些工厂具备全套男装生产工艺，可以加工宽松款式、适合多种体型的男装。女装也有现成做好的，但一般是斗篷，或者是不需要精细缝纫的款式。东欧移民聚居城中某处，分工合作，指定专人负责裁剪、疏缝、缝纫、熨烫和后处理。完工后，送给与制衣商交接的

---

* 霍勒斯·格里利（1811—1872）是记者、社会活动家，倡导维护纽约劳工权利。1841年，创办《纽约每日论坛报》，辟社论专栏。19世纪中期，结社主义者等社会改革人士既反对"动产奴隶制"，也反对"工资奴隶制"，呼吁公平对待制衣厂工人。

† 缝纫机专利机制形成前，不少公司靠开发缝纫机获利，抬高了机器价格。

▲ 图4.1 路易斯·威克斯·海恩摄于1913年。珍妮·里赞迪，9岁，在纽约一间破旧经济公寓里帮父母做衣服。海恩在照片下面写道："活儿多的时候，他们从上午11：30一直忙到晚上9点，一周挣2—2.5美元。父亲在街上打零工。珍妮今天没有上学，'有个女士要来，我就得待在家里。'"（美国童工委员会藏品，美国国会图书馆印刷和摄影部）

* 1850年，金斯利写了一部小说《阿尔顿·洛克》，描写的是一个工薪阶层出身的男孩满怀憧憬去给裁缝当学徒，结果困在血汗工厂做工。同年，金斯利又发表《恶心便宜衣服》，揭露成衣血汗工厂现状，让维多利亚时期的读者看到了一个阴暗的地下世界。

服装中介，再送到百货商店。

在纽约，干苦力的人一般聚居在下东区。这里房子简陋，通风不畅，没有下水管道，疾疫盛行。维多利亚时期的伦敦也是这种情况。1850年，英国国教牧师、诗人、历史学家查尔斯·金斯利写了一本书《恶心便宜衣服》，批判当时的社会。同年，又出版《阿尔顿·洛克》*。金斯利将服装分包称为"血汗制度"，因为在当时，做衣服很费人工。在美国，工人不按工时而按成品计酬。因此，即便有技术，也改善不了生活境遇。

1891年，去纽约工厂巡视的人引用金斯利的"血汗制度"，把服装厂称作"血汗工厂"。血汗工厂一般位于小出租屋，或者是低收入者居住的经济公寓。做工的一家人挤在肮脏的环境里吃住起居。孩子也要卖命干活。1890年，丹麦移民、记者雅各布·里斯用镜头记录下了纽约经济公寓贫民窟里的生活，写成了《另一半怎么生活》一书，详细描述了成衣工如何在经济公寓里劳作、活着：

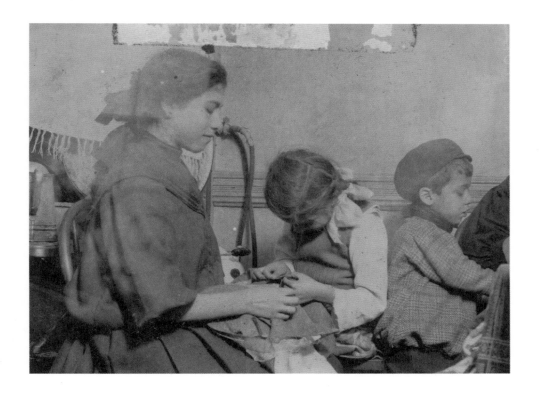

一个孩子出天花还没有好，最容易传给别人，却在成堆的衣服半成品里爬来爬去。而这些衣服最终要送到百老汇的商店里出售。一个得斑疹伤寒的人坐在一间屋子里，身边堆着一百多件衣服，正在把死亡令缝在衣服衬里。谁都看不见这一幕，谁也不会怀疑买到手的衣服有问题。

里斯的描述印证了服装厂巡视员的想法：这些血汗工厂有健康隐患。虽然从这里出去的衣服还要经过"晾一晾"后处理，但公众已经了解到了情况，担心经济公寓血汗工厂里的疾病会传播到别处去。1892年，纽约出台法律，规定未经许可，不得在经济公寓安装缝纫机械，设立家庭血汗工厂。消费者和工人成立工会，抗议血汗工厂的工作条件和工资待遇，要求为公共健康着想，改善工作环境。1899年，美国成立"国家消费者联盟"，发布负责任的制衣商和零售商清单，用彩色吊牌标明"卫生"服装。"针工工会"等工会组织也相继成立，比如，1900年成立的国际

▲ 图4.2　路易斯·威克斯·海恩摄于1910年1月。纽约东区，下午4：30，14岁的文森齐和9岁的约万尼娜正在做工。虽然法律明文规定13岁以下儿童务工非法，但孩子们还是要在经济公寓血汗工厂里做衣服，帮助父母减轻家庭负担。（美国童工委员会藏品，美国国会图书馆印刷和摄影部）

▲ 图4.3　两名女性罢工者参加纽约服装厂工人"两万人起义"，摄于1910年2月。（乔治·格兰瑟姆·贝恩藏品，美国国会图书馆藏）

女装服装工人工会，1914年成立的男装和纺织品工会、美国服装和纺织工人联合会。

19世纪末20世纪初，多数经济公寓血汗工厂被工厂取代，但工厂"血汗"依旧，工人们要挤在通风不畅的地方，一天工作十几个小时。罢工事件接连发生，比如，1909年11月到1910年2月的"两万人起义"。全美各地都在声援纽约格林威治村三角内衣厂罢工。工薪阶层妇女得到了"貂旅"（mink brigade）贵妇的支持，她们也和罢工女工站在一起，吸引了媒体的广泛报道。

1910年2月，劳工领袖和雇主就改善工作环境、增加薪酬签订了《和平协议》（Protocol of Peace），但不久灾难发生，进展受挫。1911年3月25日，罢工刚刚过去一年多，三角内衣厂发生火灾，导致146名移民死亡，多数是年轻女性。火灾发生时，逃生通道门紧锁，她们逃不出去，又不愿活活烧死，就从九楼跳下来，当场身亡。工厂老板艾萨克·哈里斯和麦克斯·布兰克被起诉，但案子最终不了了之*。这场灾难成为血汗服装厂虐待劳工的象征。但

*　具有讽刺意味的是，为工厂老板做无罪辩护的律师麦克斯·施托伊本人就是移民，也在制衣厂做过工。

其实，这种现象一直都存在，直到20世纪30年代，富兰克林·德拉诺·罗斯福出台新政，才有所改观。1938年，美国政府出台《公平劳动标准法》（Fair Labor Standards Act），规定最低工资为每小时25美分，每周44小时，削减承包利润，敦促服装加工行业达到政府认可的理想工作环境。

20世纪30年代，新建服装厂集中在曼哈顿第25街至42街，位于第六至第九大道之间。人们把这一块地区称作"制衣区"，把南面的部分称作"皮草区"。制衣厂和设计师工作室一般分布在第七大道第28街至38街。因此，第七大道又被称作"时尚大道"。在这里可以看到一架架的衣服从工厂里推出来，顺着街道往下走，一直推到设计室里。所以，"成衣"在美式英语中叫"off-the-rack"，字面意思是"从架子上下来"。

除了社会和政治因素外，消费者需求也推动成衣产业发展。美国社会流动性大，成衣超越各种社会阶层界限，不再带有耻辱化标签。

▼ 图 4.4　阿尔·拉文纳摄影，载于《纽约世界电讯报》（*New York World-Telegram*）和《太阳报》（*Sun*）。1955年，男人推着一架架的衣服走在纽约制衣区人行道上。（《纽约世界电讯报》和《太阳报》藏品，美国国会图书馆藏）

既要合身，也要实用

工厂要生产衣服，首先要解决标准尺寸问题。从历史上来看，西欧服饰又长又宽，要系上腰带或金属固件才能合体。16世纪文艺复兴期间，裁缝开始注重突出身体某一部位。这样一来，就有必要使用纸样设计款式。另一个原因是，奢华布料价钱昂贵，要尽量节省着用。研究发现，最古老的服装打样书撰写于16世纪的西班牙。17世纪，法语纸样书面世，内容涉及如何沿面料长宽两个方向裁剪纸样。时尚变幻不定，裁缝自然希望找到样板指南创造新款式。19世纪初，有两种衣服裁制办法：第一，按身体比例量制；第二，直接量尺寸。1820年以前，大多数裁缝铺没有卷尺，只能用一条纸分次测量加和。这就意味着，要做成衣，必须发展纸样行业。

19世纪50年代，英国有了裁缝用的纸样。19世纪末，出现了不少女装打样的书。比如，1877年查尔斯·赫克林格所著《连衣裙和斗篷剪裁》；1885年T.H.侯丁的《女装易裁》。在英美两国，服装行业杂志销量很大，从中可以找到比例裁剪法纸样。这些出版物主要内容是如何设计纸样尺寸体系，以适应各种体型。到底是哪些人买了这些出版物和纸样，我们不得而知，但可以确定的是，纸样、缝纫机大大方便了成衣生产。有了纸样，女性可以在家装缝纫机，给自己和孩子裁剪衣服，还可以就地做生意，把做好的衣服卖出去。在美国，德雷斯特公司最早提供纸样。自19世纪50年代以来，该公司就出售彩色纸样，有的带边饰，有的不带。19世纪60年代中期，德雷斯特开了一家展示连锁店，办了一本杂志，把纸样夹在里面。从这一时期留下的纸样可以看到，上面很少说明服装结构。但随着行业不断发展，纸样说明也渐趋标准化。19世纪80年代，裁缝能以折扣价买到套装纸样，留着自己用，或者转手再卖出去，还在店铺橱窗上插促销卡，推销最新款式。

埃比尼泽·巴特里克原本是裁缝。1863年，他开始出售男装纸样，1866年又开始卖女装纸样，并申请专利，比德雷斯特公司先行一步。巴特里克的过人之处还在于开发比例尺码体系，按孩子年龄分尺码，并做数字标记，比如，3—6号适用3—6岁孩子。他还根据28—46英寸*胸围尺寸设计10种女式衬衫尺寸，按比例测量上身值。他在公司期刊《大都会》上做过解释，32英寸胸围对应24英寸腰围。受巴特里克商业模型启发，《时尚芭莎》(Harper's Bazaar)开始在杂志中附带纸样，最早一期是在1867年。1869年，

---

* 1英寸约为2.54厘米。

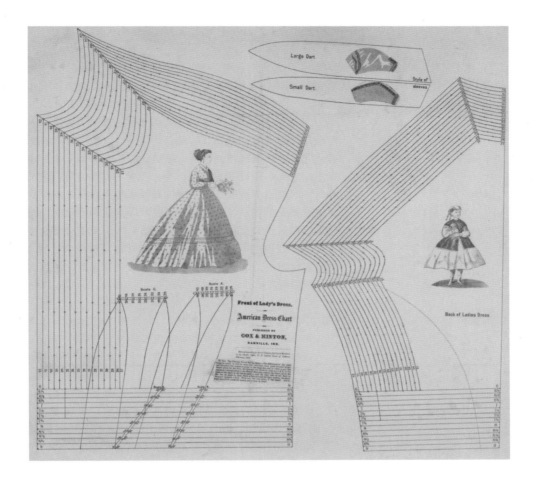

苏格兰人詹姆斯·麦考尔移民纽约，也开始打纸样。1871年，德雷斯特开始按照巴特里克的比例分配法提供各尺寸纸样，创造了成衣产业尺寸体系，流行一百年之久。大部分纸样是给住家女裁缝用的，但也有裁缝买纸样，将其修改后制成样板。纸样规模生产技术也在不断发展，"切后打孔"（cut-and-punch）工艺诞生——将待用面料描在一叠薄纸上，拿利刀切下，再用金属机器打出圆孔状纸样。

　　19世纪后25年，打样公司主要位于法英两国。但就行业整体而言，美国打样业最发达，主要是因为美国邮政服务效率高，横贯东西的大铁路加快了布料和纸样运输速度。美国公司在加拿大和欧洲设立办公室。但在20世纪头十年，法国时尚业依然领先世界。《时尚》等美国杂志必须得到授权，才能刊发法国高级时装屋服装纸样。时至今日，很多人仍然参照巴特里克、麦考尔、《时尚》的样式在家做衣服。自己动手DIY理念正是从自己动手做衣服发展而来。衣服越来越贴身合体，缩小了成衣和定制服装的差距。

　　香奈儿成衣系列之所以发展得起来，主要原因就在于时尚平民化，很多人买得起缝纫机，纸样大规模生产，尺码体系确立。如果没有这些条件，普通消费者根本买不起设计师原版服装。就是这样一片肥沃土壤让成衣在高级定制时装和家庭缝制衣服两极间扎根结果，让中产阶层穿得起批量生产的高品质衣服。

时尚盗版

　　20世纪20年代，巴黎高级时装继续主导时尚潮流。中产阶层消费者可以在富兰克林·西蒙公司等百货商店买到香奈儿风格的连衣裙、上衣、运动装。而百货公司本身也在纽约有高品质成衣生产线。富兰克林·西蒙公司申请了设计专利，但有些制衣商不太关心原创与否。工厂生产的女装主要是巴黎设计的翻版，通过时尚间谍带到美国。美国高级时装设计师伊丽莎白·霍伊斯在回忆录《时尚是菠菜》中详细描述了时尚间谍活动，并宣言反对成衣行业*。霍伊斯记述了1925—1928年自己在巴黎做插画师，即抄袭者，亲眼观看了让·巴杜时尚秀。

> 　　我想快速画下"福特"。谁都想买这款连衣裙。巴杜已经提前决定好让哪些模特穿"福特"。他的表演才能在高级时装界是一绝。他一次设计出6件"福特"，廓形相近，颜色不同。女士们，这是第46号。共有6款。你们每个人都会订购这款连衣裙。买回家再做6000多款。我的工作是让"福特"降温。巴杜推出了不下30个系列。但温斯托克（霍伊斯的老板）会买的不超过8个。前面有人挡住了我，我就做了很多笔记，不时画一下。

　　20世纪20年代前，美国人有这样的消费习惯：在巴黎精挑细选，买十多款零卖给有钱客户，再复制一千件，低价卖出。1925年，巴黎主要时装屋有：香奈儿、巴杜、浪凡、薇欧奈、热龙、莫林诺、皮埃特。时尚出口对法国经济贡献很大。为了满足客户需求，很多沙龙扩大店面，雇员多达500人。1929年股市崩盘，政府对奢侈品行业征收高额关税，服装样板出口税率高达90%。不过，对于经常出口到美国供复制的样版，免征关税。从亚麻布上剪下的样板每件售价10万法郎，附有完整的制作说明。具有讽刺意味的是，高级定制设计师发许可证，本来是要控制复制品流通，却最终改变了高级定制时装的专享特性。受关税限制等经济因素影响，国际时尚市场重组，全球成衣产业加速发展。"一战"和经济大萧条期间，美国政府实施限制措施，加速了行业转型。

　　受时尚盗版之扰，高级时装设计师每年损失上千法郎，但也进一步加速了成衣的发展。法国政府对非法复制高级定制时装设计的行为无能为力，因为盗版是在外国发生的。1928年7月，"国际保护文书"《工业品外观设计国际注册海牙协定》颁布，聚焦侵权问题，覆盖在日内瓦世界知识产权组织注册的所有设计和样板。虽然有这些保护措施，但在20世纪二三十年代，"没有几个时尚组织不怕麻烦而去登记注册"。1929年，三大时装屋——热龙、巴杜和香奈儿首次推出成衣生产线，标志着高级定制时装的覆灭和成衣设计的勃兴。时尚盗版现象在巴黎屡禁不止，但对美国设计产业来说，不盗版就发展不起来。

　　毋庸置疑，香奈儿、巴杜等一流设计师对行业转向做出了重要贡献，但国际经济形势是决定因素。高级定制时装设计师不能再对中产阶层的需求和经济实力视而不见。比如，1923年4月，美国《时尚》杂志撰文"香奈儿开门，世界翘首以待"（Chanel Opens Her Doors to a Waiting World），第一次提到"香奈儿"这个名字。但早在此之前，这家面向精英阶层的杂志就连续几年刊发专题文章，其中有"收入有限如何有型""收入有限如何穿衣""改造旧时尚之法"等。"一战"后，在这本杂志上，经常能看到"巴黎原版"复制广告，后面列有低价成衣经销商名单。也就是说，当时，时尚杂志编辑就已经在开拓一个巨大新市场。

美国高级时装

　　美国《时尚》编辑埃德娜·伍尔曼·蔡斯一直以巴黎文化为背景审视美国时尚，防止其孤立隔绝，同时鼓励法国人在美国各大时尚庆典上展示服装。她意识到要实施差异化营销策略，适应市场变化。1909年，康泰·纳仕买下《时尚》。蔡斯对他说，如果能让美国上流社会女性意识到自己在赞助法国慈善事业，她们就会在纽约顶级时装屋消费。《时尚》主办的首场时装秀吸引了纽约精英。125个模特展出了亨利·本德尔、莫莉·奥哈拉、伯格多夫·古德曼、冈瑟、塔佩、梅森·杰奎琳、库兹曼等时装屋的作品。这次活动在巴黎引发热议，波瓦雷等多名设计师认为这是在"创造美国风格"，"扔掉巴黎枷锁"。1912年12月20日，沃思的两个儿子让-菲利普和加斯顿-吕西安接受《纽约时报》采访，表达了父亲的忧虑。他们认为，美国设计师可能会建立起自己的时尚产业，跟欧洲同行一争高下。美国时尚超级消费者正在崛起。以中产阶层女性为目标读者的《时尚芭莎》和《时尚》精心塑造了理想的超级消费者形象。

　　上层消费者原从伯格多夫·古德曼百货或亨利·本德尔百货购买巴黎原版服装。1925年，古德曼开专卖店，把巴黎连衣裙卖给纽约社会名流。但到了1929年，华尔街股市大跌，专卖市场消失。在股市暴跌后举办的第一场巴黎服装秀上，没有一个美国人花钱消费。美国政府将进口服装税率提高到90%，鼓励本国服装厂生产。

　　20世纪20年代，第一批在纽约开高级时装店的设计师有杰西·富兰克林·特纳、瓦伦蒂娜和伊丽莎白·霍伊斯。他们定制优雅时装，跟法国同行竞争。特纳专门设计具有异国情调的茶会礼服，让上层人士穿着这样的衣服在家里招待客人，还为他们设计运动装、海边度假装。瓦伦蒂娜设计垂褶礼服，自己当模特出入上流社会，拍摄平面广告。霍伊斯曾在巴黎学过高级定制时装，1925—1928年从事插画、设计、造型工作，1928年回到纽约创立了自己的品牌，倡导舒适着装。这一时期，她也曾涉足成衣行业，但发现工厂生产的衣服不合体，质量也不好，写下《时尚是菠菜》一书予以抨击。霍伊斯自己曾复制巴黎时装，转卖给纽约设计师，但又指责他们抄袭设计，是小偷，还认为制衣厂不支持设计师原创作品*。她在书中也详细阐述了成衣内部运作体系，谈到了在服装领域创业的人。这些人一般是犹太移民，做过衣服，挣到钱后，创立了自己的企业。创业之初，他们把设计师派到巴黎，扮成美国富豪或者奢侈品百货商店采购员，悄悄混进高级时装秀，把法国热销品带回来，复制成百上千份。去的人对着模特速写，或者买霍伊斯等插画家的作品，然后抓紧回到纽约，仿制巴黎样式。这种做法一直持续到20世纪。到了20世纪30年代，美国设计风格才最终形成。当时，制衣产业形成体系，通过零售渠道销售服装，借助纸质传媒传播时尚意象。

在当时的美国，不只有霍伊斯、特纳、瓦伦蒂娜设计流行款式，塞尔达·韦恩·瓦尔德斯、安·科尔·洛等非洲裔设计师也为各种背景的有钱主顾设计服装。20世纪30年代，瓦尔德斯在纽约城外开裁缝店，生意做得很好，知名非洲裔美国人是店里常客。1948年，她在百老汇大街北段开店，同年为爵士钢琴家纳·京·科尔和歌手玛丽亚·霍金斯·艾灵顿设计婚服和伴娘礼服。瓦尔德斯以剪裁合体、装饰华丽见长，为爵士乐歌手埃拉·菲茨杰拉德、乔伊斯·布莱恩特等名人都设计过衣服。她的衣服质量很好，价钱也很高，一件礼服标价800—1000美元。20世纪五六十年代，她还举办慈善时装秀展示作品，大受赞誉。瓦尔德斯认识到，主流时尚产业对有色人种女性设定了种种限制，于是在1949年成立全国时装和配饰设计师协会，每年组织活动，推广年轻黑人设计师作品。1962年，她和《花花公子》杂志创刊人休·海夫纳建立合作关系，设计了几款兔女郎装，在花花公子俱乐部举办时装秀。从1970年开始，她为哈莱姆舞剧院设计演出服。2001年瓦尔德斯去世，双方合作近30年。

安·科尔·洛出生于美国亚拉巴马州，从小跟母亲学裁剪。1914年，母亲去世，16岁的安受州长委托为其妻设计舞会礼服长裙。后来，安再受委托，为佛罗里达州坦帕市社会名流设计婚服。完工后，于1917年前往纽约学习设计。她技艺娴熟，声名远播，洛克菲勒家族、杜邦家族等富豪名流都是她的客户。1946年，她为好莱坞明星奥利维亚·德·哈维兰设计蓝色花朵礼服裙，供其参加奥斯卡颁奖典礼。很多白人设计师把自己的名字印在商标上，安却为

* 参见《时尚是菠菜》"霍伊斯在美国——让美国女人都穿上漂亮衣服"一节，从中可知作者对成衣生产颇有微词。霍伊斯写道："我在巴黎见过美国制衣厂老板。我觉得他们就是一窝贼。我把速写卖给他们的设计师，没想到，他们直接抄袭。制衣厂老板喜欢原创设计？我可不敢有这样的幻想。"

此等待了 20 年。1950 年，她在纽约哈莱姆区开了第一家精品店，后来搬到第五大道，客户一般是富裕白人女性。1953 年，她为第一夫人杰奎琳·肯尼迪设计婚服和伴娘服。安一般用丝绸面料设计礼服裙，装饰以花卉图案。她给杰奎琳设计的礼服用的是提花垫纬凸纹布，印有宝花纹。虽然安的手艺不逊于其他设计师，但跟瓦尔德斯不一样，她要价很低。肯尼迪婚礼前一周，安的工作室积水，毁掉了给杰奎琳设计的礼服。她不得不重新订制，损失了 2250 美元。她入不敷出，不名一文，好在有一个人隐姓埋名替她付了税钱。据说，这人就是杰奎琳。倒了这些霉运后，安去萨克斯第五大道精品百货店当总设计师，还给尼曼、亨利·本德尔、哈蒂·卡内基等奢侈品高端百货商店设计服装。

成衣的美国风貌

20 世纪 20 年代末，美国时尚产业融合欧洲设计品质和美国休闲风格，创造出高品质成衣。纽约城不仅生产成衣，也塑造中上层生活品位——中上层人士穿运动服表明自己能享受闲暇。"美国运动装"是一个广义的概念，既包括城里人、乡下人装束，也包括大学生装扮和度假装。《时尚》《时尚芭莎》等杂志刊登广告，塑造一种热爱运动、闲逸生活的理想。运动装还成为女性职业装的一种。照片中的模特光鲜亮丽，急匆匆赶去上班，背景是纽约繁华街头，钢筋混凝土摩天大楼赫然耸立。这些意象不仅象征纽约在现代社会的定位，还代表美国生活方式。

零售促成了美国风格的形成，这可以追溯到多萝西·沙弗引领的推销活动。沙弗被誉为"零售第一夫人"，入行时只是推销员，后来升至罗德与泰勒百货公司总裁。1925 年，沙弗创设"造型师办公室"，专门开发系列产品。住在纽约城外的客户专程来店购物，受到造型师接待。这些造型师根据客户需求挑选衣物，拿到他们住的宾馆试穿。罗德与泰勒"造型师办公室"后来改称"个人购物部"，是现代个性化服务雏形。1928 年，沙弗在第五大道分店组织法国家具和绘画展"法国装饰艺术和绘画"，场面盛大，活动精彩纷呈，既有画廊开业庆典，又有好莱坞电影首映式，短短一个月就吸引 30 万观众驻足参观。沙弗也因此被盛赞为"公关天才"。此次活动之后，现代主义设计浪潮席卷美国，罗德与泰勒股价应声而涨。

见公众反响热烈，沙弗于 1928 年设立"当代国际艺术集团"，成员全部是美国设计师。1929 年，第一批设计师入职，开始设计美国主题面料。1932 年 4 月 17 日，沙弗启动"美国风貌"（American Look）项目，专门为三位设计师办午宴和时装秀。这三位设计师是伊丽莎白·霍伊斯、安妮特·辛普森和伊迪丝·罗伊斯，日后都成为"一等"美国设计师。参加第二轮活动的设计师有霍伊斯和穆尔·金。第三轮中，有克莱尔·波特、爱丽丝·史密斯和露丝·佩恩。埃莉诺·兰伯特继续开展公关，巩固了沙弗的推销活动成果。兰伯特把年轻设计师当作客户，关照提携他们。"美国风貌"活动最初没有提及设计师的名字，而是以制衣商为宣传重点。八年后，这些设计师的名字才出现在报纸上，标志着美国时装业出现转折点，设计从此高于制造。

1937 年，沙弗设立"罗德与泰勒奖"，支持时尚类设计，优秀设计师可得到 1000 美元奖励。第一批获奖者中有克莱尔·波特，她设计的服装色彩明丽，线条利落，廓形简约，适合事务繁忙的女性。波特注重诠释美国生活方式，寓舒适于时髦之中，对美国运动装的

▲ 图4.6　1945年《时尚》杂志。模特身穿克莱尔·麦克卡德尔设计的灰色 V 形露腰泳衣，泳衣饰有大圆点蝉形阔领带。麦克卡德尔多次改进垂褶泳衣。

▲ 图4.7　1949年《时尚》杂志。模特身穿克莱尔·麦克卡德尔设计的短上衣和腰封百褶裙。

发展贡献不小。克莱尔·麦克卡德尔受沙弗提携，在汤利连衣裙公司做专职设计，用腰带或绳子调整廓形。她采用薇欧奈斜裁法设计长裙，用长绳腰带系在躯体上形成褶皱，制成宽下摆裙，取名"静简"（Monastic），由此崭露头角。她的服装既优雅，又充满童真气息，设计类别涵盖垂褶泳衣、连裤装、围兜式背带裙和吊带领背心裙。1940年9月，罗德与泰勒百货开办"设计师店"，专营麦克卡德尔等美国设计师的作品。1942年，《时尚芭莎》编辑戴安娜·弗里兰邀请设计师设计一款中产阶层家庭妇女买得起的实用服装。麦克卡德尔凭家事裙（Popover dress）赢得比赛。裙子用印花棉布制成，配有烤箱手套，售价6.95美元[*]。弗里兰之所以提出这样的设计标准，是因为美国参加"二战"，限制布料使用。1942年3月，美国政府出台《L-85条例》，限制使用丝绸、羊毛和皮革等天然材料，限制用金属制作拉链。设计师不得不思考服装结构和材料新法。

1940年，纳粹占领巴黎，法国很多时装屋关门歇业，美国本土时尚设计业因此得益。维拉·麦克斯韦大力改进运动装，突出服装实用功能。"二战"期间，麦克斯韦给工厂女工设计连衫裤工作服，因"铆工萝西"系列海报而走红。受《L-85条例》所限，麦克斯韦设计纯色面料套装，可变换搭配，给穿者一种衣橱很大的感觉。邦妮·卡辛等运动装设计师继续用可互换单品搭配成套装。所有运动装设计师都秉持舒适、合身可调节和流线廓形的原则，但各有特色。蒂娜·莱瑟、艾米莉·威尔金斯等注重细节。再比如，卡辛的皮革边饰，麦克斯韦的柔软套装，莱瑟的艺术印花和彩绘裙，波特的睡裤型长裤。沙滩装和休闲装市场很大，卡罗琳·施努勒环游世界，汲取灵感，通过服装细节展现闲适之感。艾米莉·威尔金斯首创青少年运动装，设计可调节腰带和下摆，彰显青春活力。直到今天，以简洁为美的设计理念，采用机织针织品和弹性纤维面料，仍然是美国成衣设计的重要原则。

1940年夏天，国际时尚集团牵头五家零售商，组织时装秀，开展一系列促销活动，推广美国设计。活动时间安排得很巧，媒体悉数到场。这五家零售商允许《纽约时报》提前拍照报道，而行业惯例一直是严禁提前拍照以防伪品。丽贝卡·阿诺德在《美国风貌》一书中写道："早期运动装体现的是精英有闲阶层的生活方式，但在'二战'期间，越来越成为城市活力和现代性的标志。"[†]纽约富人一般去汉普顿度假区等地避暑休闲，"美国风貌"摄影师也去这些地方拍摄，让模特重新定义美的理想，即崇尚运动，光彩照人。

◀ 图4.8 1949年，富顿夫人穿夏季服装做模特出镜拍摄。美国豪富也穿休闲成衣。

[*] 麦克卡德尔后来回忆说，"二战"期间，政府鼓励民众在自家住宅和公园种菜，开垦"胜利花园"，以增加食品供应，提振士气。她给园里劳作的女性设计了罩衫。家事裙即在此基础上设计而成。

[†] 丽贝卡·阿诺德认为，帝国大厦等摩天大楼、克莱斯勒大厦的装饰艺术设计，经常出现在时尚摄影中，形成了"美国风貌"。

▲ 图4.9　邦妮·卡辛为金发美女芭芭拉·劳伦斯设计的丝绸海军蓝和白色大圆点"爱斯基摩裤"。劳伦斯曾出演20
世纪影业电影《命中注定》(*You Were Meant For Me*)。

欧美纺织厂生产新型合成面料，降低了服装成本，促进了成衣市场的发展。1888年，法国人夏尔多内开发生产人造丝。"一战"期间，美国工厂用人造丝制作成衣。1937年，杜邦实验室的华莱士·卡罗瑟斯开发尼龙。这种材料伸缩性强，主要用作袜子和有弹性的服装，极大降低了服装成本。"二战"期间，美国政府出台《L-85条例》限制了布料使用，而实验室研发的材料对服装生产帮助很大。

因为受到配额限制，有"时尚界院长"美称的诺曼·诺雷尔借机把高级定制时装的细节设计融入美国风格，

▲ 图4.10 1945年，诺曼·诺雷尔设计的马甲。诺雷尔曾任哈蒂·卡内基百货时尚设计师，也是特拉纳–诺雷尔设计工作室联合创始人、总设计师。他重新定义了美国奢侈成衣，享有"时尚界院长"的美誉。

创造了优雅成衣。20世纪20年代末，诺雷尔入行，1940年与安东尼·特拉纳合伙开办特拉纳-诺雷尔设计工作室，并任总设计师。和麦克卡德尔一样，诺雷尔也做出了诸多贡献，其中包括设计衬裙式连衣裙和手工缀饰亮片晚装紧身衣。标志性细节有：棉质蝉翼纱裙上的水手领，晚礼服上的大"猫咪"蝴蝶结。诺雷尔既设计单品，也设计晚礼服。目标客户是中上阶层女性。但上流社会女性也很喜欢他的衣服，认为其品质和巴黎服装一样好。2018年，纽约时装学院博物馆举办"美国时尚院长诺曼·诺雷尔"大型展览，系统回顾诺雷尔的设计作品，揭示其对奢侈成衣的深远影响。

男装演变：以衬衣、牛仔裤和西服套装为例

男装发展情况和女装类似。20世纪上半叶，美国男装成衣产业成型。突破性的进展包括：19世纪，李维·斯特劳斯设计牛仔工作服；1919年，约翰·M. 凡·赫森发明预折衣领（self-folding collar），并申请专利，让上班族穿上舒适的前开襟纽扣衬衫。这些工艺为未来几十年商务男装的发展奠定了基础。

我们现在所说的西装衬衫最初是和马甲一起穿着，外面搭配大衣。

前开襟纽扣衬衫成为时装产业中规模最大的批量生产门类。这种衬衫始于1881年。当时，摩西·菲利普斯和妻子恩德尔手工缝制衬衫，推着手推车卖给宾夕法尼亚州波茨维尔煤矿工人。后来，他们把生意做到了纽约。菲利普斯的儿子买下了约翰·M. 凡·赫森软领衬衫设计专利。赫森是荷兰移民，于1919年发明预折衣领，并申请专利。两人合伙开了菲利普斯—泛优逊公司，于1929年首次销售装领衬衫（collar-attached shirt），该衬衫成为男人衣橱必备品。1926年，杰西·朗斯多夫设计斜裁领带，并申请专利。这种领带比蝴蝶领结、蝉形领带戴着舒服，可在颈部折叠多层，非常时尚。20世纪30年代，成衣界开始使用标准尺寸确定颈围和臂长，制作悬垂套装（drape suit），突出男性宽肩窄腰的健美体型。这一设计灵感来自威尔士亲王，也就是英国国王爱德华八世，后来的温莎公爵。20世纪20年代，他的裁缝弗雷德里克·肖尔特给他设计了宽松合身的灰色法兰绒西装，更显其温文尔雅气质。这种风格又被称为"英式悬垂套装"，跟20世纪初流行的深色沉闷的燕尾服和双排扣宽下摆礼服大衣形成鲜明对比。20世纪30年代末，这种样式经微调后风靡美国，被称为"美式悬垂套装"。

当时的美国男性越来越注重穿衣打扮，而且中产阶层也能买得起成衣。早在1931年，阿诺德·金里奇就创办了《服装艺术》（Apparel Arts）杂志，影响很大。这是第一本男性时尚杂志，面向行业人士、制衣商、批发商和零售商，旨在推广精良设计，交流时尚产品批量生产和销售技巧。1933年，金里奇又创办《时尚先生》（Esquire）杂志，让时尚人士看到，不找伦敦萨维尔街裁缝，也能买到时髦衣服。舍努恩在《男性时尚史》中写道，1937年，《时尚先生》月刊发行量已经达到72.8万份。杂志根据面料、图案、色彩搭配衬衫、套装和领带，配有长文解释羊毛产业、制衣标准和店铺经营法，极大促进了美国成衣市场的发展。

男人衣橱里另一件必备品是牛仔裤，面料是粗斜纹棉布，又称"劳动布"。从别称可以看出，这种布最开始非常不起眼。李维·斯特劳斯从巴伐利亚移民到美国。24岁时，离开纽约到加利福尼亚赶淘金热，制作粗帆布工作服卖给矿工。裤子很耐穿，兜里装着金沙

粒也不会磨坏。1853年，李维·斯特劳斯推出第一款高腰工装裤。当时，市场上还没有人卖这种裤子。最开始，他用粗帆布做裤子，听矿工抱怨说太扎肉，就改用棉质斜纹布，法语叫"来自尼姆的斜纹布"（serge de Nîmes）。因为不好发音，就简称"de Nimes"，最终定为"denim"，即"粗斜纹棉布"。1864年，韦氏词典首次收录该词。1873年，斯特劳斯在裤子上加双缝口袋，与内华达裁缝雅各布·戴维斯合作，在接缝处钉上金属铆钉，让裤子更结实，并申请专利。1886年，又加上双马皮制标签。1936年，在左后袋加红色标签。自此，李维斯501牛仔裤变成品牌，辨识度很高。李维斯品牌象征纯正、原创、可信赖。进入20世纪，李维斯继续拓展市场。1924年，推出"李维斯女士"系列，让女牧民不用再借丈夫的牛仔裤穿。"二战"期间，美国政府将李维斯牛仔裤定为重要商品，仅限军用。"二战"后，李维斯品牌面向十几岁的孩子推广营销，把牛仔休闲裤包装成适合上学玩耍的衣服。

20世纪50年代，西方电影大热，吉恩·奥特里、罗伊·罗杰斯等塑造的热衷冒险、崇尚浪漫的荧幕形象深入人心，牛仔裤更加流行。经过电影的塑造，牛仔裤还成为激扬青春、狂放不羁的象征。比如，1953年马龙·白兰度饰演的《飞车党》、1954年的《伊甸之东》、1955年詹姆斯·迪恩饰演的《无因的反叛》。男孩子开始模仿荧幕形象，穿黑色、棕色皮夹克，搭配蓝色牛仔裤，把手插在裤兜里，懒懒地斜靠在墙上。中产阶层的青少年、白领商人的孩子都爱穿牛仔裤。李维斯品牌凸显工薪阶层本色，引发了制服革命。

高级时装设计师塑造电影时尚

时尚在全球趋于同质化，与美国流行文化的传播有很大关系。好莱坞电影传到世界各地，东西方文化皆受其浸润。影院是时尚催化场。观众看电影时注意到了人物服装，又通过美国和巴黎高级时装秀进一步加深了印象。电影制作成本较低，适合大众娱乐，帮助人们在大萧条和"二战"期间消愁解闷。经济不景气，制片公司预算有限，因此常常以穿戴时髦与否挑选配角演员，有无才华倒是其次。20世纪一二十年代，电影没有声音，需要演员大胆穿着，夸张表演，渲染戏剧效果，打动观众。因此，给男女主角穿对衣服至关重要。服装在情节发展和人物塑造中扮演重要角色。

20世纪一二十年代，流行美艳"妖妇"形象，蒂达·巴拉、波拉·尼格丽和葛洛丽亚·斯旺森等电影明星都有深色头发，涂着浓重的眼影。这些"妖妇"都是蛇蝎美人，穿着暴露，引诱男人，游戏爱情。比如，1917年巴拉饰演的埃及艳后，1923年斯旺森饰演的歌星扎扎。她们在剧中所穿服装均由诺曼·诺雷尔设计，体现东方元素。服装不仅在历史剧中激起观众想象力，还能推动情节发展，塑造人物形象。可以说，电影时尚成就了好莱坞的黄金时代。20世纪20年代末，"妖妇"渐渐失去吸引力，时髦女郎受到观众喜爱。20世纪30年代，音乐剧创造了视觉盛宴，把好莱坞变成了"梦工厂"，荧幕世界紧张中透着幽默，让观众暂时逃离寡淡无味的日常现实。好莱坞电影服装在质量、价格和品位方面与法国高级定制时装平分秋色，对社会大众影响很大。

新一代设计师和造型师应运而生，与米高梅电影公司、华纳兄弟影业和环球影业齐名，其中有吉尔伯特·阿德里安、特拉维斯·班顿、霍华德·格里尔、沃尔特·普朗克特、伊迪丝·海德。他们中也有一些人做批发贸易。阿德里安最早在纽约制衣区工作，后来去了好莱坞，为米高梅设计服装，在20世纪30年代创造了一系列令人难忘的荧幕形象。1932年，阿德里安为电影《情重身轻》女主角琼·克劳馥设计白色蝉翼纱裙，肩部饰荷叶边，从此名声大噪。梅西百货在美国有400家分店，下设电影时装精品店，卖出50万套该纱裙的仿版，掀起时尚新风潮。1938年，阿德里安为《绝代艳后》设计服装；1939年，担纲《绿野仙踪》服装设计；1941年，离开好莱坞，自设成衣生产线。1939年，沃尔特·普朗克特为经典电影《乱世佳人》设计服装，采用维多利亚时代窗帘布料绿色天鹅绒，系上流苏，让斯佳丽·奥哈拉（费雯·丽饰演）穿上引诱白瑞德（克拉克·盖博饰演）。威廉·特鲁维拉把玛丽莲·梦露塑造为性感象征，巩固了自己的设计师地位。他让梦露在1953年电影《绅士爱美人》中身穿无肩带性感粉色礼服，1955年《七年之痒》中身穿吊带领连衣裙，站在纽约地铁，从头顶吹风，掀动裙裾，露出内裤，引发热议。

伊迪丝·海德在漫长的职业生涯中缔造了好莱坞电影服装传奇。1950年，她为葛洛丽亚·斯旺森设计服装，供其出演《日落大道》；1953年，为奥黛丽·赫本设计《罗马假日》服装。她与导演阿尔弗雷德·希区柯克合作拍摄一系列惊悚片，为格蕾丝·凯利设计了全套衣服，供其出演《后窗》（1954）和《捉贼记》（1955）。她为1958年电影《迷魂记》主角金·诺瓦克设计的服装最为人称道。在这部电影中，诺瓦克一人分饰两角，服装风格完全不同。1949—1967年，海德因服装设计斩获八项奥斯卡奖。

好莱坞之所以有专属设计师，是因为最开始找的是巴黎时装屋，但合作成功的案例少，不成功的时候多。成功案例包括：1912年，波瓦雷为《伊丽莎白女王》设计文艺复兴时期服装；1914年，露西尔为迷你剧集《宝林历险记》演员设计服装。但埃尔特没有完成1926年《巴黎》的全套服装设计；艾尔莎·夏帕瑞丽在巴黎制作梅·韦斯特参演的1937年电影《每天都是假日》，但服装送到好莱坞工作室后，才发现太小穿不了；香奈儿为让·雷诺阿导演的1939年电影《游戏规则》设计运动装，尽管服装很实用，但颜色太暗淡，观众失望离场，在他们看来，电影服装本就应该华丽。电影明星穿什么风格的衣服，从《时尚》和《十七岁》杂志上都能看到。电影服装不仅反映当下流行趋势，也左右成衣行业发展。好莱坞是时尚先锋，影响社会方方面面。

男装也受好莱坞剧情和服装的影响。1939年，华纳兄弟影业出品《私枭血》，主角是亨弗莱·鲍嘉和詹姆斯·卡格尼，该电影确立了黑帮电影风格。为了转换身份，最早移民到美国的那一部分人不再穿传统服饰。而很多电影制片人都是移民后裔，他们也在电影中换装，改变剧中反面英雄角色的境遇和性格。黑帮电影中的黑帮老大有能力，有影响力。在那个时代，年纪轻轻就能从纽约贫民窟闯出来，在同龄人看来跟神差不了多少。影片中黑帮老大穿的衣服体现了强硬的性格。

时尚是社会政治宣言：以佐特套装为例

20世纪三四十年代初流行的佐特套装，宽肩，阔腿，腰部渐收，最后收紧到脚踝。一般认为，这种套装最早流行于纽约哈莱姆区。从一定意义上来说，这种尺寸宽松、样式夸张的西服是美国版的悬垂套装。最开始，摇摆舞厅的演员和观众穿这种衣服。后来，爵士乐大师凯布·卡拉威穿这种衣服巡回演出。1943年电影《暴风雪》让这种风格在纽约、芝加哥和洛杉矶等大城市流行开来。表演者穿着宽大的西服，配上长长的表链和宽檐馅饼式凹顶帽，跳着吉特巴舞。但佐特套装的涵义远不止于此。非洲裔、拉丁裔等少数族裔喜欢爵士乐和摇摆乐，以此彰显身份，延续音乐和舞蹈传统，受到保守白人的猛烈抨击。舞厅狂舞、酗酒、吸食大麻的行为见诸报端，佐特套装变成了行为不端的象征。

此外，因为布料色彩鲜艳，带有条纹或图案，有人认为穿佐特套装的人是纨绔子弟，穿奇装异服吸引眼球。但在美国少数族裔眼中，佐特套装别有意义。这一群人被看作二等公民，生活贫困，不能接受良好教育。佐特套装帮他们表达视觉信息，让美国社会认识到他们的存在。但这种简单的愿望变成了一种政治宣言。因为《L-85 条例》限制布料使用，宽大西服突然成了反叛的象征。没有一家百货商店卖佐特套装，要找裁缝才能做。但没有一个设计师专做佐特套装，只能偷偷做衣服，才能免于迫害。1943 年 6 月 3—8 日，洛杉矶发生"佐特套装暴乱"。一大群军人、警察和平民袭击穿佐特套装的墨西哥裔美国人——被称为"帕丘卡"（pachucos），扒掉撕破他们的衣服。暴乱持续了三天，军人被召回军营后才结束。自此，洛杉矶出台法律禁止穿佐特套装。"二战"后，佐特套装不再流行。近年来，洛杉矶郡艺术博物馆组织展览"卫冕男人——男装时尚（1715—2015）"，把佐特套装视为重要的时尚宣言。

小结

20 世纪上半叶，美国时尚产业有了更加牢固的发展基础。在纽约等大都市，移民是成衣制作大军。他们长时间劳动，收入微薄。工业裁剪和缝纫技术不断进步，服装尺码趋于统一，纸样行业有所发展。这些因素都促进了成衣产业的发展。20 世纪初，美国服装多是法国高级定制时装的翻版，盗版盛行。纽约高级时装行业规模小，但作用不可小觑。设计师同时满足了白人和非洲裔的需求。"二战"是美国时尚产业的拐点。战乱隔绝，政府实施物资配给制。时尚界将关注焦点从制造商转移到个人设计师。20 世纪初，男装也有所变化。专业技术人士穿上了更舒适的衣服，工薪阶层穿粗斜纹棉布，白领和蓝领各自有了视觉标记。运动装代表美国生活方式，与巴黎传统明显不一样。这一切都得益于实验室研发的纤维、服装廓形和市场营销。佐特套装流行于舞厅和爵士乐俱乐部。好莱坞电影既是成衣和高级时装代言人，也是新风格发起者。

40   39

第 五 章

绪论

第二次世界大战后，时尚本身和时尚产业都发生了重大变化。受战时所限，欧美民众沟通不畅，美国时尚界形成独立审美意识，设计新型奢侈成衣，与高级定制时装分庭抗礼。他们认识到，制作成衣取代巴黎高级定制时装有利于行业发展。为此，既需要从有品位的精英人士身上汲取灵感，也要把握年轻文化潮流。一些设计师继续沿袭定制传统，另一些独辟蹊径，授权百货商店制衣，进一步模糊了高级定制时装和成衣的界限。业界人士对19世纪中叶的旧生产体系进行现代化改造，为当代时尚产业打下了坚实基础。出生在20世纪50年代的婴儿潮一代引发了音乐、电影和时尚艺术的文化大爆炸。服装象征现代思想意识，时尚场景独立于现有体制之外。高级定制时装和成衣两种服装设计理念融为一体，孕育流行文化，赋予时尚新声音。

"二战"后的高级定制时装

1939—1940年，纳粹占领巴黎，香奈儿、薇欧奈等老牌时装屋关门歇业。过了十多年，香奈儿才又开门，而到了21世纪，薇欧奈商标才又出现。如果没有露西安·热龙克服纳粹占领的种种艰险，巴黎高级定制时装可能会绝迹*。福图尼、夏帕瑞丽等设计师是巴黎时尚中流砥柱，但"二战"结束后，高级定制时装市场需求在不断减少是不争的事实。

但"二战"也给巴黎高级时装设计师提供了创造商业新模型重组行业的机会，给设计师新秀打开了机会之门。克里斯汀·迪奥的复古风格主导20世纪50年代的时尚界。他的学生伊夫·圣罗兰认识到街头风尚对高端时尚有重要影响，重塑了20世纪60年代的流行趋势。有的设计师一边服务精英客户，一边塑造款式风格，主导时尚行业发展，克里斯托瓦尔·巴伦西亚加就是其中之一。

克里斯托瓦尔·巴伦西亚加

和薇欧奈一样，巴伦西亚加也因手艺精、做工巧在高级定制时装界享有盛名。他从往昔时尚风潮中汲取灵感，大胆创造新廓形。巴伦西亚加出生于西班牙，1917年，开始从事服装设计，在巴塞罗那和马德里创办时装屋。他巧妙利用文化传统，使用"西班牙黑"，设计吉卜赛舞裙样式

* 1937—1947年，热龙任巴黎高级时装工会商会主席。"二战"期间，纳粹欲扶持柏林为高级定制时装中心。热龙出面阻止，做出重要贡献。

▲ 图5.1 英国《图画邮报》（*Picture Post*）刊登1951年克里斯托瓦尔·巴伦西亚加设计的晚礼服。正面上身剪裁利落，面料是白色珠地棉，下身材质是柔软的黑色丝绸，荷叶边饰。巴伦西亚加继承西班牙传统，设计了这款多层晚礼服，让人想起吉卜赛舞裙。

的荷叶边和多层晚礼服。巴伦西亚加认为，服装设计和雕塑创作相通。他从艺术世界汲取灵感，选取的视角与众不同。1937年，他在巴黎开了一间时装屋。当时，夏帕瑞丽的超现实主义作品被世界各地时尚记者称颂（见第二章）。夏帕瑞丽受萨尔瓦多·达利和勒内·马格里特影响很深。两位画家混合"相反的现实"，创造视觉新矛盾。比如，1931年，达利创作《记忆的永恒》（The Persistence of Memory），画的是钟表正在桌边融化。勒内1938年作品《被刺穿的时间》（Time Transfixed）描绘的是蒸汽火车穿过壁炉轰鸣而出。但巴伦西亚加对超现实主义有不同的看法。

巴伦西亚加受马克斯·恩斯特、汉斯·阿尔普、胡安·米罗等超现实主义艺术家影响更深，用生物抽象形状创造"他者"。这些形状原本适合雕塑和绘画创造。巴伦西亚加使其在人体上呈现新形式。米罗和恩斯特用阿米巴图（amoebic）作为符号和象征，挥洒自如，表现个人主题。阿尔普雕塑呈曲线形，描绘自然有机体，让人想到身体部位。巴伦西亚加将这些形式加以改造，使其贴合体型，创造出的曲线廓形风靡20世纪四五十年代。他最擅长设计晚礼服，有时将面料处理成独特的形状，有时精心装饰，创造奢华纹理。他用加扎丝绸等硬质材料保持作品形状，精心剪裁出简单优雅的形式，比如，1965年"郁金香"连衣裙，1967年"信封"连衣裙。把衣服变成雕塑作品是巴伦西亚加的高妙之处。1950年，他用黑塔夫绸创造"气球裙"（或称南瓜裙），经美国著名摄影师欧文·佩恩拍摄，在《时尚》杂志刊出。巴伦西亚加认为，晚装可以改成日装。

巴伦西亚加是一个高产设计师，创造的每一个廓形都风靡20世纪五六十年代，对同时代设计师产生了不可估量的影响。20世纪50年代，他的雕塑感作品被迪奥、巴尔曼、纪梵希、法斯、歌黑夫等借鉴复制，频频登上《时尚》杂志封面。

20世纪50年代，多数设计师以黑色为主色调设计晚装，以此凸显服装在室内空间的轮廓。但巴伦西亚加用日装流行色——绿松石、黄赭色、紫红色和红棕色设计晚装。这些颜色也是米罗等西班牙艺术家喜欢的颜色，代表了西班牙的自然景观——大地、大海和阳光炙烤的灰泥房屋。这些颜色逐渐成为20世纪50年代的流行色，说明巴伦西亚加对时尚有巨大影响力。同辈设计师对他推崇备至，称他为"设计师中的设计师"。但到了60年代，街头时尚盛行，高级定制时装岌岌可危。在巴伦西亚加看来，年轻街头文化来势汹汹，高端时尚已经名存实亡，因此于1968年关店歇业。1984年9月，澳大利亚版《时尚芭莎》杂志撰文指出，在同辈设计师中，巴伦西亚加是完美主义者，他对高级定制时装影响深远。2017—2018年，伦敦维多利亚和阿尔伯特博物馆举办"巴伦西亚加塑造时尚"展览以示纪念。

克里斯汀·迪奥

夏帕瑞丽创造垫肩和V形轮廓，香奈儿设计男孩风格套装，而迪奥把女性柔媚气质带回T台。"二战"期间，迪奥任热龙时装屋设计师，学会了裁剪技艺，有机会为1942年电影《殖民地》设计历史服装，研究19世纪中叶的裁剪工艺和服饰风格。1946年12月，迪奥开了自己的时装屋。1947年2月，推出"花瓣"系列，创造女人如花的意象。他设计的束腰礼服引起了《时尚芭莎》编辑卡梅尔·斯诺的注意。这一套装于1947年5月推出，被称为"新风貌"。推出后，即成为女装经典廓形。面料为丝绸，上衣窄，带垫肩，下配百褶裙，突出纤细腰身。该套装整体造型让人想起19世纪的紧身胸衣。但迪奥用褶皱工艺取代僵硬的笼状克里诺林式裙撑，秀身而不紧身。他设计的晚礼服一般没有肩带，露出领口，让人

▲ 图5.2 1953年《时尚》杂志。模特身穿巴伦西亚加设计的白色无袖棉质圆点气球廓形上衣，内搭黑色羊毛连衣裙。巴伦西亚加采用有机形式，把面料改造为可穿戴的雕塑。

▲ 图5.3 迪奥1947年束腰礼服，上身是浅色罗缎短上衣，腰部收窄，臀部加垫，下身是平纹布褶裥半身裙，搭配宽边帽。他设计的日装连衣裙为中长款，廓形宽大，饰有流苏，秀美脚踝若隐若现。

▲ 图5.4 1947年《时尚》模特身穿束皮带褶裥缎面连衣裙。"新风貌"以宽下摆裙和沙漏廓形为特色。

► 图5.5 1957年2月《时尚》。模特身穿"波比"（Bobby）套装，搭配帽子。这一时髦造型是克里斯汀·迪奥在巴黎推出的春装系列。20世纪50年代，迪奥款式从宽大转向合身，适合日常穿着。

浮想联翩，在绸缎上绣出花卉，搭配帽子和手套。

从1956年迪奥的传记可以看出，"二战"后，奢侈面料用得很多。战争期间，欧美国家实施面料配给制，服装设计大变（见第四章）。20世纪40年代初，麦克斯韦的连身裤、麦克卡德尔的家事裙都是"实用"服装，英国也出现了类似的款式。战争期间，各国政府要求节省用布，重复使用。战后，人们开始怀念华裳丽服。迪奥使用奢华面料，塑造华美廓形，让巴黎重新变成高级定制时装中心，而他自己也在未来十年成为时装界领袖。应该指出的是，不是所有人都赞成迪奥的做法，有人就批评他不该在战后重建之时浪费资源。虽然如此，"新风貌"仍然流行。

迪奥不仅精于定制高级时装，还擅长管理团队，精心制订执行计划。1947年，他授权迪奥小姐香水系列。1948年，在纽约推出成衣系列。20世纪50年代中期，迪奥分店开遍全球各大城市，"新风貌"风行西方世界。但迪奥没有止步不前，而是不断变化款式，从宽裙廓形演变为H形。这一廓形服装中有适合女性白天穿的灰色法兰绒套装，也有中性色系束带连衣裙。

1955年，迪奥聘伊夫·圣罗兰为助理，事实上给迪奥时装屋找了一个可信可敬的接班人。1957年，迪奥突然离世，惊动了定制时装界。圣罗兰顺利接手，于1958年推出"梯形"系列，实现了迪奥对A形廓形的构想。这一系列下摆短，剪裁少，成为20世纪60年代的主打款式。

伊夫·圣罗兰

1961年，伊夫·圣罗兰在迪奥时装屋任首席设计师三年后，和皮埃尔·贝尔格合伙开时装屋，两人都钟情纯艺术，喜欢收藏，能够洞察当时的艺术、社会和政治情绪，融汇多种思想。圣罗兰的作品融合时尚和纯艺术，让人想起20世纪初的高级定制时装。

在时尚和艺术两个领域，都出现了20世纪20年代色彩、线条和光学复兴之势。这三个领域是包豪斯设计学院的教学内容，主要用于装饰艺术造型。没有这三个领域的复苏，也就不会有20世纪60年代硬朗线条和宽平色彩块的结合。家具和家居设计师大胆使用明亮的三原色，突出塑料和树脂特性。这两种新材料出自"二战"期间的实验室。很多设计师借鉴美国艺术家艾斯沃斯·凯利、肯尼斯·诺兰和弗兰克·斯特拉等画家的作品。这几位画家在巨大画布上创作扁平色块，简化构图，混合多种色彩，硬朗鲜明。布里奇特·莱利用跌宕起伏的线条创造欧普艺术，维

克多·瓦萨雷利研究几何图形。两人作品都诠释了包豪斯学院约翰尼斯·伊登和瓦西里·康定斯基的色彩研究。瓦萨雷利也研究色彩形式和空间属性，用形状和色彩形成复杂组合。当眼睛看到余像时，互补色组合会变成动态的视觉运动。

这些艺术和设计方法似乎对伊夫·圣罗兰有直接影响。1965 年，他设计蒙德里安连衣裙，纪念荷兰风格派艺术家皮特·蒙德里安。20 世纪 60 年代，受蒙德里安的非客观绘画启发，新包豪斯学派开展光学色彩研究。同期举办的还有四次蒙德里安绘画回顾展，举办时间和地点分别是：1962—1963 年，悉尼詹尼斯画廊；1964 年，纽约艾伦·弗鲁姆金画廊和马尔伯勒-格尔森画廊；1965 年，瑞士巴塞尔的贝耶勒画廊。1966 年，海牙、多伦多和费城等地相继举办蒙德里安作品展。圣罗兰为作品举办首秀夜活动。活动一过，第七大道制衣商就成千上万件地复制蒙德里安连衣裙。

应该指出的是，蒙德里安本人鄙视消费主义，对时尚不感兴趣。圣罗兰不认为服装应该融汇艺术思想，而把人体看成一幅名画，可以重新构图描绘。他认为，自己的作品是向蒙德里安致敬。不过，当时蒙德里安已经去世 20 年了，他会怎么看待自己的精神艺术品变成时尚，我们无从知晓。

1966 年，圣罗兰受朋友安迪·沃霍尔的作品启发，挪用波普艺术元素。此后 30 年，他不断从马蒂斯和毕加索等 20 世纪伟大艺术家作品中汲取灵感。20 世纪 80 年代，他请法国著名刺绣和装饰公司莱斯奇用亮片复制梵高的《鸢尾花》。当时，这幅画刚刚在拍卖会上拍出高价，以前从来没有哪个艺术作品以如此高价成交。据说莱斯奇刺绣公司用了 25 万个亮片，颜色多达 22 种，珍珠 20 万颗，丝带 250 米长。这件刺绣作品也卖出了服装最高价，得到主流媒体广泛报道，公众赞誉有加。

伊夫·圣罗兰的作品兼容并蓄，为时尚媒体所钟爱。其拼贴系列作品只有一个元素保持不变——变化。与后现代主义潮流保持一致是圣罗兰作品的典型特色。即便是在早期作品中，他也模仿"垮掉的一代"（Beat Generation）* 穿衣风格，让高级定制时装"好玩有趣"，不严肃古板。后来又推出水手风格、波希米亚风格、吉卜赛风格。1967—1968 年，推出非洲系列，包含串珠贴身衣和猎装夹克。这款夹克融合德国非洲军团制服和西方休闲男装。圣罗兰似乎是从世界各种文化、各种风格中汲取灵感。这让我们不

* 第二次世界大战之后风行于美国的文学流派。

▶ 图5.6 2015年7月9日，英国巴纳德城堡波维斯博物馆举办"伊夫·圣罗兰——风格永恒"展。图为开幕之夜展出的礼服。正中央是1965年蒙德里安连衣裙，后面两件是1965—1966年波普艺术系列。

40

39

禁要问：他是有感而发，还是直接挪用，才创作了跨文化作品？他将多种来源合为一体，模糊了高雅和低俗文化、成衣和高级定制时装、艺术和时尚之间的界限。

圣罗兰也从歌剧等表演艺术中汲取灵感。20世纪初，俄罗斯芭蕾舞团的《天方夜谭》上演，多位艺术家和设计师为其配乐，设计背景，创造具有异域情调的多彩舞台装，对圣罗兰影响不小。20世纪60年代，他用华丽锦缎和艳丽色彩创造了一系列作品。从1963年开始，他为法国演员济济·让梅尔设计了一系列舞台服，以羽毛和亮片为装饰，增强了舞台表现力。1966年，他为朋友凯瑟琳·德纳芙设计服装，供其出演超现实主义导演路易斯·布努埃尔的《青楼怨妇》。1988年，他为吕克·贝松执导电影《地下铁》的主角伊莎贝尔·阿佳妮设计服装。

受历史题材电影启发，时尚界也开始关注历史服饰。比如，1965年经典电影《日瓦戈医生》以十月革命后的俄国为背景，启发设计师在冬装领口和袖口上点缀皮草。20世纪70年代末，圣罗兰创作"叶卡捷琳娜大帝"系

▼ 图5.7　1969年，法国设计师伊夫·圣罗兰和两位时装模特贝蒂·卡特鲁（左）和露露·德·拉法莱丝（右）站在他的"左岸"商店外。当时流行波希米亚风和嬉皮风，圣罗兰对此也很着迷，于是将两种风格融入猎装中。

列，在色彩艳丽的锦缎服装上用黑色皮草装饰。普遍认为，1976—1977年秋冬俄罗斯风格系列是他的职业生涯巅峰之作，《纽约时报》和《国际先驱论坛报》头版均予以报道。这一时期，电影院为满足观众怀旧情绪，播放20世纪20—40年代经典电影，时尚界也出现复苏潮。

圣罗兰是第一个公开承认自己对流行文化感兴趣的高级定制时装设计师。2000年3月，他接受英国时尚杂志《眼花缭乱》（Dazed and Confused）采访，表示"街头时尚"对他影响最大，他说自己一直在关注年轻人穿什么衣服、去哪里、做什么。圣罗兰洞见长远趋势，将高级定制时装和街头时尚融为一体，引发街头时尚潮流。从这一点来说，他非同凡响。1968年，巴黎学生暴乱，圣罗兰同情学生，设计了美洲原住民风格制服，搭配头带和流苏。后来，越战抗议者也戴上了这款头带。今天看来，文化挪用稀松平常。但在当时，一代青年凭着文化挪用，用专属服装表达价值观。

1960年，圣罗兰推出高领毛衣，搭配黑色皮夹克，延续街头风。1978年，他推出春夏系列"百老汇套装"，用男士西服搭配草帽和宽松廓形长裤。"我想在时尚中注入一丝街头的幽默，一派自由的气息，一腔朋克的慨愤。当然，还有高贵奢华风范。"*但圣罗兰最为人铭记的是从1973年起推出的系列作品：中长风衣，搭配长裤；女士无尾礼服；"农民"连衣裙。

圣罗兰用褶边等细节突出女性柔美气质，以款式剪裁凸显阳刚之气。二者合为一体，让人感觉模棱两可，以此反映女性在社会扮演的双重角色。1966年，他设计T恤连衣裙和黑领带"吸烟装"，鲜明体现了这一点。吸烟装上衣是透明衬衫，下装是搭配男士无尾礼服穿的长裤，适合出席晚宴。在接下来的十年里，圣罗兰设计了很多类似风格的服装。他敏锐察觉到，下装是裤子的套装适合女性出席白天和夜间两种场合，将引领未来40年时尚风潮。在1981年12月4日期《巴黎竞赛画报》（Paris Match）中，圣罗兰评论道："如果从我设计的所有作品中只选出一个，我会选吸烟装。自1966年以来，我一直在设计这种风格的作品。从某种意义上来说，吸烟装就是伊夫·圣罗兰商标。"同年，他开了好几家"左岸"商店，出售成衣系列。伊夫·圣罗兰时装屋业绩持续稳定。

20世纪60年代，圣罗兰为女性角色的转变做出了重要贡献。2002年1月13日期《纽约时报》发表专题文章，标题为"裤子是一种宣言"，指出"很长时间以来，人们都忘

* 1986年夏，巴黎时尚博物馆举办回顾展，同年12月在莫斯科展出。1987年2月，在列宁格勒艾尔米塔什博物馆开展。

▲ 图5.8　1967年，模特身穿伊夫·圣罗兰设计的细条纹长裤套装。女人穿裤子打破了20世纪60年代社会对女性的看法。"吸烟装"无尾礼服晚装是圣罗兰的标志性作品。

记了女人在家里和男人一起穿裤子是多么大的一件事情"。第一位穿裤子出镜的女明星是莎拉·伯恩哈特。1899年，保罗·波瓦雷设计包括长裤在内的系列作品，从1911年乔治·勒帕的插画中可以看到。但在20世纪20年代前，裤子主要是运动装，不是时尚装束。战争期间，穿裤子行动方便，不得不穿，当时女人要接替男人在工厂、田间、军火站做工。但在20世纪60年代前，没有哪个女人穿裤子出席晚宴等正式场合。20世纪60年代中期，很多高档场所仍然禁止女性穿裤装出入。到了70年代，大多数机构组织才承认裤子适合女性穿着。40年前，香奈儿改男装为女装；40

▲ 图5.9　1965年，纽约模特身穿库雷热设计的背带装，搭配圆桶裙和皮革垂褶领衬衫。库雷热相信，未来是太空时代，应该呈现光鲜亮丽的风貌。

年后，圣罗兰也设计出了优雅女性裤装，打破了性别成规。

安德烈·库雷热

1961年，安德烈·库雷热创立自己的商标，以几何A形为廓形，设计精致有品位的服装。库雷热学工程出身，后来喜欢上服装，跟着巴伦西亚加做学徒，掌握了高超的裁剪技巧。库雷热认为，服装设计是身体建筑学，要通过具有未来感的形式表现出来。他用华达呢等材料设计女裤，既光亮时髦，又方便活动，白天晚上都能穿，这在当时看来非常大胆。他的标志性风格是用剪裁、嵌条缝和条形下摆在服装表面创造出精巧抽象的图案。但库雷热最为人所知的是"太空时代"实验设计系列，模特走秀时像机器人一样身体僵硬。当时，"太空竞赛"是媒体热门话题，不论是新闻广播，还是科普类电视节目都会报道。20世纪60年代十大热播电影有《奇爱博士》(1964)、《金手指》(1964)、《2001太空漫游》(1968)，热播电视剧有《星际迷航》和《秘密特工》。库雷热从公众对未来的兴趣和想象中汲取灵感，认为科技进步是"青年隐喻"，为此设计前卫服饰配饰。其中，及膝平跟靴成为20世纪60年代标志性符号。1964年春，他推出银白两色PVC包缝"太空时代"系列，名声大噪。该系列包括银色"月亮女孩"长裤、白色长袖紧身连衣裤、纯色条纹迷你裙和连衣裙。

库雷热的名人客户有杰奎琳·肯尼迪。她穿着过膝三角廓形淡彩外套，搭配无边平顶筒状帽和平跟鞋。库雷热深信，在现代社会，做工的女孩儿也应穿上高级定制时装。因此，他大批生产成衣，出口到各地。开设工作坊，以"精品店价格"做直销，但没有成功。即便如此，他的设计风格仍是20世纪60年代的经典。

皮尔·卡丹

皮尔·卡丹的职业发展道路和库雷热差不多。1945—1947年，他受雇于夏帕瑞丽时装屋；1947—1950年负责迪奥时装屋男装缝纫；1950年自办沙龙。没过多久，卡丹就意识到要扩大市场。20世纪50年代末，他与百货公司合作，磨炼了战略才能。他是第一个签"特许"合同的高级定制时装设计师，允许成衣设计以他的名字命名，授权一个或多个公司生产营销。特许合同产品种类越来越多，贴着"皮尔·卡丹"商标的服装闻名世界。他早期作品风格极简，以利落线条和对比色表现流畅的几何造型。他在平面设计中融入装饰性元素，无须首饰点缀。和库雷热一样，他也对科技入迷，钟情于建筑形状。

1961年，卡丹开了第一家男装精品店，很快成为男装世界翘楚。他减少面料使用，不用赘饰，创造出贴身"圆柱"廓形。他设计了一款高扣无领短上衣，与印度第一任总理贾瓦哈拉尔·尼赫鲁同名，很是流行。有不少名人穿过"尼赫鲁"短上衣，如20世纪60年代的披头士乐队。很多中青年消费者也很喜欢这种男女通穿款式，喜欢自己用缝纫机在家做。卡丹专做带兜帽男装，还普及了双排扣晚装。

1953年，卡丹推出几款高端女装。1957年，推出全套女装系列。卡丹仿效薇欧奈使用柔褶造型和斜裁设计女装，采用羊毛绉纱或平纹布，营造温柔闲适之感。1958年，他设计了一款男女通穿的紧身连衣裤，打破了性别成规。1959年，他推出第一条成衣生产线，被巴黎高级定制时装工会除名，不过，又很快恢复职务。1964年，他推出未来感设计"月球系列"女装，让模特戴太空头盔，穿长袖紧身连衣裤，外搭无袖圆领斗篷，脚蹬高筒皮靴。卡丹是面料方面的行家，设计出光线式、铅笔式和笔芯式褶裥。1966年，他也和库雷

热一样，模仿雕塑形状设计简洁庄重的裙装，寓意太空竞赛。1967年，推出"宇宙体"系列，其中有银色锦缎"太空时代"套装，男女都能穿。他还发明了合成面料，命名为"卡丹"，尝试用乙烯基等做装饰材料和服装面料。他设计的衣领独具个性，一般很大，而且是双层，细部有几何造型，很有创新意识。

　　卡丹先用高级定制时装做实验，推广开来后，再推出成衣系列，扩大消费群体。2019年，布鲁克林博物馆举办了"皮尔·卡丹——未来的时尚"回顾展，展出他的高级定制时装、成衣系列、配饰、家具和工业设计。

服装和流行文化

　　从20世纪60年代开始，时尚变化速度空前。到20世纪末，出现了很多款式。彼得·多默在《1945年后设计》

中认为，到20世纪50年代末，设计哲学发生了根本性变化。欧洲设计师不再认为，好品位或好设计代表某一特定美学。他们开始传播这样一种观念：可从设计角度质疑当前多种解决方案。这种视觉多元主义说明，计算机时代是一个注重实验的时代，一个倡导多元思想和技术大变革的时代。与此同时，通信系统不断发展，流行文化日益深入人心。

　　服装是检验社会思想意识的一张试纸，是旧金山嬉皮士反战、西方世界性别革命的一道隐喻。服装也是一种反文化工具，让人们可以公开宣示自己对社会有别样的解读。克瑞恩通过走访调查收集多种数据，证明时尚在社会角色建构中起一定作用，"衣服是整个价值体系的外在表征"。20世纪60年代中期，针对英国的市场调查显示，50%的时尚产品卖给了15—18岁青少年*。基于此，设计师和市场营销人员迅速调整战略。他们认识到，要扩大成衣市场，让年轻人买得起衣服，必须快速变化，这样有钱人就不会只买高级定制时装。

　　20世纪50年代，电视走进千家万户，看电影的人也越来越多，流行文化对社会大众的影响越来越大。时尚和女性杂志发行量很大，报纸也开辟了社会专栏。在新闻记者笔下，明星生活光鲜亮丽，恍若童话。美国流行文化对年轻人、时尚和视觉艺术产生普遍影响。青少年可支配收入达到历史峰值。工薪阶层富裕起来。这是此前没有过的现象。与父母相比，年轻人更愿意表明自己的态度和品位。流行文化重塑社会现象，彰显个性的休闲服装与电视、电影和音乐流行同步。乐风一变，时尚风格跟着就变。青少年望风而动，视潮流若神明。青年文化自有一套时尚法则。流行文化产业密切关注这些法则，并不断强化。

　　好莱坞电影不断强化明星即性感的观念。观众经常在电影里看到加里·格兰特和克拉克·盖博穿着随意，成熟俊雅。而马龙·白兰度和詹姆斯·迪恩体现的是青春活力、狂放不羁，他们穿黑皮衣、牛仔裤，身材健硕，代表街头文化。肖恩·康纳利西装革履，风流倜傥，观众感觉他就是现代版的詹姆斯·邦德，绅士就应该是这个样子。

　　1968年科幻电影《太空英雄芭芭丽娜》让设计师看到，可以在大批受众身上实验新思想。西班牙高级定制时装设计师帕科·拉巴内为女主角简·方达设计了一套既复古又有未来感的服装，用电焊缝住塑料服装，用金属环连接圆盘和正方形，设计出链式服装。他还善于设计建筑风格服装，比如，1967年《007：大战皇家赌场》《丽人行》

*　研究表明，年轻人大受时尚影响。比如，普约尔在《车站》一书中指出，绝大部分法国时尚男性希望把自己打扮成30岁以下的年轻人。但这部分人中有45%对时尚持反对态度。

等电影服装，流行歌手弗朗索瓦丝·哈迪、模特崔姬和碧姬·巴铎的衣服。视觉媒体大量塑造流行文化偶像，搭建高端时尚和成衣联通的桥梁，鼓励消费者模仿穿衣风格，塑造自我身份。

60年代的摇摆伦敦

20世纪60年代，电影电视明星、流行歌曲偶像、摇滚乐团和时尚模特骤然增多，伦敦卡纳比街变成年轻人时尚大本营。20世纪50年代末流行"摩登"（Mod）风，即伦敦"现代主义者"（Modernists）的服装款式。他们希望摆脱传统规范规制，过自己想要的生活，形成自己的风格，但又不愿意模仿"摇滚骑士"穿油腻的皮衣，不愿意像"泰迪男孩"那样穿爱德华时代的套装，梳飞机头、大背头，也不愿意当长发披头族。这些年轻"摩登"一族聚在咖啡馆、舞厅里，听爵士乐，穿修身笔挺的意大利套装，摆出一副花花公子的模样。1964年2月，披头士乐队把摩登风带到美国。女性摩登族也渐渐成型。她们留短发，穿芭蕾平底鞋，化浓重的眼妆。有一个年轻的摩登族设计师把这种风格带到主流时尚界。她缩短下摆，使用艳丽的色彩，创造时尚革命，让年轻消费者喜欢上摩登生活方式。

玛丽·昆特

玛丽·昆特没有学过裁剪或高级时装定制。1955年，她和丈夫亚历山大·普朗克特-格林、阿奇·麦克奈尔三人在伦敦切尔西区开了一家时装精品店，取名"集市"。昆特上的是艺术学校，从她身上可以看出，新一代设计师敢于拒绝主流思想，尽情拥抱新观念。"集市"精品店面向年轻消费者，主营包、帽、首饰、长筒袜、化妆品等时尚配饰。值得一提的是，当时的时尚界每年仅推出两种新款式，但昆特根据最新的潮流，每六周就换一次款式。昆特的首创精神还体现在，在百货商店大行其道的时候，反其道而行之，以小家族产业提供个性化服务。伦敦精品店的流行和美国零售连锁店的发展是在同一时期，马莎百货成为"20世纪50年代平民时尚的代名词"*。"集市"精品店生意越做越好，1975年，昆特又在巴黎开了一家分店。

昆特首创"迷你"超短裙。但这种裙子完全不适合年纪比较大、身材比较壮硕的女性。20世纪60年代，青春有活力是新女性理想特质。时尚市场主力是做工女孩儿，而不是"二战"前的社交名媛。这可以说是一种革命。商家要去关注的不再是经济条件好的中年人，而是预算有限的

---

* 马莎百货"极力满足公爵夫人、清洁工等各类客户的需求"。"二战"期间，马莎百货"和伍尔沃斯百货公司一样，实施限价政策，限制时尚销售，违者罚款5先令"。

▲ 图5.11 英国时尚设计师玛丽·昆特（前排中）在自己的"昆特鞋特"（Quant Afoot）时尚鞋展上。昆特创造摩登风姿，重新定义了20世纪60年代的年轻时尚。

* 在美国时尚媒体上打广告的大多是化工公司，推销聚酰胺纤维、班纶丝等新面料，以及克林普纶、卢勒克斯金属纤维等有弹性的织物。

年轻人。昆特以伦敦旅游景点为时装照拍摄地点，让洋溢青春活力的模特跳跃舞蹈。成衣此时领先高级定制时装，昆特是第一个决定时尚新走向的"设计师"，而非"高级时装设计师"。

昆特从西方电影中汲取灵感，于1961年在伦敦推出第一个系列作品，用灯笼裤、围兜式背带裙、游乐装、及膝袜、贝雷帽和马尾辫体现童真。这些"成衣"最开始是她做给自己穿的，设计简洁，呈现二维平面。她颠倒使用日晚装面料，大胆用亮色和有冲突感的图案，创造了一种视觉矛盾。这些衣服面向十几岁、二十几岁的年轻人，用合成纤维面料制成，容易打理，不易起皱，方便活动*。昆特在时尚行业异军突起，说明服装不再是女性社会地位和收入水平的标志，"时尚不再势利眼"。缝纫技术不断发展，家用缝纫机越来越流行。1964年，昆特为布特瑞克纸样公司做设计，让更多人能用她的款式制作衣服。她的服装哲学和香奈儿有几分相像，两人都注重用配饰为整体造型添色。

昆特创造的新词"风姿"（The Look）包括"形象、态度和联想"，表现积极行动、健康饮食和对自我形象的自信。婴儿潮一代关注"自我"，希望"买得起品位"，打破时尚规则。时尚摄影师注意到了这一点，对运动装扮更感兴趣，在摄影中体现洒脱自如的效果。《时尚》撰文指出，编辑卡梅尔·斯诺聘用的摄影师马丁·蒙卡奇*创造了一种时尚摄影，"利用大众媒体一次性、即时性的特点，诠释都市生活新美学"，时尚摄影和造型新风格同时发展。沙宣给佩吉·莫菲特设计不对称波波头，让模特摆出相应的姿势，展现年轻、热爱运动、善于表达思想感情的理想女性形象。画面中的模特想要抓住直升机，却被抛在干草堆里，封在塑料气泡中，顺着巴黎塞纳河漂浮而下。时尚杂志用斜线构图法装帧设计，创造视觉运动。摄影师大卫·贝利把简·诗琳普顿、男孩儿气的崔姬打造成20世纪60年代摇摆伦敦的顶级名模。

另类时尚

时尚不仅仅是衣服上的商标，更是一种通过服装表达思想和生活方式的体验。昆特的精品店走红，说明年轻消费者需要找到一个地方购物、聚会。伦敦很多精品店开在时髦潮人爱逛的国王大道、肯辛顿区、卡纳比街，提供全方位的购物体验，配有试衣间，大声播放音乐，创造轻松闲适的服务气氛，不断更换服装款式，而且价钱不贵。这好像跟今天的快时尚精品店差不多，但在20世纪60年代，却是一种全新的体验。当时，人们一般去大型百货公司买东西，里面卖的是批量生产的商品，式样一成不变。

彼芭是伦敦精品店的典型代表，由芭芭拉·胡拉尼基于1964年创立。胡拉尼基最早做时尚插画。1963年，自创品牌，做邮购业务。她的衣服款式多样，很赶潮流。1964—1974年的十年间，彼芭从一个精品小店发展成为超级服装店，因价钱适中，普通人、明星都爱去逛。彼芭主打浪漫风，衣服颜色是当时不常用的大地色系，带印花图案，窄袖，长下摆，创造出一种时髦"紧身"款式，跟20世纪五六十年代卡纳比街主流时尚摩登风不太一样。昆特的"集市"精品店也卖别的设计师设计的衣服，但胡拉尼基的精品店只有"彼芭"商标，而且每隔几周就推出新款式。

胡拉尼基的丈夫斯蒂芬·菲茨-西蒙负责管理店面，每

* 这个问题尚有争议。《时尚》杂志有文指出，蒙卡奇给模特露西尔·布罗考拍摄的照片是首例动态摄影时尚照。《时尚芭莎》观点略有不同：1932年，摄影师让·莫拉尔拍摄的照片是第一个时尚动态街拍，但同类型摄影中数蒙卡奇最出名。两人作品都曾刊登于《时尚芭莎》。

▶ 图5.12 1972年5月，英国曼彻斯
特《每日快报》刊登彼芭的波点迷
你裙。这款绉纱波点迷你裙有红白
两色，可搭配短上衣。系上波点腰
带，就成了迷你连衣裙。

天在店里待很长时间，对顾客想要什么了如指掌。因为自己孩子也小，1967年，胡拉尼基推出维多利亚风格童装系列。伦敦城外的顾客赶过来，在彼芭逛上一天，欣赏最流行的款式，体验20世纪60年代伦敦的青年文化。因为款式多，明星也经常来逛，在彼芭购物或工作成了身份的象征。彼芭后来又卖化妆品、手提包等，渐渐变成一种生活方式，而不仅仅是时尚商标。超模崔姬、滚石主唱米克·贾格尔之妻碧安卡等名人都爱在彼芭装饰艺术区闲逛，引来一众粉丝。1964—1969年，胡拉尼基把店从阿宾登街搬到肯辛顿区教堂街，最后定到高街，生意越做越大，小店开成了七层百货商店"大彼芭"，品牌影响力如日中天。但因为管理不善，店内偷窃事件频发，再加上经济不景气，1975年大彼芭关门，胡拉尼基将彼芭有限公司控制权交给多萝西·帕金斯，后者是胡拉尼基于1969年找到的合伙人。

在20世纪60年代的伦敦，还有几家精品店也很有名，比如，"穿在你身"、"顶装"和"我是基钦纳勋爵的仆人"等。其中，"我是基钦纳勋爵的仆人"创立于1964年，位于伦敦波托贝罗市场，设计师在维多利亚时期军装的基础上重新设计，将产品卖给那些怀念大英帝国的年轻人。"吉他之神"吉米·亨德里克斯、18座格莱美奖得主埃里克·克莱普顿和披头士乐队灵魂人物约翰·列侬等名人都曾穿着店里设计的军服拍照。受披头士启发，"佩珀军士的孤独之心俱乐部乐队"也穿上了柏曼公司设计的军装风格服装，由彼得·布莱克爵士拍照放在唱片封面上。服装用绸缎做成，色彩亮丽，本身就是一种反叛。

"奶奶旅行"精品店体现了迷幻时代精神。1966年，奈杰尔·韦茅斯、希拉·科恩、约翰·皮尔斯开了这家精品店。三人都在萨维尔街做过裁缝。韦茅斯爱收藏古着，因此"奶奶旅行"精品店也开始改制古着，融合历史元素创新设计风格。皮尔斯在伦敦利宝百货公司买到了东方产的布料，用印度床上用品做成连衣裙，采用威廉·莫里斯的花卉图案设计短上衣。嬉皮士爱去东方国家旅行，自然也喜欢这种东方风格的纺织品。东方元素也常和维多利亚时代、爱德华时代的军装设计混合在一起。"奶奶旅行"精品店位于伦敦国王街488号，新开业的时候，国王街被称为"世界的尽头"，一点儿也不时尚，但《时代》杂志写了一篇专题文章，店铺很快就火了起来。这家精品店还有一点很不寻常：店铺外观千变万化。有时是一扇让劫匪砸烂的窗户，上面盖着胶合板，画着表现美洲原住民酋长"矮狗"和"踢熊"的画；有时是美国性感女神珍·哈露的波普艺术肖像；有时又和店主皮尔斯1948年买的道奇汽车车头连在一起。但最终让这家店出名的是大腕顾客。滚石乐队和披头士乐队都在这里买衣服。1966年，两个乐队的专辑《按钮之间》《左轮手枪》封面服装就出自这家精品店。1968年，店里生意正好，皮尔斯却去了意大利，从事剧院经营工作。1969年，韦茅斯和科恩把店卖给了弗雷迪·霍尼克。店铺经营方向大变。

20世纪60年代，时尚、音乐和流行文化相互影响。为了寻求精神启蒙，嬉皮士去中东和印度旅行，寻找印度教徒的静修处，参加修会，穿着当地的衣服回家，代表自己有了新思维。埃里克·克莱普顿和披头士去印度找瑜伽大师玛哈士学超觉静坐。在他们眼中，东方胜在精神灵性，而西方世界被消费主义裹挟。于是，他们带东方服饰和纺织品回来，证明自己海外旅行归来后有了不同凡俗的价值观。嬉皮士身穿色彩鲜艳的服装聚会，催生了亚文化，受到媒体关注。设计师和制衣厂开始把他们的穿衣风格吸收到主流时尚中。1968年，肯·斯科特推出"嬉皮吉卜赛风"服装。目前，"嬉皮"风又被称为"波希米亚"风，二者含义有所重叠。"波希米亚"一词可以追溯到19世纪（见第六章）。这两种风格都以非西方面料和款式为特点，典型元素有无领衬衫、珠饰和刺绣阿拉伯式长袍等。嬉皮士反对战争，信奉"做爱不作战"，对性的态度与当时主流道德观明显不同。在服装设计方面，嬉皮士特别喜欢用色彩和曲线表达思想，以另类时尚诠释另类生活方式。

正如伊夫·圣罗兰所说，服装是一种抗议形式。手工制作的和平图案、大麻叶、彩色长念珠和头带成为美国反主流文化的象征。嬉皮士借用多种文化装扮自己，理非洲发型，用彩绘装饰面部和身体。这些元素在20世纪60年代民权运动期间被视作"黑色自豪"标志。嬉皮士还遵照部落恋爱习俗，促进身份认同，让成员认识到自己所在的群体拒绝墨守成规。嬉皮士运动起始于旧金山海特-阿什伯里地区，但很快风行美国。这个亚文化群体不去工作，也不

▼ 图5.13　1970年《时尚》。模特、演员娜塔莉·伍德身穿桑德拉·罗德斯设计的铬黄色连衣裙。该款连衣裙采用毛毡面料，手工印花，带红色旋涡图案。

相信美国梦，除了吉他，身无一物。嬉皮士也喜欢古着和二手衣服。嬉皮士运动很快风行全球，对时尚产生了空前影响。高级定制时装设计师闻风而动，设计出相应款式卖给出价最高的人。但嬉皮士运动究竟有什么思想内涵，他们并不关心。

桑德拉·罗德斯

英国设计师罗德斯第一个采用新街头风。罗德斯原本学纺织艺术，对色彩见解独到。她先是在梅德韦艺术学院学习，后来拿到伦敦皇家艺术学院奖学金。和昆特、胡拉尼基一样，罗德斯也在富勒姆路开了自己的服装精品店。她雇人把雪纺和丝绸手工染成彩虹色，饰以串珠或刺绣。她没有把纺织品裁一块一块以定制服装，而是大面积印花，推出"针织圆"等系列，仿照亚非流行的阿拉伯式长袍，制作又长又宽的服装。中上层女性喜欢用这种"民族"服装表达自己个性独特、品格高尚。雪儿和弗雷迪·默丘里等明星都喜欢这种风格的衣服。到了20世纪80年代，戴安娜也成了忠实粉丝。

罗德斯注重细节，力求完美。设计每一个织品系列前，她都要彻底研究相关主题。和圣罗兰一样，她也从历史、自然、旅行、街头风，以及其他设计师作品中汲取灵感。她设计的系列主题有"艾尔斯岩"、"贝壳"、"斑马"和"概念时髦"等。20世纪70年代，她挪用街头元素，设计朋克时尚，闻名世界（参见第六章，了解朋克，以及罗德斯对朋克风的贡献）。她在白色婚纱上扎孔、磨边，再用18克拉黄金安全别针固定住，形成高端时尚和反时尚杂糅风格（见第六章）。2011年，加利福尼亚圣地亚哥民艺国际博物馆为她举办作品回顾展。2019—2020年，伦敦时尚和纺织品博物馆也举办类似展览。直到2020年，罗德斯依然设计不辍。

劳拉·阿什莉

受流行文化影响的设计师不只有圣罗兰。20世纪60年代，电视机走进千家万户，电影和电视节目影响了时尚走向。1974年，电视剧《草原上的小房子》热播。该剧以19世纪末美国移民生活为背景，激起观众对维多利亚风格工薪阶层服装的兴趣。与此同时，描写19世纪生活的小说《小妇人》《傲慢与偏见》《德伯家的苔丝》也不断再版。这可能是因为技术日新月异，生活变化太快，所以人们把过去浪漫化、理想化，产生了怀旧情绪。文学、时尚等视觉艺术都因此大受影响。英国设计师劳拉·阿什莉认真研究了19世纪末移民先驱穿的长裙。从1957年开始，她设计"乡村背带裤"女装，后来又设计乡村风长裙，这种裙装在20世纪60年代中期很受年轻人欢迎。长裙饰有朵朵小花，让人想起艺术和手工艺运动中出现的维多利亚风壁纸，从浪漫意象中体会简单淳朴的生活方式。而且这种衣服非常宽松，没有衬裙，可以随意活动，很受学生和艺术家欢迎，是另类时尚的完美形式。有人把这种裙子称作"奶奶裙"。后来又出现了"农家女裙"，再接着是伊夫·圣罗兰、比尔·吉布、桑德拉·罗德斯设计的高级定制时装，都是以手绘、刺绣、飘逸、民族风为特点。

正是有了20世纪70年代初的设计风格，才有了90年代的多元设计风格："表现自我、个性至关重要。刺绣、嵌花和补缀设计是主流。扎染T恤开始流行。纺织品用自然纤维制成，颜色变淡。在英国高端市场，比尔·吉布以精湛的嵌花和刺绣工艺而闻名，而桑德拉·罗德斯以精致、飘逸的丝绸和雪纺服装见长。在意大利，米索尼融精妙图案和色彩为一体，大大提高了针织品在时尚中的地位。"

1998年，瓦莱丽·斯蒂尔在《巴黎时尚》中写道，圣罗兰的斜纹粗布双排扣外套"豌豆夹克"和波普艺术裙在亚欧盛行，可见英美流行文化影响之深。皮尔·卡丹用工业拉链设计衣服，其灵感并非来自巴黎，而是美国第七大道。

小结

"二战"后，克里斯汀·迪奥让巴黎重新成为高级定制时装中心。20世纪50年代，皮尔·卡丹、伊夫·圣罗兰等设计师扩大成衣规模，并推出特许业务。安德烈·库雷热和卡丹从外太空汲取灵感，设计未来感服装。玛丽·昆特为年轻消费者设计摩登套装。公众希望改变现有制度，促进社会公平。年轻人开始用服装表达信仰。时尚精品店开始卖古着和另类服装。年轻人希望和父母一辈穿得不同，生活不同。20世纪60年代，年轻流行文化影响高端时尚，这在现代时尚历史上是第一次。具有讽刺意味的是，本来是为了彰显自我的原创设计却很快成为主流风尚。20世纪的最后十年间，东方风格设计和扎染服装亮相高级定制时装和奢侈成衣展台。

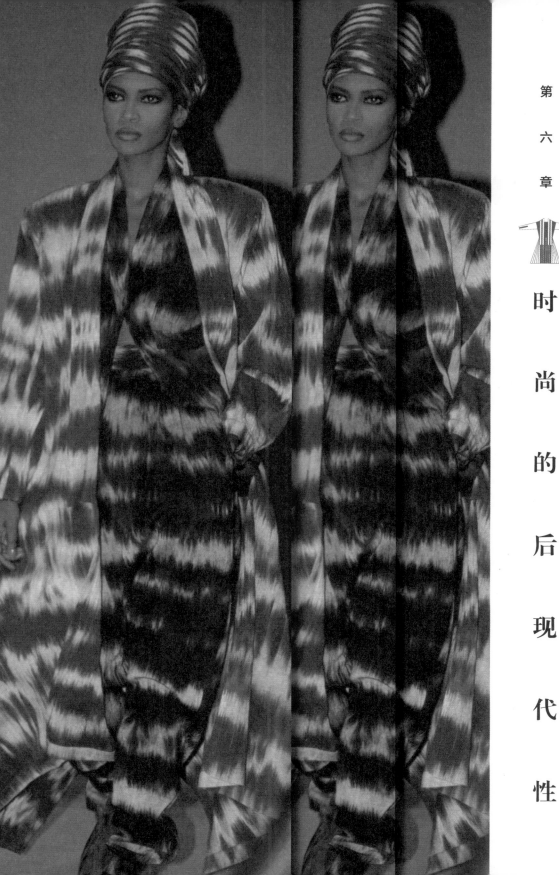

第 六 章

时 尚 的 后 现 代 性

绪论

本章讨论时尚体系内发生的其他变化，重点关注反时尚这一极端后现代性现象。后现代主义起源于20世纪60年代，标志着现代主义艺术和设计的结束。从时尚角度来说，后现代主义等同于反高级定制时装或反时尚。后现代主义设计师秉承解构主义理念剪裁、制作纸样、缝纫，力求"不完美"。从某种角度来说，这是一种丑陋的时尚形式，是对个人品位、时尚产业、特定社会群体态度和观念的自我嘲弄和反思，完全改变了人们对美的经典认知。

时尚和艺术诠释后现代主义

"后现代主义"一词适用于20世纪60年代以来的艺术和设计运动，具有多方面典型特征，既可以单独摘开来看，也可以结合起来看。第一，后现代主义反对现代主义，反对完美主义，反对"二战"期间视觉艺术呈现的"好品位"。

第二，后现代艺术家和时尚设计师经常挪用历史和文化意象，重现几十年前，甚至几百年前的时尚风格，借复兴、"复古"表达跨文化或反文化思想。设计师综合各种思想、风格、图像、纺织品、色彩或图案，创造一种拼贴形式，或一系列多元拼贴画，为各种艺术、流行文化、工业、科学或混合媒介中出现的意象重新设定背景。

第三，艺术和时尚可以变成社会或政治标识，表达个人对自己的认识、对社会的批评。艺术家和时尚设计师可以用解构主义手法，采用带有象征意味的意象，混合多种材料、图像，创造视觉矛盾，也可以简单撰写文本传达信息。后现代主义设计师常以幽默表达讽刺、挖苦、戏谑，增强信息表现力。

第四，后现代主义艺术和设计常用新材料、新工艺。概念艺术以数字形式存储在电子设备中。表演艺术可以录制下来。装置艺术可以在有限的空间里表达若干物体之间的互动。除纺织品外，还可以用油漆、荧光醋酸纤维素塑料、聚氯乙烯（PVC）、树脂、乙烯基、透明合成材料、反光金属或工业材料制作服装。时尚产业有赖于新材料、新质地、新色彩的技术开发，有赖于计算机辅助设计，从而重新审视和改变材料工艺。

后现代主义设计的目标是引起争议。换言之，是多提问，少回答。什么才是"好品位"？1971年《时尚》专题文章提出了这样一个问题："品位不好，不好吗？"随文配有伊夫·圣罗兰的作品，其中混杂各种图案。是不是所有的时尚都渐渐变成了反时尚？为什么后现代主义设计师要打破惯例，强迫观者重新审视当下技术官僚社会认可的设计？自20世纪下半叶以来，时尚设计师一直在思考性别构成、性和道德，关注人和环境，直接或间接审视当代服装蕴含的历史价值。时尚是不是已经变成了夸张做作的游行，变成了个人掩盖或揭示真实身份的工具？艺术家一直在问："什么是艺术？"设计师也一直在问："什么是时尚？"

拒绝时尚

反时尚是虚无主义的一种形式，跟某些纯艺术家宣称"反艺术"、与传统决裂差不多。但当主流媒体接受了这种反叛态度，先锋前卫的概念也随之消失。时尚史研究表明，法国大革命期间，穿什么样的服装就代表从属什么样的政治派别。1793—1794年，年轻人穿奇装异服以示抗议，被称为"奇男子""奇女子"。法国革命者也有视觉标记。他们穿长裤，戴三色缎带，反对贵族统治*。

20世纪七八十年代，英国朋克族也穿夸张扭曲的服装，创造了自法国大革命以来最虚无的时尚。都市朋克"武士"穿着荒诞不经，满嘴脏话，行为乖张。朋克时尚是一种视觉暴力，而非政治暴力，目的是激起中产阶层回应。街头朋克服装含有大量对比和矛盾元素，搭配与部落和仪式有关的装饰，如身体穿孔、文身和莫霍克发型，喻指现代西方社会近似原始社会。朋克族不仅用服装表达对现有体制、机构和主流价值观的反叛，还用音乐壮大反文化运动声势。

街头风格服装蕴含这样一种美学观念——外表的贫穷。但其实并不只是贫穷，更是一种博取关注的凶猛。在英国，朋克取代行为被动的嬉皮士，反对主流价值观。20世纪80年代初，贫穷成为全球性现象，即便是在发达国家，贫富差距也显著加大。1975年，英国失业率达到"二战"后最高水平，对年轻人冲击最大，尤其是伦敦那些受教育程度低，位于经济社会底层的年轻人。工党党首哈罗德·威尔逊上台后，迅速实施国际货币基金组织对公民的限制措施。很多人认为，这是在削减公共支出，增加生活

* 18世纪末，法国波旁王朝日益腐败，民怨沸腾，宫中人不得不穿颜色不太鲜艳、面料不太奢华的服装，缩减裙摆尺寸，不戴首饰。一个来自法国上流社会的年轻人被如此描述："穿靴子去看戏，头发剪得短短的，衣服邋遢不堪。"很明显，炫耀自己是精英人士不是明智之举。克里诺林式裙撑、巴斯尔臀垫、束身胸衣再次消失，薄纱织物、绸纺、印花布代替了奢华面料。法国大革命恐怖统治期间，"奇男子"和"奇女子"穿戴的服饰不合常理。年轻人穿着乱蓬蓬、皱巴巴的衣服，表达反叛态度和政治异见。男人一头乱发，戴大领结，穿超高腰马裤，配窄小背心。女人也是一头飞蓬，戴超大帽子、超大蝴蝶结，穿松散不成形的衣服。

▲ 图6.1　20世纪70年代伦敦朋克族。朋克风格元素有：莫霍克发型、文身、身体穿孔、印有朋克乐队或标语的T恤。

成本。英国经济进一步恶化。英国工薪阶层感觉自己被自己拥护的政党出卖了，心中很是愤慨。年轻人反应激烈，痛批当权者虚伪。社会和政治方向不明，引发音乐、时尚和生活方式逆潮。

英国人气很旺的朋克乐队"性手枪"猛烈抨击政府专制独裁，写下单曲《上帝救救女王》，其中有这样一句歌词："英国在做梦，看不到未来"，幽默中饱含苦涩。主唱约翰·莱登说："如果你生来就没多少钱，那你的人生就完了，你什么都不是。上学的时候，去找工作的时候，就有人跟你说，你没什么机会，认命吧，就这样吧。"（1996年性手枪乐队纪录片《污秽与愤怒》）20世纪70年代中期，伦敦持续罢工，垃圾遍地。莱登穿上破破烂烂的裤子，剪破垃圾袋做成T恤，用愤怒表达新美学。"朋克族自创音乐和服饰，对抗寡淡陈腐的音乐和时尚体系。"有一群青年既创作艺术，又做朋克表演，组成了"COUM变速器"表演团体。1976年，该团体因在伦敦当代艺术学院举办了一场名为"卖淫"的展览而遭到封杀，再也没有在英国公共场所举办过展览。第二年，性手枪乐队也被多家广播电台拉入黑名单。

但朋克新风格受到艺术和时尚学校学生的欢迎，在设计中也得到了鲜明体现。设计师用亮闪闪的金色织物和塑料涂层棉布做面料，用拉链、饰钉、钉鞋和安全别针等金属紧固件做配饰。拉链和带子本来应该放在口袋位置，现在却出现在衣服各个位置，而且越出奇越好。还有人打扮成20世纪50年代的样子，男士穿"泰迪男孩"风直筒瘦腿裤，女士穿宽大的安哥拉毛衣。有些人认为这种服装男女都能穿，很实用，但也带有不可告人的目的。朋克族装扮得越来越出奇，仿照原始部落习俗，在身上穿孔打洞，文卍字文身，在脖子上挂马桶手柄链，用卫生棉当饰品，在T恤衫上印色情图片。他们的衣服脏兮兮，破破烂烂，碎成一条一条，用别针和细线系在一起。对他们来说，时尚即丑恶，是视觉入侵的外在形式。他们去慈善义卖商店淘衣服配饰，甚至光顾性用品店和军需用品店，在家里找到什么就做成什么。这种懒惰散漫、反对权威的姿态对当时心怀不满的年轻人很有吸引力。朋克风很快吹遍世界。时尚界也渐渐感受到了这种反叛的态度。

起初，上流社会很反感朋克时尚。没有人真的愿意让别人看出自己是痛苦不堪的穷人，让自己和家人丢人现眼。但"朋克美学"的根本价值就是震惊世人，把人所厌恶的东西推为至尊。这是一种反时尚宣言，意在叫醒沾沾自喜的社会大众。数据已经清楚证明，朋克时尚是社会经济学的产物。历史学家曾经认为，朋克风就是一时风起，刮不了多久就会停息，但事实上朋克不断在变，与全球经济衰退联系紧密，一直刮到21世纪还没有停。20世纪90年代初，出现新朋克。到90年代中期，又演变为"油渍摇滚"街头风（见第八章）。

薇薇安·韦斯特伍德：无秩序，有灵感

薇薇安·韦斯特伍德以反时尚姿态入行，从业多年，很有影响力。她年轻时在小学当美术老师，婚后在城郊定居。但她不满意过这样的生活，于1974年和马尔科姆·麦克拉伦开了一家名为"性"的精品店。麦克拉伦原本做另类音乐，帮朋克先驱乐队"纽约娃娃"打理事务，后来管理性手枪乐队[*]。这支乐队因嘈杂的反音乐和下流行为举止而出名，让流行媒体记住了朋克摇滚乐，其主唱约翰·莱登就常穿韦斯特伍德设计的衣服。在职业生涯之初，韦斯特伍德模仿朋克DIY风，杂糅各种元素。20世纪70年代，

[*] 萨宾等很多学者都认为，朋克起源于1973年的纽约，因为当时已经有了雷蒙斯、电视、纽约娃娃等朋克乐队。纽约朋克和1976年伦敦出现的朋克在外表、声音、态度方面明显都不一样。

韦斯特伍德设计朋克美学服装，风格狂放不羁，震惊了整个时尚界。

1976年，韦斯特伍德和麦克拉伦把店名改为"骚动分子：英雄之衣"，该店成为朋克风格服饰的重要大本营。韦斯特伍德深谙图像的力量，把薄纱织物撕破做T恤，印上伊丽莎白二世女王登基禧年肖像，让她衔着安全别针。有的衣服上还印着色情照。韦斯特伍德在服装设计中融入肩带、带钉细高跟鞋和乳胶连衣裙等元素。1975年，性手枪乐队穿着店里的衣服登场演出，为朋克风的推广起到了关键作用。韦斯特伍德的手绘印花做旧服装很快流行开来，价钱水涨船高，对朋克族来说并不便宜。

1981年，韦斯特伍德和麦克拉伦又把店名叫"世界的尽头"，在伦敦奥林匹亚展览中心展出"海盗"系列首场T台秀，颠覆了朋克美学观。这个系列的目标客户仍然是社会异类，男女通穿，有超大号荷叶边衬衫，条纹海盗裤，还有传统剪裁款式的衣服，但印花是非西方风格，搭配宽腰带。配饰是尖头海盗帽和带扣靴子，引发80年代尖头靴风潮。此后，韦斯特伍德一直研究服装史，延续视觉"劫掠"。

朋克渐入主流，韦斯特伍德偏离了原来的风格，但仍然颠覆传统，通过服装与受众建立新的联系。1982年，她推出"野蛮人和水牛——泥土的乡愁"系列。1983年，推出"朋克使然"系列，把外衣当内衣穿，把圆顶硬礼帽、多层文胸和宽下摆裙搭在一起。

1984年，韦斯特伍德受美国艺术家凯斯·哈林的视觉象征启发，推出"女巫"系列，在针织服装上印着哈林的象形文字。此后，韦斯特伍德不再与麦克拉伦合作，继续探索未知领域。20世纪90年代，她设计的几个服装系列都是以17—18世纪欧洲浪漫时期绘画和英国传统剪裁为基础，改进了束身胸衣和巴斯尔臀垫。

作家特德·波赫姆斯在《时尚和反时尚》中阐发反时尚的功能，即在现有时尚体系之外，维持风格的稳定性。20世纪60年代，嬉皮士波希米亚风服装从街头走入高端时尚，不再与权贵阶层对立。时尚体系也在重新定义朋克元素，创造反时尚的另一重含义。

20世纪七八十年代，桑德拉·罗德斯吸收了朋克风格，改进了自己早年所创的波希米亚风。罗德斯的服装裂口多，定价高，象征经济不理性、社会变迁、道德新观念，通过面料解构体现过去价值观的解构。极具讽刺意味的是，朋克美学本来是要为无权无势者发声，而声称贯彻这一美学的设计师服装却贵得惊人。罗德斯的设计尤其引人争议，"欧洲时尚中心大量仿制别致的朋克服装。'朋克女祭司'桑德拉·罗德斯把朋克形象卖到达拉斯、纽约和芝加哥，挣得盆满钵满。""朋克反对时尚，反对消费主义。"而这两点恰恰被罗德斯有意忽略掉了。真正的朋克时尚出人意料，而罗德斯精心算计，从审美上取悦受众。毋庸置疑，罗德斯的"概念时尚"系列大获成功。她直接从韦斯特伍德那里获得了灵感，也的确挪用了不同文化背景中的图像、主题和象征。而在整个时尚界，这种现象一直存在。

时尚界对文化挪用既歌颂又批判。但朋克风的挪用到底是从什么时候开始的？街头朋克风设计师是否挪用了原始部族用于交际、辟邪的文身、穿孔、莫霍克发型？故意做旧面料，用安全别针系紧，再以令人咋舌的高价卖给无家可归的人，是否厚颜无耻？主流设计师借鉴朋克元素，混淆了这一视觉现象本来的含义，但是否也开辟了沟通的新渠道？

街头时尚风格渐渐被吸收入时装屋，被工厂复制，再卖给中产阶层消费者。嬉皮风和朋克风最终都成了利润丰

厚的生意。时尚史学家麦克道威尔认为，嬉皮时尚变成彰显身份地位的新手段，这不能不说是一种讽刺。"穿着体面是取悦别人，穿着随便是取悦自己。"一般来说，要想和某一类人打成一片，就要穿某一类衣服。我们装扮自己不仅是为了彰显个性，更是为了融入集体。在嬉皮士看来，自我表达是叛逆法典中的信仰条款。从社会政治学角度来说，服装即信仰。如果服装设计师开始吸收某种风格元素，那么这种风格及其背后的社会和政治反叛意味就在减弱。从20世纪70年代末开始一直到80年代，时尚基本上变成了一种反时尚形式，各种体现亚文化潮流的服装设计不断涌现。

时尚和音乐

朋克不再具有震撼价值后，出现了一个空白，这个空白将由时尚和音乐"新浪潮"填补。20世纪70年代末，伦敦一小群爱逛夜店的人开始创作合成器流行乐，形成后朋克风。1978年，威尔士流行歌手史蒂夫·斯特兰奇和鲁斯蒂·伊根经常去伦敦苏活区的比利酒吧和布里兹夜总会，每周和艺术家、音乐家聚会，互相欣赏对方的怪异行头。1980年，《每日镜报》撰文将这一群体称为"布里兹小孩"，后来又改叫"新浪漫"，因为这群人喜欢穿18—19世纪浪漫时期风格的衣服。布里兹夜总会位于科文特花园区，紧邻中央圣马丁艺术与设计学院，每周二晚举办服装秀，让"人体地图"的约翰·加利亚诺、大卫·霍拉等新锐设计师崭露头角。夜总会里有临时T台，把每周时装秀取名为"孔雀朋克""新花花公子"，按设计新颖与否收取门票（可观看2001年BBC纪录片《新浪漫主义者》）。这些背景各异的设计师DIY加工古着，给浓妆异装癖者穿着。这些人通过音乐认识了麦克拉伦，结识了韦斯特伍德。穿韦斯特伍德设计的后朋克"海盗"系列拍照、演出的音乐人有：鲍沃乐队的安娜贝拉·伦文和亚当·安特、杜兰杜兰乐队的约翰·泰勒，以及文化俱乐部的乔治男孩。这一时期的音乐和后朋克风格一致，也融合各种流派。亚当·安特给乐队加了一个鼓手，演奏"部落节奏"，让鼓手在眼周涂武士油彩，穿18世纪风格的军服，用荷叶边装饰袖口。这群人也很看重发型，把头发剃一半，梳蓬松的高发髻，或是盖上半张脸，或是挑染成彩虹色，编加勒比风格的长发辫。20世纪80年代初的视觉多元主义体现的是后现代价

◀ 图6.5 2013年5月6日，桑德拉·罗德斯参加纽约大都会艺术博物馆慈善晚宴，晚宴主题是"朋克——高级定制时装之扰"。

值观。

　　在音乐表演方面，流行华丽摇滚。歌手在现场表演时，穿缀满亮片的异装，行为放浪。华丽摇滚源于伦敦，由皇后乐队等后朋克乐队组成，成员包括大卫·鲍伊、加里·格力特、弗雷迪·默丘里等。他们喜欢穿色彩绚丽的服饰，留长发，穿紧身皮衣，化浓妆。爱丽丝·库珀、亲吻乐队等华丽金属乐队也是这种雌雄同体的装扮。"齐柏林飞艇"和"黑色安息日"受吉米·亨德里克斯影响很深，率先用电吉他作乐，后人将这种类型的音乐称为"重金属"或"硬摇滚"。他们的粉丝分布在欧美，主要是在郊区长大的孩子。这些孩子留长发，穿带有乐队标志或图案的T恤，搭配牛仔裤或皮裤。

　　在纽约，有人用唱机转盘、扩音器和口语创造了一种音乐表演新形式——说唱乐。最开始，说唱乐手自己找押韵词，后来有了统一的节奏，形成了说唱乐风格。说唱乐源于黑人和拉丁裔聚居的纽约街区，反映的是贫困、种族不平等等社会政治问题，和朋克在伦敦流行背景相似。1983年，瑞克·鲁宾和罗素·西蒙斯创办独立唱片公司"Def Jam"，签约LL Cool J（原名詹姆斯·托德·史密斯）、"Run DMC"和野兽男孩等说唱团体，饶舌音乐嘻哈风迅速流行。1981年，第一个纯音乐频道MTV亮相有线电视，大大增强了嘻哈风的视觉效果。嘻哈表演者穿运动服，配阿迪达斯运动鞋，在地铁上，在用鲜艳色彩涂鸦的废弃建筑前拍摄专辑封面，录制摇滚视频。凯斯·哈林、让-米歇尔·巴斯奎特等纽约年轻艺术家向正统严肃的艺术界推介这种活力满满的艺术风格。哈林崇拜沃霍尔的波普艺术，1986年在纽约苏活区拉斐特街292号开了"波普店"，销售带有自己标志性画作的纪念品和T恤，模糊了商业和纯艺术之间的界限。

　　MTV音乐视频传播"地下"风格的作用不可小觑。20世纪80年代初，麦当娜穿透明蕾丝衬衫，杜兰杜兰乐队穿军装风短上衣，文化俱乐部穿彩色中性服装，受到世界各地粉丝的模仿。1980年，史蒂夫·斯特兰奇等几个"布里兹小孩"参加戴维·鲍伊的《灰烬灰烬》视频制作，推广了新浪漫风格，也让观众意识到原来视频还可以这样做。但这样一来，就出现了一个问题：反时尚变成主流之后，还能不能发挥原有的象征性功能？

用反时尚表达女权

　　纵观历史，不按常俗穿衣，对女人和男人意义大不相同。英国花花公子布鲁梅尔一反常俗，穿得花花绿绿，却提高了社会地位，得到了文化资本，创造了一种新的社会秩序（见第一章）。布鲁梅尔品位不俗，彬彬有礼，深得贵族好感，说明品位好胜于出身好。但如果同时期中产阶层女性穿了不同常俗的衣服，就是不守规矩。演员莎拉·伯恩哈特穿裤子在雕塑工作室拍照，事后还要解释自己只是为了行动方便。她心里清楚，如果女人不穿束身胸衣，穿宽松的罩衫，穿裤子，就不是正派女人。女人穿罩衫裤子"特别扎眼，说明她蔑视正统，逃避现实，装腔作势。放到爱德华时代，波希米亚风简直不可理喻"。

　　女性一直在争取经济独立，同社会抗争。服装象征个体的政治和道德观念。穿裤子、灯笼裤是在直白表露自己狂浪不羁。从19世纪50年代开始，有人呼吁女性穿上方便实用、有利于健康的衣服。最开始，有女人在裤子上面套裙子，后来又在土耳其阔腿裤*的基础上制成灯笼裤。"灯笼裤"英文是"bloomers"，以纪念发明者艾米莉亚·布鲁默（Amelia Bloomer）。内衣随之改革，出现唯美主义服式。女人在家里一般不穿束身胸衣，而穿柔软透明丝绸制成的多层垂褶高腰裙，有时候穿古希腊或中世纪风格衣服。这种衣服最早可以从拉斐尔前派画家的画作和家庭照中看到。从1884年开始，利宝百货售卖唯美主义服式。

20世纪和21世纪之交，为女性争取参政权的人士采用"男性"游说策略。她们把几座空荡荡的工厂一烧了之，以示抗议，惹怒了保守人士，斥责她们"不仅没有扮演好女性应有的角色，还涉嫌犯罪"。艾米丽·潘克赫斯特等伦敦女权团体成员被捕入狱，同伴绝食抗议，引起社会强烈反响。参政权运动名誉受损，普通妇女不想再参与服饰改革。20世纪20年代，大多数西方国家女性获得投票权、财产权和受教育权，休闲服装才流行开来。

韦斯特伍德早年把内衣当外衣穿，设计了不少让人耳目一新的作品，开创了后现代风。乔瓦尼·詹尼·范思哲、让-保罗·高缇耶等设计师的作品也是这种风格。后现代风突出恋物癖对性观念的影响，启发人们用批判性思维看待性观念中文化的建构作用。20世纪六七十年代，女权运动势头正猛，对性别歧视深恶痛绝。而韦斯特伍德不加掩饰地使用性元素，似乎跟女权主义的价值观不相容。韦斯特伍德开创了年轻女性时尚。穿这种风格服装的人有咄咄逼人之态，不认同时尚的理想状态是美丽。研究年轻人拉帮结派现象，并设计此类品位服装的设计师只有韦斯特伍德一人。罗德斯、穆勒、蒙塔娜、高缇耶等仅仅是吸收这种风格元素而已。

20世纪八九十年代，女性艺术家无惧争议，大胆表达女权主义观点。1974—1979年，美国艺术家朱迪·芝加哥耗时六年，设计作品《晚宴》，展出后引起巨大争议。作品是一张边长为14.63米的等边三角桌。三角象征女性，等边象征平等。桌上摆着39套餐具，向神话和历史中的39位杰出女性致敬。艺术家本人认为，作品旨在打破女性缺席历史文献记载的循环。当时，做陶艺、编织、手工是女性分内事。因此，陶瓷似乎最适合嘲讽性别歧视的社会。

美国艺术家芭芭拉·克鲁格设计了一系列海报，旨在打破对女性的刻板印象。1987年，她创作平面作品《无题（我买故我在）》，反映消费主义塑造身份的现象。

辛迪·谢尔曼创作的黑白照片系列《无题电影剧照》用服装和表演艺术表现女性在社会中扮演的刻板角色。她模仿大众媒体对女性特质的认识，基于个体角色重构自我

* 具有讽刺意味的是，保罗·波瓦雷比照土耳其灯笼裤设计哈伦裤。50年后，他被人称作"天才艺术家"。

身份。这一系列既让人捧腹，又让人崩溃。在另一个系列作品中，她从医疗用品商店采购假肢，创造出打扮花哨、机械僵硬的形象，对女性完美身形提出质疑。她给身材肥硕、年老色衰的女性拍照，引人思考究竟什么是美。20世纪80年代初，时尚与艺术渐渐融合。辛迪·谢尔曼目睹了这一过程。她穿高缇耶和川久保玲设计的衣服，缩小了艺术和商业的差距。有那么一段时间，时尚设计师从艺术中汲取灵感，而不是从好莱坞。从艺术史中大致可以看到时尚走向。谢尔曼穿时装拍照，让人看到让-保罗·高缇耶等新一代设计师正在成长。有一张照片是她穿连衫裤工作服，取名"无题＃131，1983"。谢尔曼与纽约零售商"Dianne B"合作，把自己的照片做成广告公开出售。这样一来，批判者就变成了被批判者。1993年春夏期《时尚芭莎》收录了谢尔曼这种含义不明的摄影作品。

谢尔曼和韦斯特伍德都不守常规，喜欢用讽刺手法表现意味深长的美感和概念。据报道，韦斯特伍德曾经这样说过："我做时尚没有别的原因，就想毁灭那个叫'常规'的词。除此之外，我都不感兴趣。"1989年，《女装日报》出版人约翰·费尔菲尔德认为韦斯特伍德、乔治·阿玛尼、伊曼纽尔·温加罗、卡尔·拉格斐、克里斯蒂安·拉克鲁瓦都是世界顶级设计师。2004年，维多利亚和阿尔伯特博物馆举办韦斯特伍德作品巡回展，很少有艺术家在世时享此殊荣。1992年，韦斯特伍德获得大英帝国勋章，2006年获授女爵士。

日本概念时尚：以三宅一生、山本耀司和川久保玲为例

有一群日本设计师是现代反时尚领军人物。但他们并不反对抗议什么，而是融日本传统服饰和街头风为一体，保护文化，探寻根源。他们信奉禅宗，崇尚简洁自然，不受时尚风潮所惑。他们的作品蕴含哲学思想和细微淡雅的美感，风行巴黎T台数十年。

自20世纪70年代以来，日本三位设计师——三宅一生、山本耀司和川久保玲对西方服装影响深远。他们创造了一种独特的表达形式，打破了既有地位和性别观念。他们不跟时尚潮流，立足后现代视觉艺术，借鉴日本传统文化元素，采用纺织品设计最新技术和方法，让作品充满意义，难以忘怀，赋予西方服装美学新概念。三宅一生是日本当今最受尊重的设计师。他不断运用新思想、新材料和新设计，创造出适合当代女性的现代生活方式。山本耀司和川久保玲的早期设计作品被视为反美学。尽管如此，二人对21世纪时尚的发展仍影响深远。他们的作品含蓄内敛，融时尚、文化、概念和实验于一体，彻底改变了20世纪末的时尚风貌。

后现代时尚设计师内衣外穿，做旧成新，创造视觉矛盾，完全不认可服装能够彰显社会地位和价值观。他们的衣服定价高，多裂口，破破烂烂，象征经济不理性，表现社会新范式、视觉新伦理。他们解构面料和后处理工艺，似乎是在解构过去的价值。

大都会艺术博物馆时尚史学家哈罗德·柯达认为，山本耀司和川久保玲的作品代表一种新概念"贫穷的美学"，可谓非常贴切。这种贫穷和奢华二元一体的服装是日本文化特有的矛盾。在日本传统茶道中，高雅修饰和粗糙自然并置，以表现闲适自然，诠释崇高之美。日本人不事张扬，喜欢时间沉淀出来的旧物件。在日本诗歌中，美之所以为美，是因为容易消逝。美和爱，脆弱不牢，让人伤怀。日本陶瓷呈简单不规则形状，表面有裂纹，有谦卑之意，体现对制陶人独特手艺的欣赏。这也是日本当代时尚设计师秉承的设计美学。

▲ 图6.6　山本耀司1986年春夏系列。这一系列裹身塑形，有图案，有色彩，与此前宽大的黑色衣服不同。

柯达认为，20世纪80年代和19世纪90年代的时尚界都"把堕落当作美学理想"。从意识形态角度来看，服装设计一直反映着社会、政治和经济不稳定。20世纪70—90年代，高失业率、青年革命、反战浪潮、贫困问题和环境问题是全球性问题。这些问题牵动社会神经，间接反映在后现代视觉艺术中。尽管有文化差异，但西方朋克时尚和山本耀司、川久保玲的作品都是后现代视觉艺术的体现。日本时尚的特色是，织物破碎、撕裂，下摆没有缝合、不均匀，是一种经过精心安排之后的凌乱。受日本风格影响，一种新的反时尚形式在20世纪80年代初形成，成为美学主导形式。

　　几百年来，西方时尚界一直强调要剪裁出结构轮廓，以凸显性感、社会地位和个人魅力。欧洲高级定制时装体现的就是这些原则。基于此，凡勃伦认为，穿衣服炫耀消费是为了彰显个人财富、社会等级地位，界定社会等级体系。但他也认为，穿衣攀比财富反映了一种"身份的焦虑"。20世纪，中产阶层信奉消费主义，阶层界限渐趋模糊，19世纪的精英观念不再流行。历史证明，时尚越发平民化，导致现代主义理想和现实的矛盾。

　　高级定制时装的根本特征是，设计独特，手工缝制，剪裁精巧，后处理工艺完备，外表无瑕疵。虽然如此，也还是被批量生产的成衣取代。川久保玲和山本耀司创造了成衣新文化，摒弃早期现代主义时尚独享专有的观念。时尚史学家麦克道威尔认为："两位日本设计师不认可西方传统服装、时髦和美的观念。他们的衣服不仅是设计作品，还是哲学宣言。"

　　两人的作品以日本和服廓形为基础，不加裁剪，用宽腰带塑造体形。不裁剪布料，让其反映体形，而不是制作衣服使其贴合体形，这是现代欧美时尚界从未探索过的概念。在西方人眼中，日本前卫设计非常激进，是在致敬日本历史，削弱西方影响力。

　　山本耀司在日本和巴黎接受时尚专业教育，打造了"Y"成衣系列，让人想起日本的工作服。1976年，他设立了男装生产线。1977年，在东京举办第一场T台秀。1981年，和川久保玲合作，推出宽大不对称做旧服装，搭配日本农民穿的平底鞋，故意反对用现代服装塑造优雅形象。对于该系列，媒体以"时尚珍珠港"为标题，挖苦嘲讽川久保玲"捡破烂"，整体风格是"广岛时髦"。两位设计师让模特穿黑色解构主义服装，浑身脏兮兮，头发蓬乱，脸上像是糊了白泥，"不化妆，只在下唇涂有青蓝色"。时尚媒体认为两人的设计是政治宣言，可能不无道理。英国的朋克时尚于青年一代抗议背景下出现，肆无忌惮地表达视觉上的狂放；而日本设计师是用解构主义方式，被动审慎地回顾战后日本的历史地位。

　　"二战"后，日本民生凋敝，很多人穷困潦倒。20世纪三四十年代，日本经济一蹶不振，跌入"黑暗之谷"。阿瑟·高登1997年作品《艺伎回忆录》中有一段轶事，记录了1945年弥漫在日本的绝望：

　　　　这一时期，生活在日本的每个人都会告诉你，漫漫长夜，漆黑无比。一年多了，我从来没有听见有人笑。我经常观察小孩儿，他们年龄不大，却一脸严肃。这就是他们的童年，没有什么欢笑。

　　山本耀司和川久保玲都出生在战后。如果从绝望和黑暗视角观察他们的作品，会有更清晰的认识。应该指出的是，虽然一开始没有人感觉山本耀司的作品美，但到了20世纪

80年代，这种黑色宽大多层服装越来越受欢迎，在纽约卖得特别好。主流时尚界接受了山本耀司的反时尚系列。有人认为，山本耀司信奉存在主义哲学，希望用作品创造意义和记忆，表现知识和思想。他在自传《与自我对话》中写道："肮脏、有污渍、枯萎、破碎的东西在我看来是美的。"日语"hifu"指的是一种反风格形式。山本耀司的服装呈现的就是这种形式。山本耀司认为，我们可以切切实实感受到"hifu"服装的褴褛、迷惑、错置，感受到穿这种衣服的人的悲哀和精神贫乏。换言之，面料的错置模仿的是衣者情感的脆弱。很多看过山本耀司作品的人都认为，这种服装有感情，有思想，有美感，是一种表演艺术形式。

山本耀司认为自己的作品与西方时尚消费主义相对立。他希望设计具有普遍吸引力的服装，不受时间限制，可以穿一辈子。20世纪80年代，山本耀司看到德国摄影家奥古斯特·桑德拍的一组照片，大受震撼。照片反映的是20世纪30年代经济大萧条时期美国中西部人民的生活。农民穿着褪了色、破破烂烂的衣服，迎着飞扬的尘土在田间劳作。一座座陋屋前，女人孩子互相抱着。山本耀司看了这些照片，感受到人性的高贵和尊严，决定在自己的作品中也体现这一点。他写道："我喜欢旧衣服。旧衣服就像是老朋友。一件上衣最美妙的地方体现在，你感觉特别冷，所以就穿上了这件上衣，没有这件衣服，你就活不下去。这件衣服就像是你的朋友或家人。我特别羡慕有这种衣服的人。"

如果我们从20世纪八九十年代后现代视觉艺术的视角观察山本耀司的作品，就不难注意到安奈特·梅莎热、克里斯蒂安·波尔坦斯基等后女权主义概念艺术家。他们也把服装看作激起人情感反应的手段，联系艺术和日常生活的纽带。梅莎热把穿破了的衣服放在木质玻璃匣子里展览，像画作一样挂在墙上。1990年，她推出"服装史"系列，表明女权主义态度。作品形式夸张，让人感到忧郁，想起从前有过的身份。波尔坦斯基用火车站失物招领处的东西悼念不知名的主人，让人想起埋藏在记忆深处的失落和死亡，想起自己曾经记住过某种东西。

山本耀司和川久保玲有一段长达10年的深厚友谊。这也是为什么时尚史学家总拿两人的作品作比。川久保玲也在单色、未完成、不规律、模糊不明的东西中找到美。她信奉禅宗哲学，欣赏贫穷、朴素和缺陷。她说自己不知道美的确切定义："我在随机未完成中发现美。我想从不同的角度观察事物，寻找美。我想找到别人没有找到的东西。我觉得，如果我们创造的东西让人能够预料到，就失去了意义。"2004年，川村由仁夜写了《巴黎时尚界的日本浪潮》一书，认为川久保玲不断打破边界，关照未来，以人生哲学为基础设计概念。"别人做什么，你也做什么，这不是一件好事。如果你总是在做同一件事情，不愿意去冒险，就不会有进步。"川久保玲灵机而作。"我的作品是偶然创作出来的。我很看重'偶然'。新东西出来就是因为偶然。"和山本耀司一样，她也坚持反时尚方向。但她的作品体现的是她本人的风格，自我的反思。毋庸置疑，她反对时尚体系，但在1983年表示，"我并不反对时尚。只是在追求时尚的另一个方向"。

继承传统，重新定义流行文化

把山本耀司、川久保玲和三宅一生紧紧联系在一起的是日本文化传统。他们都推崇本土文化，反对把日本文化称作"外来者"流行文化。三位设计师都承认自己的作品受和服影响很深，一致认同面料和身体之间的空间至关重要*。他们不像西方设计师那样，用贴身服装赤裸裸表现性感，而是用层叠宽松塑造雕塑形式。山本耀司推崇靛蓝防染等日本传统

工艺，于1995年推出靛蓝春夏系列。

　　川久保玲以和服为基础，设计中性服装。她认为：
"时尚设计并不是显露、突出女性形体，而是让她们自在从
容。"这在她1997年春夏系列"身体和衣服相遇"中体现
得淋漓尽致。她在背部和臀部加垫，扭曲衣服形状，以此
批评完美女性形体观念。她认为："我想重新思考身体的含
义，让身体和衣服合一。"这体现的正是后现代主义观念，
即通过反思和自我批评质疑现有生活和社会观念。性不性
感，真的是由体形决定的吗？

　　2004年，凯特·贝茨在《时代》杂志撰文指出，川久
保玲希望观者自己诠释作品。但要欣赏她的作品，首先要
了解自己。川久保玲认为自己的衣服适合"现代职业女性，
这种女性用思想而不是用身体吸引男性，不需要向男人显
露性感也能得到幸福"。川久保玲秉持女权主义观点批评、
创作。20世纪八九十年代[†]，文学、广告、电影和戏剧等各
种艺术形式都表达过类似观点。

　　三宅一生为和服创造别样美学氛围。因为不喜欢传统
巴黎时装形式，他运用面料和层叠形式，反映服装的"精
华"，即用"一片布"包裹身体。自1971年以来，他一直
秉持这样的服装设计哲学。他的服装没有结构廓形，但以
雕塑之质创造自然自由之风。剪裁简单，面料新颖，在服
装和身体之间留有空间，灵活自如。三宅一生认为："我从
传统和服中发现了身体和面料之间的空间。和服带给我的
启发不是款式，而是空间。"和川久保玲一样，三宅一生
的设计也与建筑相通。他的服装呈竹子结构，让人想起武
士的铠甲，那种为身体建造的坚固的房屋。这样的构造体
现了一种思想，即外在空间之下另有空间，身体活动其中。

　　山本耀司的1985—1986年秋冬"简做"男装系列也有
宽松褶裥裤子，很像是土耳其哈伦裤。所配西服外套没有
衬里和衬垫，腰部也不是锥形，袖子缝合形式也跟传统男
装大不相同。面料柔软有弹性，由粘胶和绉纱制成，既简
洁又舒服。山本耀司认为，这是一种新美学，反映了"服
装新理想"。"我们不'消费'衣服，而是穿衣服，一辈子
都要穿衣服。人生就是这样。我们想要的是真正的衣服，
而不是时尚。"

　　三位设计师都喜欢做纺织品设计实验，这也是他们的
作品都具有后现代主义内涵的主要原因。几个世纪以来，
纺织工业是日本和法国作为时尚帝国的基石。川久保玲和
纺织工程师松下宏合作，生产充满大小不一的孔洞、有撕
裂效果的做旧面料，表达作品的意义。她又设计出"蕾

◀ 图6.7　川久保玲品牌"像男孩一
样"1997年春夏系列。主题是"身
体和衣服相遇"，探讨的是视觉扭
曲。这个系列别称"包包块块"。
川久保玲用垫肩创造不对称形式，
改变观众对女性柔美特质的传统
认识。

* 喜多川歌麿等日本著名艺术
家都认为和服与纺织品有很高的
设计价值。在日本人眼中，和服
是艺术品，体现了日本传统之美，
要一代一代传之久远。

† 女权主义艺术家有美国摄影家
芭芭拉·克鲁格和辛迪·谢尔曼、
日本艺术家森万里子、美国匿名
艺术家团体"游击队女孩"等。

▲ 图6.8　三宅一生1985年秋冬系列。靛蓝防染工艺在日本有数百年的历史。三宅一生承袭深厚的工艺传统，向日本文化致敬。

▲ 图6.9 三宅一生1994年秋冬系列。1993年，三宅一生用热定型聚酯制成永久褶裥，推出"褶裥心折"系列。

丝"、"瑞士奶酪"毛衣，用隔行正反针编织法随机织出孔洞，产生开衩效果。

一些纺织设计师认为，行业规模渐大，技术渐趋复杂，应该采用更人性化的方法创新纺织品。日本人把面料缺憾称作"面料手"，认为畸变非常珍贵。换言之，日本人不认可纺织品机器生产整齐划一的状态，希望采用新方法做纺织品设计实验。松下宏把这种技术称作"织布做旧编织"。用后现代主义术语来讲，这叫"解构主义"。

三宅一生对纺织技术很有研究。1989年，他推出第一个"褶裥心折"春夏系列，此后持续改进。这一系列的衣服是在缝好之后，运用传统工艺加上褶裥。他参考折纸做法，以热定形褶裥技术作用于合成面料，使图案和颜色相互作用，并随身体移动产生万花筒效果。褶裥是三宅一生作品经久不衰的主题。《采访》杂志引用了三宅一生这样一段话："褶裥给了纺织品以生命，也塑造了一切。我感觉，我找到了一条新路，让当下批量生产的布料有了自己的个性。""褶裥心折"系列实现了三宅一生的愿望：在一个公平的社会里，生产既方便实用又简洁现代的服装。

三宅一生设计纺织品，从不同角度传承文化遗产。他运用日本刺子绣工艺制作外套，用足袋布料设计衣服。这种布料以前专门做袜底。日本古代农民常用纸做冬季衬里。三宅一生用纸设计系列服装。在他看来，"用什么做衣服没有条条框框。什么东西都可以做衣服"。他从贝壳、海草和石头中寻找灵感。日本有用油纸做伞的传统。三宅一生用油纸设计了一款半透明的外套。模特在这层金纸皮肤里闪闪发光，就像是在琥珀里歇脚的昆虫。三宅一生还从树皮上找到了创意——身体在"一筒"面料里活动，人仿佛生出了毛虫的皮肤。他问道："你们知道非洲有一种树吗？树皮会完全脱落。脱下来的树皮是圆的，就像'一筒'平纹布。我想织出一种像非洲树皮那样的面料。"日本建筑师矶崎新认为，三宅一生的作品就像传说中众神所穿的圆形无缝镂空服装。1999年，三宅一生推出"一片布"系列，用扁平管状白色面料裁制各种衣物，组成经典百搭。

三宅一生创新使用合成面料，贡献不小。西蒙在《三宅一生现代一生》一书中写道，三宅一生最不凡的地方在于，他深谙各种纺织面料。不论是自然与合成，手工编织和传统染色，还是非编织的高科技纺织品，他全都懂。悉尼动力博物馆国际装饰艺术部时尚策展人米切尔认为，三宅一生"注重用合成材料设计服装，重新诠释正在消失的传统日本之美"。三宅一生承袭过去，创造未来，为时尚发展指明了方向。

创造日本后现代主义时尚概念

如何定义后现代主义？挪用和语境重构是关键词。1978年，三宅一生的《东方遇见西方》一书收录了挚友矶崎新的一篇论文。矶崎新设计了洛杉矶当代艺术博物馆，让三宅一生与建筑走得更近。这本书也表明，三宅一生一直和其他艺术家保持紧密联系。比如，德国摄影师、电影导演莱妮·里芬斯塔尔给非洲努巴族拍摄的照片启发了三宅一生和艺术总监石冈瑛子。两人一致认为，努巴族是典型样本，外在形象让人惊叹，其身体装饰和非洲其他部落一样抽象。1989—1990年，三宅一生用弹力面料设计了一系列文身样贴身连衣裤，使之成为第二层皮肤，诠释不同族裔的美。他和其他视觉艺术家合作，不仅让自己的作品展现文化多元魅力，还赋予其象征意义。

三宅一生、川久保玲、山本耀司都拒绝为变而变，而是打磨以前的作品，实现进化。"进化"是日本时尚精髓。自20世纪60年代以来，许多概念视觉艺术家都把概念形成的过程看成一个个序列。这也是日本设计师秉持的基本思想。

一般认为，三宅一生、山本耀司和川久保玲是小众设计师，不为潮流和风向所动，不全盘接受巴黎T台上展现的宗教复兴或流行文化意象。从他们的作品中，从来看不到亚历山大·麦昆、让-保罗·高缇耶和薇薇安·韦斯特伍德式的让人眼花缭乱的主题。他们也不去"超大型"时装屋做设计总监——他们当然适合担任这样的职务，但他们坚守自己的设计原则。1987年，国际时尚媒体投票认定川久保玲是巴黎首屈一指的设计师。

他们的设计是概念的载体。20世纪90年代初，三位设计师在国际时尚界的地位得到进一步巩固。当时，西方很多设计师过度设计，浮光掠影，有退化趋势。而三宅一生、川久保玲和山本耀司创造了别样的意义，体现了后现代主义思想，与正统时尚产业保持一定距离，也不刻意自己归类设限。这可能就是时尚摄影家欧文·佩恩、尼克·奈特、罗伯特·梅普索普、大卫·西姆斯、伊内兹·范·拉姆斯维尔德等认同日本这三位设计师作品的原因。在摄影家看来，时尚可以超越现有框架。1988年，欧文·佩恩和三宅一生合作，出版了《欧文·佩恩镜头下的三宅一生》一书，由京都Nissha出版社出版。三宅一生把重达三吨的作品运往纽约，供佩恩挑选。佩恩和三宅一生看法一致，认同艺术是做减法。他拍摄的时尚照片没有背景，空空荡荡，凸显服装的几何形状，"有主题，没环境"。与之相似，日本风景和木版画艺术家也用光秃秃、不加装饰的元素突出意象。在佩恩的镜头下，三宅一生的服装是白色虚无中扁平、近乎抽象的意象，只能看见服装，看不出来下面的身体是什么，性感模糊不明。佩恩把三宅一生的服装放在中性空间里，让观众意识到，应该重新审视时尚这一形式。

1994年，川久保玲和美国后现代主义艺术家辛迪·谢尔曼合作，设计"像男孩一样"系列服装。她把每一系列都送给谢尔曼，供她随意选择。谢尔曼的摄影不同寻常，"拍摄怪异的人物和结构错位的人体模型，把服装融于背景中"。她搭建化装舞会场景，以表演艺术形式呈现川久保玲的设计，表现对抗性、有戏剧感的意象。谢尔曼一向以善于解读大众传媒对女性特质的刻板印象而闻名。她认同川久保玲的时尚设计，批评"时尚"摄影，深受当代艺术观影响。川久保玲亲自参与店面设计，解构销售策略。她极简装修，只用水泥地，故意让地面开裂，把衣服叠起来，放在库房用的桌子上，用装冰箱的旧橱柜存放东西。1999年，她设计"像男孩一样"东京旗舰店，安装30米长曲面玻璃幕墙，涂上蓝点，创造出像素化效果，让顾客感觉自己化身为演员，在巨大的电视屏幕上移动，从而认识到，媒体广告不仅强化了消费主义观念，本身也成为现实。

20世纪，日本设计对西方设计产生了空前影响。三宅一生、山本耀司、川久保玲等人的作品既有过去的深沉，又有未来的蓬勃，这使得他们成为全球时尚产业领军人物。他们融汇时尚和艺术，用服装创作出一种视觉语言。常有人将三宅一生的服装称作艺术形式。对此，他认为："服装比艺术重要。"

设计师年轻的时候，要给时尚大师当学徒，在雇主指导下学习很多年，了解行业发展情况。日语有一个词"远虑"（enryo），指的是完全失去自我，兢兢业业奉献。在西方人眼中，这就是谦卑，一种经过学习才能成就的品质。泷泽直己为三宅一生做设计，把各种新材料混合在一起，发现不寻常的形式。他用美国国家航空航天局科学家开发的太空材料做实验，混合天然纤维。他秉持三宅一生的实用设计哲学，不断完善"褶裥心折"系列。1993年，他负责三宅一生男装设计。1999年，担任品牌首席总监，让三宅一生专注于"一片布"系列设计。三宅一生对他也提携有加。和恩师一样，泷泽直己也与知名视觉艺术家合作，吸收日本艺术家高野绫创造的流行文化意象，于2004年5月推出"月球之旅"秋冬系列。这个系列主打淡蓝和粉红未来风，嵌入日本独有的动漫人物，体现古怪的街头风格。

受川久保玲提携的渡边淳弥也成长为日本一流时尚设计师。他挑战美学边界，和泷泽直己一样，不断开发纺织品。他的作品结构复杂，表面有触感，通过光影互动，产生雕塑效果。他承袭了川久保玲的概念设计，但也关注当下流行的风格趋势。他崇尚复古风格，"在2000年秋冬系列中，用珍珠绳缠绕在连衣裙领口，或缝在复杂荷叶边和垂褶下摆上，以诙谐戏谑的方式致敬香奈儿"。他的2006年春夏系列带有政治寓意，"用当时流行的元素，如撕裂的电工胶布、破烂的马海毛、饰钉、别针和钉子做成鲜艳头饰"。

日本新一代设计师多有伦敦中央圣马丁学院学习背景。毕业后，有的受聘于设计工作室，有的自己开办工作室。1997年，栗原大加入"像男孩一样"工作室，设计针织作品，后来在渡边淳弥手下学了八年。2005年，31岁的她终于获许独创一个系列。她从内衣设计中汲取灵感，用羊毛和蕾丝制成甜美妖娆的束身胸衣和短裤。目前，她和另外六名设计师组建了设计团队。

小结

反时尚是相对于已有时尚体系而言。20世纪60年代，街头服装变成流行美学载体，后现代主义概念形成。20世纪七八十年代，另类服装成为视觉模式。穿这种服装的人和社会疏离，反对现有体制。朋克一族从部落和民间传统中汲取灵感，故意穿惊世骇俗的服装，表达无政府主义冷漠态度。20世纪70年代，韦斯特伍德和伦敦各种音乐团体增强了服装对流行文化的影响力。20世纪80年代初，音乐电视促进了音乐和纽约嘻哈风格的结合。

三宅一生、山本耀司、川久保玲的作品也挑战了时尚传统。日本概念服装用做旧面料制成，看起来像是朋克风格。但概念服装本意是在强调时尚本身没有存在必要，设计师应在更大的体系中呈现服装。朋克和日本反时尚都体现了"贫穷美学"。奢侈成衣品牌和高级定制时装设计师纷纷效仿，让服装具备了象征意义。这样就形成了一种循环——今年是反时尚，到了明年，又变成了时尚。因此，反时尚风格必须不断变化。这一点深具讽刺意味。

第 七 章

绪论

在人类历史上，服装是社会阶层标志。穿不符合自己身份的衣服是在威胁社会秩序。富豪名流穿时髦的高级定制时装。巴黎是高级定制时装中心，每一季都推出新款式，推动时尚不断变化。这些款式经过批量仿制后，卖到百货商店，"向下渗透"到中下阶层消费者。

"二战"严重扰乱了这一时尚体系，纽约等地方体系应运而生，创造出美国风貌，满足了美国人的需求（见第四章）。1947年，迪奥推出"新风貌"系列，巴黎再次成为高级时装中心。但高级时装设计师与百货商店签订特许合同，准许其生产奢侈成衣，改变了时尚产业的本质。

20世纪60年代，又发生一大变化。主导时髦服装生产规则的人从精英变为下层人士和街头青年。这种现象被称为"向上渗透"。

20世纪末21世纪初，街头款式日渐流行，危及既定时尚体系。后现代主义设计师蔑视社会规则，时尚开始偏离。但和朋克风、街头风不一样，后现代主义这一反文化新潮流讥评社会。

弗兰科·莫斯奇诺

意大利设计师弗兰科·莫斯奇诺采用新波普艺术，提出反时尚宣言。他以讽刺作为后现代主义工具，批评时尚正统，创造出既前卫时髦，又有挑逗意味的作品。他以后现代主义为视觉艺术框架，用文字和设计表达讽刺。比如，他用电报纸条层层包裹模特身体，但把臀部露在外面，用大字在背部拼出"贱"（cheap），让人觉得没有品位，但又很好笑。同时，他又把杜尚的概念和巴洛克的奢华结合在一起。他注意到20世纪80年代的消费者迷恋设计师品牌，就为自己的客户创造了一种鲜明独特的风格，"让他们有自己的个性"。他把别的设计师作品做成拼贴画，设计自有品牌内衣，可以将其套在裤子外面，腰带上打着标语"秀给大家看"，以此讽刺CK内衣等商业时尚平庸俗气。《服饰与美容·男士版》记者马里乌西亚·卡萨迪奥认为："莫斯奇诺寓艺术、表演于设计之中，在展示空间内表现独特的概念，可谓惊世骇俗。他深谙姿态和姿势之道，堪称时尚思想家。"

"难以预测"是莫斯奇诺作品的典型特征。他把时装

► 图7.1 弗兰科·莫斯奇诺1993年春夏系列。莫斯奇诺在模特身上印通用产品代码，讽刺时尚变成了商品。

秀变成了表演艺术，以此讥讽批评。他在T恤等衣服上印着
"现在应有尽有"（Now is all there is）、"我们相爱相互信任"
（IN LOVE WE TRUST）、"靠衣服识女孩不可靠"（You can't
judge a girl by her clothes）等双关俏皮话，很是幽默。莫斯
奇诺"揭示了当代文化的残酷和矛盾。成衣不断上市，无
休无止。我们被热热闹闹、平淡庸俗的形式包围、控制"。

　　20世纪80年代末，莫斯奇诺用短视频记录了自己精选
的几套衣服。他重温60年代时尚，把塑料涂层卡片连在一
起做成衣服，与西班牙时尚设计师帕科·拉巴内的作品有
异曲同工之妙。但不一样的是，他的卡片里还有印刷图片
和假发等合成材料，而高端时尚一般不用这些材料。他用
充气 PVC 材料填充短上衣和披肩，推出"高级时装！"系
列。他挪用电影、动画片、媒体、流行文化中的有趣元素，
引起年轻人共鸣。看到他的作品，人们很快会想到夏帕瑞
丽用视觉矛盾创造的错视效果。他自己播种、浇灌、收割
青草，做成"有机比基尼"，把帽子做成婚礼蛋糕的样子，
让白色手提包往下滴巧克力，讽刺80年代初期的新超现实
主义。他用购物袋做成连衣裙，取名"商标女王"，放在自
己麦迪逊大道精品店的橱窗里做展示，让人反思肆意泛滥
的消费主义——而正是时尚产业造就了炫耀消费时代，产
生了消费主义。1994 年，莫斯奇诺在事业如日中天时去
世。《时尚》杂志发文致敬，刊登了阿玛尼、范思哲和加利
亚诺等同行对其的赞美之词。

　　和莫斯奇诺的讽刺手法一样，瑞士艺术家西尔维·弗
勒里收集带有设计师商标的购物袋，做成艺术装置，在博
物馆展出。1994 年，她创作《美味》，让人联想到财富、
魅力、款式和地位——香奈儿、阿玛尼、蒂芙尼等品牌让
人联想到服装、香水、首饰等奢侈品——到现在，展品还
原样放在美术馆地板上。弗勒里建构了一个艺术概念，阐
释购物和丢弃过程，即收藏成癖的人占有物品，得到快感。
20世纪六七十年代流行艺术家批评消费主义，弗勒里却肯
定商品收藏成癖行为。她创作作品，讽刺博物馆变成了百
货商店。在这方面，艺术史学家艾玛·巴克和玛丽安妮·斯
坦尼斯泽夫斯基都做过研究。两位学者认为，很多博物馆
为了促进观众和展品互动，变成了购物中心。国家博物馆
借鉴19世纪百货商店，融商业和艺术于一体（见第一章）。

维果罗夫

　　20世纪七八十年代，复古时尚如火如荼，几十年前的款式被拿过来反复设计。到了90年代，西方时尚界似乎使尽了招数。为了求新猎奇，一些设计师追溯历史潮流，还有一些认为有必要批评新近流行的款式。方向不明，款式越发肤浅。2000年，《国际先驱论坛报》和时尚国际网前时尚编辑苏西·门克斯称这些风格是"时尚讽刺画"。自1993年以来，两名特立独行的艺术家兼设计师维克托·霍斯廷和罗尔夫·斯诺伦一直讽刺批评高级定制时装秀，认为其展现了思想的破产。

　　他们采用不敬、做作和耸人听闻等达达主义手法讽刺高级定制时装荒谬、没有新意。1998年，他们推出"概念"高级时装系列，把衣服一件件堆叠到模特身上，堆到身材扭曲变形。从真实和隐喻两个意义上来说，体积膨胀的作品阐释了后现代主义，体现了生活的失真。在艺术表演上*，他们实现了从线性到累积的突破，即只用一个模特展示整个系列，而非让多个模特走秀。在他们看来，现代时尚把身体当作没有性别的物体。高级时装浮华虚夸，更适合舞台装扮，不适合日常穿着。

　　2000年，维克托和罗尔夫的品牌维果罗夫推出秋冬系列，引入视觉双关，把晚礼服缀满金银两色小铃铛，把裹襟式大衣的袖子做成和服样式，在袖子里面缝铃铛，像点缀亮片一样给便礼服上衣缝小铃铛。对此，时尚评论人苏西·门克斯评论道，高级时装就像是"缀满铃铛的时尚"。维果罗夫的作品体现了后现代主义者对高级时装的反思（见第六章）。这两位被称为"国际先锋时尚之王"的荷兰设计师讽刺欧洲高级定制时装，认为其浮华过度，也批评日本设计师过多使用黑色。2000—2001年，两位设计师推出第一个秋冬成衣系列"星条旗"。有人说这个系列是他们最成功的作品。他们似乎在嘲讽美国人是民族主义"旗手"。他们选用运动衫、马球领和牛仔裤等美国时尚代表元素，推出自己的成衣服装系列，表明美国文化在全球无处不在。

　　维果罗夫从来不卖高级时装，却因高级时装设计师的身份而出名。他们以幽默口气讥讽精英装腔作势追赶时尚。他们在设计衣服时，故意频频出错，自相矛盾，打破了传统常规。他们关注概念设计，而不是衣服制作。他们推出的一个系列用标语牌做成，上面写着"维果罗夫罢工"（V & R are on Strike）。"他们用新闻剪报做成艺术装置，表现

*　维果罗夫模仿吉尔伯特和乔治的"活体雕塑"，打扮一样，姿势一样，化身为艺术。1969年，概念表演艺术家也创作过类似作品。

沃霍尔式的快乐，借用纸媒让别人了解自己，并以此持续下去。"

2003年10月，他们的作品回顾展在卢浮宫装饰艺术博物馆展出，与巴黎2003—2004年春夏成衣系列展同步。研究时尚和概念艺术的人称赞他们不怕出错，很有勇气。2010年，他们从超现实主义中汲取灵感，推出薄纱礼服系列，以看似不连贯的形式阐释错觉概念。2016年，推出"可穿戴的艺术"春夏高级定制系列，把艺术玩儿成服装。两位设计师把世界名画镶在画框里，折断框子，给模特穿上，让人感觉这是件从墙上扯下来的衣服。2019年，两人推出"时尚宣言"春夏系列，在衣服上用印刷体字母印"变得卑鄙"（Get Mean）、"不是我害羞，是我不喜欢你"（I'm not shy, I just don't like you）等，很快在社交媒体上引起共鸣。服装为巨型文字信息提供了夸张的载体。从材质和廓形来看，薄纱娃娃裙或礼服裙体现了柔美气质和粗鲁无礼的对比。

▲ 图7.3　2019年1月23日，巴黎举办时装周。一名模特走在T台上，展示维果罗夫2019年春夏系列。她身穿褶边娃娃式连衣裙，裙上印有"不是我害羞，是我不喜欢你"（I'm not shy, I just don't like you）。

马丁·马吉拉

　　和豪斯曼、施维特斯、劳森伯格、"贫穷艺术"艺术家一样，马吉拉也用不起眼的材料和解构主义方法创造一种新型反时尚。他用客观科学的态度剖析并重新定位服装。他和助理设计师都穿着实验室工作服，像是在实验室工作，古怪装扮引得世界各地的粉丝纷纷效仿。1997年，他和一位微生物学家合作，把服装放在室外，培养霉菌和细菌，让其侵蚀织物纤维。由此，创造出一种矛盾：服装因美丽而被人记住，但渐渐受人鄙视。这是20世纪60年代概念艺术运动经常采用的主题。当时，艺术家在窗台上放不太新鲜的面包片，拍下渐渐腐坏分解的过程。1997年，马吉拉的腐败分解艺术装置在荷兰鹿特丹博伊曼斯·范伯宁恩美术馆展出，取名"9/4/1615"。马吉拉把生产和腐坏的自然循环比作消费、购买、丢弃的循环。有人认为，作品是从消费者视角看待消费主义。也有人认为，作品探讨时尚循环，象征高级时装的解构。当时，世界快速变化，形势不稳定，高级时装能否与时俱进是未知数。

　　从后现代主义视角看，马吉拉的作品有多重意义，每一个观众都有自己的诠释。在1999年春夏时装秀中，马吉拉让模特披上一幅画，画上面画着一件衬衫，仿佛要在网上分类出售，由此模糊了概念时尚和真正时尚的界限。这种用超现实主义手法表现时尚与比利时超现实主义画家雷内·马格利特的《形象的叛逆》有异曲同工之妙，表明马吉拉对自己所在的体系持批评态度。

　　2000年，他推出"74码"春夏系列，以宽松阔版外套、内衣、女士衬衣和男士商务衬衫为特色。这些衣服尺寸大，让穿衣服的人显得很矮小，身体似乎缩了回去。这种与高端服装不一样的视觉比例启发观者从不同视角看待服装。一般来说，设计师品牌的服装尺寸小，一般人穿不上，只适合体型6—8号（美国尺寸）的模特。而马吉拉的衣服尺寸很大，观者要从概念上缩小服装尺寸，从而重新审视时尚体系，思考时尚产业对理想美的看法。

　　时尚理论家卡罗琳·埃文斯认为，马吉拉的作品"实验性很强"，"很新潮"，让当代很多用时尚做主题的艺术家望尘莫及。马吉拉挖掘了"内变成外"这一矛盾概念，把内衣变成外面可以穿的服装。他最受博物馆策展人好评的作品是把裁缝店人体模型的亚麻帆布盖布做成马甲，做好后重新披在原来的模型上。这当然是一种超现实主义视角，一种矛盾的意象。马吉拉还解构、重构了与时尚垃圾有关

▶ 图7.4　马丁·马吉拉1999年春夏系列。马吉拉让模特披上一幅画，画上面画着一件衬衫，模糊了概念时尚和真正时尚的界限。

的思想，让二手或一次性服装获得新生命，与魅力、美丽和新奇的传统观念产生矛盾。毫无疑问，他的这一理念源自日本当代时尚设计师倡导的"侘寂"（wabi-sabi），即从丑陋中发现美。

马吉拉不认同"艺术家即天才"的观念，拒绝用设计博取声名，从来不出现在T台上，也不公开露面，一直隐姓埋名。毕加索和布拉克也不认同艺术原创独一无二的概念。1910年左右，他们互相为对方作品签名，探索分析立体主义的概念。和达达主义者一样，马吉拉也和团队成员一起开办马吉拉时装屋。他不以个人身份回答问询，也不回信。2010年，他在安特卫普、慕尼黑和伦敦举办作品回顾展，之后退休，不再担任品牌首席设计师。

亚历山大·麦昆

麦昆从不同角度解构时尚。1984—1987年，他在萨维尔街学缝纫手艺，从历史服装中得到很多启发。但他最想做的是，以匠人之力颠覆观者所想。麦昆在男装定制品牌君皇仕做学徒期间，看过店里给音乐剧《悲惨世界》设计的戏服。1990年，又观摩了理查德·哈里斯给电影《风之王》设计的双排扣宽下摆礼服大衣。他从中汲取灵感，在英伦精致手艺和历史夸张细节之间找到了平衡。后来，他去米兰罗密欧·吉利时装屋工作过一段时间。20世纪90年代初，到中央圣马丁艺术与设计学院深造学习。他的毕业秀"开膛手杰克尾随受害者"刻画了19世纪臭名昭著的强奸犯、杀人犯，解构维多利亚时期服装，让观众大为震惊。伦敦造型师伊莎贝拉·布鲁买下了整个系列，后来与麦昆成为朋友，全力支持他发展。

麦昆颠覆时尚，但他的第一个女装系列并不太受欢迎。1995年，他根据1963年希区柯克惊悚片推出"鸟"春夏系列，把电影主题杀鸟和在公路上被车撞死的动物结合起来。该系列服装印有鸟的轮廓，带有轮胎痕迹和油迹纹理。

后来，他又推出"高地强奸"系列，饱受世界各地女权主义者攻击。他把自家的苏格兰格子呢搭配蕾丝、皮革，设计有割破和撕裂感的服装，涂黑模特的脸和手臂，看起来就像是被殴打过一样。面对媒体和女权团体的批评，麦昆坚称"高地强奸"系列指的是英国占领苏格兰高地几百年，"强奸"了高地人的生活方式。《独立时尚杂志》请他

◀ 图7.5 马丁·马吉拉2000年春夏系列。马吉拉用解构主义手法分解面料和时尚。

▲ 图7.6　亚历山大·麦昆1995年春夏系列。麦昆受阿尔弗雷德·希区柯克1963年惊悚片《鸟》启发，在衣服上印有飞翔的鸟群图案。

▲ 图 7.7 亚历山大·麦昆 1995 年春夏系列。该系列打破了性别刻板印象,让男人穿裙子,女人不穿衬衫而穿裤子。

回顾1999年秋冬系列时，麦昆答道："我爱苏格兰，这个地方一直遭受不公正待遇。"受到非议后，麦昆推出"卡洛登寡妇"2006—2007年秋冬系列，用苏格兰格子呢制成垂褶束带格子呢褶裥短裙，设计维多利亚风连衣裙和修身西装。2006年，纽约大都会艺术博物馆举办慈善晚宴，主题是"盎格鲁热——英国时尚的传统和越界"。开幕当晚，麦昆和莎拉·杰西卡·帕克身穿格子呢套装，惊艳时尚界。

麦昆不断重新定义服装，创造新趋势，让人看到时尚具有表演的一面，给人留下了难以磨灭的印象。21世纪流行的低腰风其实来自1995—1996年麦昆推出的超低腰款式。麦昆认为，脊柱底部是性感区。

1996—2001年，麦昆去巴黎担任纪梵希首席设计师。此后，自己创立品牌，得到古驰集团（现为开云集团）赞助。2010年去世。这一时期，麦昆最出色的作品当数"野性之美"。2011年，纽约大都会艺术博物馆举办该系列回顾展。2001年，麦昆推出"沃斯"春夏系列，展现另类之美。2003年春夏系列是海盗风格服装，再现沉船场景。他的时装秀惊世骇俗，但又充满哲理，重新创造了时尚展示语境。在1999年春夏时装秀上，模特莎琳·夏露穿着白色连衣裙站在旋转平台上，被机械手臂喷涂；而2006年"卡洛登寡妇"系列时装秀展示了凯特·莫斯的全息图，模特像穿着蕾丝的幽灵飘浮在太空中。2010年春夏"柏拉图的亚特兰蒂斯"系列是他最后一场时装秀。嘎嘎小姐（Lady Gaga）穿着蹄形"犰狳鞋"，以动物形态颠覆传统服装功能。麦昆去世后，莎拉·伯顿担任创意总监，2011年，她为凯特·米德尔顿王妃设计了婚纱。

▶ 图7.8　2006年，莎拉·杰西卡·帕克和亚历山大·麦昆出席大都会艺术博物馆慈善晚宴。帕克穿着麦昆的"卡洛登寡妇"系列裙装，而麦昆本人穿着苏格兰格子呢制成的短裙。

▶ 图7.9、7.10　亚历山大·麦昆1999年春夏系列。模特莎琳·夏露在T台上表演时，受到机械手臂的喷涂。

日本原宿街头时尚

　　时尚异思并非西方特有。日本街头风格设计师借鉴英国朋克DIY理念，用方格呢、朋克乐队广告T恤、破洞服装和铆钉设计服装。他们不受主流设计影响，在服装中重现日本超级名人文化中的成人漫画和动漫人物。这种亚文化服装形式在流行文化中得到了新的体现，而且不断在变，具有即用即抛的特点。

　　1985年，青木正和小岛法子创办《街头》（Street）杂志，向日本年轻人介绍欧洲街头时尚，无形之中促进了这些海外款式在日本的流行。青木正用影像记录东京年轻人追风，名气越来越大。1997年，他创办《FRUiTS》月刊*，拍摄东京涩谷和原宿区街头公园时髦年轻人的装扮。

　　此后五年间，各种"定制风格"不断出现。有和风与西式混合风（wamono），女孩穿和服，系腰带，脚蹬木屐凉鞋，搭配二手和自制饰品；有卡哇伊可爱风（kawaii），女孩打扮成小孩模样，用塑料首饰和玩具做配饰，通身粉红；有洛丽塔娃娃风（Lolita），用褶边和荷叶边修饰；有哥特式洛丽塔风（Gothic Lolita），女孩穿着维多利亚时代黑色丧服，姿态优雅，悼念自己想象中的过往。还有一些年轻人可能是受到了韦斯特伍德和马吉拉的影响，迷恋红色网袜、黑色皮裙和豹纹面料，毫不掩饰表现性感。也有一些年轻人打扮成西方牛仔（ganguro）、加州晒黑金发女孩、山女巫（yamamba）和美国嘻哈族，让街头审美更加多元化。这些借来的造型失去了传统文化意义，变成了一种没有意义的时尚大杂烩。不了解这种时尚新动向的人将这些风格戏称为"盛装出席"，"上台表演"，"穿戏装玩儿"。

　　更多人持批评态度，认为过于关注穿衣打扮是自我沉溺，行为可耻。他们认为哥特式洛丽塔是"恋旧癖"，是"女扮男装"。而那些穿黑色乙烯基和服、画大白脸、涂黑眼圈，或者全身朋克束缚装的年轻人看起来咄咄逼人。在20世纪80年代末的日本，所有当众表达亲密情感的行为都不道德。不论这种行为发生在居民区，还是出现在海报或其他媒体上，人们都接受不了。媒体把"原宿风格"女孩称作"东京妖女"。穿衣打扮是个人行为，因此我们很难界定这是不是批评女性在日本社会文化中扮演的角色。"这种表演式装扮是一种超现实形式。日本人称之为'角色扮演'或'穿戏装表演'。表演式装扮是连接新旧各种思想的纽带，与文化、性别和青年有关"。如果说街头风促进了服装多元，那么也可以说，街头风表明身份变动不居。原宿街

---

* 2001年，青木正创办杂志，面向全球读者。

头风呈现了女性多种特质，人的商品身份岌岌可危。多数商品亚文化形成了小众市场，表达的是人的身份。比如，原宿地区的商店是让进店购物的女孩变成彻头彻尾的洛丽塔，过上另一种生活方式。

在人口高度密集的日本大都市，个体失去身份认同，男性主导传统社会结构。一二十岁的女孩穿街头风逃避现实。她们希望吸引别人注意，但又希望归属一个群体获得安全感。这说明，个人不安全感既能冲击又能强化消费主义。日本女权研究相对较弱。通过观察多元街头风格服饰，可以了解各种女权主义模型。服装表达身份，表现创造力，是一种娱乐表演形式。但服装也可以是一种微妙的反叛，一种消极的批评，批评日本文化不近人情，以秩序为名控制个人。认同某种亚文化的个体既以游戏方式博取关注，又拒绝分门别类。他们既不认同或拒绝某种东西，也不愿直截了当反对母文化或象征性的秩序。亚文化既彰显独立、他者、异质，又拒绝匿名从属某物。亚文化即不服从，传达的是一种无权无势、无能为力的事实。

日本在国际设计界占有一席之地，原因在于日本人有能力融汇各种思想文化。装饰艺术、应用艺术和纯艺术的后现代主义风格的本质特征是挪用、多元和碎片化。原宿街头时尚中显而易见的视觉异常或矛盾为日本文化所特有。但值得一提的是，这种风格是个人选择的结果，设计师决定不了，成衣市场也决定不了。原宿街头风标新立异，适应了当地复杂多样的情况，说明服装是少数几种能够对抗全球化刻板印象的形式之一。

1994年，高桥盾创立"Undercover"品牌，在原宿吸引了一批忠实粉丝。日本知名成衣时尚杂志《先锋日本》认为，高桥盾的2002—2003年秋冬系列视角独特，体现了"扭曲"美学观。1992年，他在东京开店，把毛绒玩具和一次性用品拆开，重新组合放在玻璃橱窗里展示。同年，他推出"女巫的细胞分裂"系列，用拉链、纽扣等组装物件，制作出的服装像是可以互换部件的机器人。模特脸上有文身样黑色蚀刻，衣服上有月亮、星星和巫术图案，让人感觉很特别，但也有些怪异。同年，他得到川久保玲的帮助，到巴黎举办时装秀。

1992年，中川正博和阿世知里香创立"20471120"品牌，混合西方高级定制时装元素，再现东京时髦年轻人的街头风装扮。品牌原名"Bellissima"，1994年改为"20471120"，意思是2047年11月20日。这个日期是中川正博梦中看到的数字。他也坚信，到了那个时候，人们欣赏个性、创造和多元。两位创始人融合东京亚文化中的动漫、音乐和街头风，重新想象流行文化时尚应该是什么样子。中川正博表示，自己受到可可·香奈儿、薇薇安·韦斯特伍德、川久保玲、范思哲、马丁·马吉拉等众多设计师的影响。在他看来，这些设计师有一个共同点——用品牌表现亚文化。原宿年轻人喜欢"20471120"品牌，巴黎高级定制时装界也很欣赏。

1999年，中川正博回收旧衣，重新规划品牌发展路线。他会问顾客对旧衣服有什么记忆，再把旧衣重新组合为新装。他认为快时尚浪费材料，扔掉衣服等于扔掉了很多记忆，导致日本消费主义泛滥。他出版了一本漫画小册子，把主角称作"Hyoma"，通过讲故事的形式，告诉读者回收可以改变生活。第一个回收项目后，中川正博又推出了很多同主题系列。他以十年为节点，回顾20世纪造型风格，推出"回收项目第三号"。其中有迪奥1947年束腰礼服，沙漏廓形保持不变，但短上衣面料换成了迷彩。"Hyoma"是"20471120"品牌吉祥物，出现在系列服装上。新一代时尚消费者仍然喜欢这些服装。

时尚意象和性别建构

　　20世纪下半叶,比利时设计师德赖斯·范诺顿和安·迪穆拉米斯特成为时尚领军人物。范诺顿坚守设计原则,被美国时装设计师协会评为2008年度国际设计师。他的作品体现了比利时人对结构和剪裁的极致追求,融古典元素于当代设计之中,设计多种搭配,方便消费者随意穿搭。实用是范诺顿成功的秘诀所在,而迪穆拉米斯特彰显"都市英武女"风华。正如几位思想深刻的记者所分析的,通过迪穆拉米斯特的设计,人们能看到新一代果敢女性正在崛起。迪穆拉米斯特的服装表达出这些女性的率直无畏、脚踏实地、成熟醇和。

　　2008年,全球金融危机爆发,时尚界大受影响,迪穆拉米斯特不迎合消费需求、为解决问题而设计的思路格外切合现实。面对形势突变,卡尔·拉格斐、高缇耶、川久保玲和韦斯特伍德等时尚界"老将"选择坚守阵地,保住品牌的商业优势。2010年,全球经济依然萎靡不振,时尚设计师不得不增加男装等副线产品,思考营销经销新法,增强品牌辨识

度，和体育运动公司合作，从事生物、医药、保健跨界研究，积极利用新技术。

受2008年金融危机影响，全球时尚界出现了几个新趋势。路威酩轩集团（LVMH）等奢侈品销售公司不得不剥离20世纪90年代收购的几家利润不佳的小公司。进入"理性穿衣时代"，浪凡解聘阿尔伯·艾尔巴茨，改聘约翰·加利亚诺。汉娜·麦克吉本取代菲比·费洛掌舵蔻依。普拉达买进又卖出吉尔·桑达和海尔姆特·朗两家公司，后者以无褶裤、低腰牛仔裤、T恤闻名，利润一度很高，影响力不小。但普拉达投资不够，海尔姆特·朗最终无力为继。路威酩轩集团规模大，下属知名品牌多，设计总监走马灯似的更换，很难坚守某一方面发展。瑞士历峰集团排在路威酩轩集团之后，是世界第二大奢侈品公司，目前专注手表和卡地亚珠宝，原本做服装起家，在服装行业收益最好。同样，2007年9月，《时尚》美国版推出最大版面，但在2009年广告收入骤减，不得不节约办版；而截至2010年，时尚杂志《红秀》（Grazia）因版面精简、定价低，订阅人数最多。

2000年是新纪元元年。女性越来越希望在社会政治权力中心发出自己的声音，表现在服装上是凸显男性阳刚之气，近乎雌雄同体。2001年，模特埃莉奥诺拉·博斯风头最足。她是西班牙传奇斗牛士之女，下巴线条硬朗，留短发，文身，可谓"英武女"最佳代表。史蒂文·梅塞和布鲁斯·韦伯为她拍照，让她登上了意大利《时尚》杂志。她还给《眼花缭乱》《纽约+伦敦》《流行》等很多杂志拍过封面。汤姆·福特曾选她给古驰系列做模特。《女装日报》标题为"回想马龙·白兰度"的文中写道，当季米兰和巴黎很多模特都"勇猛无畏"。意味深长的是，这种形象与酷儿理论*同时出现。女权主义理论学者苏珊娜·沃尔特斯认为："在我们的文化体系下，差异特质不断被包装成商品，女性形象经微调后被售卖出去。"

纽约时尚记者吉娜·贝拉凡特认为："超级大品牌出现后，可供女性挑选的风格、扮演的角色变少了。"在她看来，女性可以扮演古驰定位的角色，支票在手，大权在握，对性有强烈的欲望。也可以扮演普拉达定位的角色，办事利落，不念过往，不近男色。还可以买马克·雅可布服装或类似风格衣服，表达出世态度。

2006年，迪穆拉米斯特设计的21世纪独立自信新女性概念被广泛接受。她打造闲适风格，融汇男女装元素。20年来，迪穆拉米斯特一直在为"都市女强人打造优雅与野蛮兼具的衣橱"，"新女强人高贵而不咄咄逼人"。迪穆拉米斯特创造了21世纪现代女性这一新词汇。

1994年，利波韦茨基在《时尚帝国》中写道，进入21世纪，人们希望表现独特气质。正是这种愿望，推动着时尚产业的发展。"但在20世纪末，服装不能再像以前那样激起人们的兴趣。"在后现代主义框架下表达个体身份越发重要。这是以前从来没有发生过的事情。反时尚原本是反对时尚惯例，后来渐渐被主流接受。而"穿着随便"的态度反映出服装渐渐变成"休闲"装或"生活方式"装（见第八章）。但在20世纪最后十年，人们似乎不再用时尚表现独特气质、彰显权势，而是表达心灰意冷。越来越多的设计师把时尚当作合法表达社会政治意愿的沟通工具，希望用视觉力量引导设计美学走向，反映当下的文化氛围。

中央圣马丁艺术与设计学院的卡罗琳·埃文斯认为，研究20世纪90年代至21世纪初的时装秀，能强烈感受到心理创伤和颓废堕落。这一时期的实验性设计和摄影聚焦视觉冲击力，而非时尚本质。20世纪80年代，伦敦朋克和旅居巴黎的日本设计师的禅宗反美学作品解构了社会正统观念。到了世纪之交，比利时设计师马丁·马吉拉等不断从社会、性、美学角度批判既定常规。马吉拉用廉价材料设计服装，彻底打破了服装实用独享的概念。解构时尚反映出欧洲人从文化视角回应社会和政治动荡。正是这种时代

*　20世纪90年代西方一种关于性与性别的理论。

▲ 图7.14 亚历山大·麦昆2001年秋冬系列。麦昆从羽毛、贝壳和鹰标本等自然材料中汲取灵感，推出"沃斯"系列，表现美丽和衰败的模棱两可。

精神促成了反文化时尚。评论家称反文化时尚为"毁灭"，"20世纪90年代初，因经济衰退，社会倒退，人们倍感压力，创造了腐朽服装这一镜像。"马吉拉一般把时装秀设在仓库通道、空荡荡的停车场、废弃不用的医院和地铁站，从而解构光鲜亮丽的高级定制时装。德赖斯·范诺顿、沃尔特·范贝伦东克等比利时一流设计师也仿效马吉拉，在雪地里升起煤火，在没有取暖设备的帐篷里举办时装秀。寒冷的背景和服装上的自然元素、大地色调形成反差。

20世纪末，时尚两极分化。一面是马吉拉实验设计暗淡阴郁的服装，另一面是加利亚诺设计让人感到愉悦活力的服装，以此象征奢华丰盛的时代。马吉拉和加利亚诺都创作了"文化诗学"，"在新颖和腐坏中摇摆不定。与此同时，人们把所有'昨天'的东西都扔到垃圾堆，陷入消费循环"。亚历山大·麦昆似乎也被两个世界撕裂。一个世界是纪梵希期望的优雅迷人，另一个世界是他自己喜欢的壮观、离谱、亵渎。他毫不掩饰自己要颠覆传统，让模特露出乳头以示性感，仿照身体部位做成饰品。如前文所述，1995年，他推出"高地强奸"系列，1997年推出"贝尔默的玩偶"，都引起争议。在"贝尔默的玩偶"中，黑人模特被关在金属笼子里。媒体认为，这表示女性受到奴役和束缚。麦昆的很多作品，尤其是后期的作品都受到了斯坦利·库布里克、皮尔·保罗·帕索里尼、阿尔弗雷德·希区柯克的邪典电影，以及乔尔-彼得·威特金的黑暗摄影的启发。

2001年9月11日，世界剧变。"黑色魅力"呈现新形式。创作者通过夸大夸张，象征现实和幻觉的悖论，以矫揉造作之态逃避现实。时尚摄影家捕捉到了放诞不羁、消极焦虑的意象。加利亚诺用浪漫复旧表现逃离之态。而麦昆的作品深蕴社会政治内涵，让人有大难临头之感。

时尚设计作品反映了恐怖主义、宗教战争、种族冲突和全球衰退等世界大事件。人们感到恐惧、不确定、不安定，产生了保守排外的"地堡心态"。时装秀场上开始出现让人感到压抑不祥的色彩和廓形。2006年的巴黎时装周反映的就是人们面对动荡世界生出的忧郁情绪。拉格斐的黑色多层长礼服裙奠定了整个秀场的基调*。山本耀司和马克·雅可布用厚重的布料把腿部盖得严严实实，让人感到沉闷。

无性服装流行的同时，性别概念也在被重构。21世纪前十年，流行"端庄时尚"，受众群体是那些有宗教信仰，有哲学思想，不认可西方性感美丽时尚理念的人。越来越多的设计师为本族年轻女性设计符合宗教教义的服装。自2014年以来，H&M等快时尚公司和DKNY等高端品牌纷纷推

* "老佛爷"卡尔·拉格斐评论："要是每天读报纸的话，就没有心思穿花花绿绿的衣服。我们面对的是一个互联互通的世界。"

出端庄时尚系列。玛丽亚·伊德里西、哈丽玛·阿登等模特戴上头巾，但端庄仪态中不失时尚，给年轻女性做出了表率。2017年，伦敦举办"端庄时尚"周。

多年来，设计师一直以战争、威猛为象征设计服装。一些设计师喜欢用卡其色或迷彩色。还有一些设计师钟情20世纪50年代的摩托车文化。不少设计师设计适合在野外生存的外套，带有塑料口袋，可以装生活必需品。有些设计师设计盔甲、制服样式的服装。一些设计师直接把文字印在衣服上。比如，高桥盾制作反战T恤；山本耀司在2003年10月时装秀中展示"不要碰我"（Do Not Touch Me）上衣；加利亚诺在短上衣和衬衫上印"要迪奥，不要鏖战"（Dior not War）；2004年10月，渡边淳弥推出一个系列，其中大部分衣服是黑色，让人感到异样的清醒。

设计师常用围巾、面罩等包裹模特头部，象征匿名状态，或卷入间谍活动的受害者。在2006—2007年秋冬系列中，高桥盾用袋子完全盖住模特头部，像是死囚等待受刑。有一次，薇薇安·韦斯特伍德也用针织帽完全遮住模特脸部。维果罗夫混合20世纪50年代法国时尚款式，设计晚礼服、宽裙廓形套装、风衣，搭配嵌珠藤编击剑面具。颜色有鹅卵石色、木炭色，以灰色系为主。"很明显，丑东西开始流行起来。"这种甜美而阴郁的情绪不仅在时尚中得到体现，在纯艺术展览中也可以看到。柏林新国家艺术画廊精心策划"阴郁——天分和疯狂"展览，展出6—20世纪几百件作品，探讨了悲伤、阴郁、死亡和思想的沉重。

和时尚设计师一样，视觉艺术家也采用"反美学"和"震惊手法"。艺术家用垃圾、烂掉的食物和旧车身表达反美学。达米安·赫斯特把鲨鱼泡在装满甲醛的玻璃柜子里，创作《生者对死者无动于衷》，1992年，伦敦萨奇美术馆展出该作品。1999年，翠西·艾敏获英国当代艺术风向标特纳奖提名，她的作品《我的床》凌乱不堪，周围堆满了避孕套、血迹斑斑的内裤、瓶子和拖鞋等杂七杂八的东西。这些采用反美学和震惊手法的时尚、纯艺术作品都受到批评。相比之下，反美学时尚因负面呈现人体形象更受争议。原因之一是，时尚反叛正统的时间并不算太长——20世纪60年代，西方社会对性持宽容态度，服装必须得体的观念随之改变；而纯艺术以叛逆违抗为创作手法的历史则要长得多。

重塑男装

重塑男装是时尚界发生的最正面积极的变化之一，也让从业者得到了丰厚的利润。男模和男装系列频频亮相国际时装秀、时尚摄影和杂志封面。

20世纪80年代，乔瓦尼·詹尼·范思哲让男模穿彩色休闲服，在丝绸衬衫上印意大利历史图案，象征一种新性别的诞生。范思哲采用皮革、"傲洛唐"金属丝面料等设计女装。他用色彩、材料和结构诠释何为"阳刚"和"柔媚"，颠覆了观者对两种概念的认识。1997年，吉尔·桑达推出男装系列。2004年，加利亚诺和麦昆开始设计男装。2005年，迪穆拉米斯特推出男装。2006年，英国设计师乔·凯斯利·海福德重振伦敦萨维尔街品牌"吉凡克斯"。2011年1月，颇特集团专门为设计师创办网站"颇特先生"，在线展示60多个顶级男装品牌，并为男性提供着装建议和趋势预测。与此同时，参展国际时装秀的男装设计师人数显著增加。20世纪末21世纪初，女装系列也有很多表现男性特质的元素，雌雄同体风流行。2004—2007年，"摩托车范儿"成为主流，卡尔·拉格斐、渡边淳弥、川久保玲、高缇耶都用铆钉、拉链、黑色皮革制成短上衣、帽子和靴子。时尚产业撑过了21世纪

头十年的市场不稳定期。2010年6月，浪凡设计总监阿尔伯·艾尔巴茨推出服装秀，让男模戴上首饰。2010年6月28日期《独立报》认为："男人戴上象牙、链条、黑石头、木头做成的项链。这是一种解放。"设计师卢卡斯·奥森德里弗认为："女人穿上了裤子，男人也可以戴首饰。"

　　为了突出定制服装比批量生产的服装有价值，设计师在时装秀上展示技术专长。安·凡德沃斯特设计新颖，在2001年3月巴黎时装秀上，他展示了一件用牛皮纸做成的男士风衣。回顾历史，伦敦萨维尔街是用高端商业装彰显有地位者的朝圣地，那里的设计师洞察潮流趋势，采用奢华面料精工细裁以保证衣服合身合体。但男装剪裁渐渐发生变化，设计师开始注重表现男士健美体态。保罗·史密斯的男装生意做得很大，因为他"深谙英国中产阶层心态，善于戏谑大英帝国。当时的绅士打板球，喝粉红杜松子酒，吃咖喱午餐，有一点古怪，但也无伤大雅"。麦昆的作品反映出对青春和朝气的迷恋，加利亚诺突出诗意浪漫"吉卜赛"个性，范诺顿用昂贵面料打造华丽姿态，雅可布斯用休闲"破烂"、二手衣服复古经典款式。2005年，马吉拉退出时尚界，在此之前，他一直奉行"缺憾、个性、古怪"

▲ 图7.16、7.17　德赖斯·范诺顿2000年春夏系列。范诺顿的设计融传统剪裁和运动休闲于一体，兼具正装和休闲装特点，反映了21世纪男装特点。

▲ 图7.18 巴黎时装周展出桑姆·布郎尼2011—2012秋冬男装系列。2011年1月23日，巴黎举办时装周，一名模特
走在T台上，展示桑姆·布郎尼服装系列。维多利亚元素让人有时空错位之感。

▲ 图 7.19　桑姆·布郎尼 2012—2013 秋冬系列。2012 年 1 月 22 日，巴黎时装秀展出美国设计师桑姆·布郎尼设计的成衣系列。模特穿外套，搭配运动型西装，下配铅笔裙，头戴尖刺面罩。

的男装设计原则。

老牌男装设计师有乔治·阿玛尼、海尔姆特·朗、让-保罗·高缇耶、薇薇安·韦斯特伍德、保罗·史密斯和爱马仕的维罗尼克·尼查尼安。到了21世纪，又涌现出很多新秀，如约翰·卡瓦莱拉、博柏利的克里斯托弗·贝利、伊夫·圣罗兰的斯特凡诺·皮拉蒂、巴伦西亚加的尼古拉斯·盖斯奇尔、迪奥的赫迪·斯利曼。其中，斯特凡诺·皮拉蒂以优雅风格著称。而尼古拉斯·盖斯奇尔被《纽约时报》记者凯茜·霍林称赞为"同时代最重要的设计师"。赫迪·斯利曼*秉承纤秀美学设计摇滚歌手服装。CK、拉夫劳伦等美国传奇品牌一直以休闲男装闻名（见第八章）。

约翰·瓦维托斯和瑞克·欧文斯设计摇滚张扬风格。欧文斯在巴黎推出"油渍摇滚遇见诱惑之魅"系列。2006年，桑姆·布郎尼和布克兄弟合作推出高端男装"黑羊毛"系列，大获成功。2008年，布郎尼受聘于盟可睐。2009年，推出"嬉蓝"系列。时尚网站的蒂姆·班克斯认为，布郎尼是"时尚超现实主义展示高手"。他让模特打扮成宇航员，脱下连身衣，露出下面的两扣短上衣、百慕大短裤和及膝袜。另一位设计新锐亚历山大·王用前卫慵懒风格吸引年轻人。里克·克洛茨在加利福尼亚创立冲浪品牌"武浪"（Warriors of Radness），用T恤和短裤打破了男装设计天花板。

2015年，洛杉矶郡艺术博物馆举办"男王（1715—2015）"展览，探讨何为阳刚之气，性别如何构成。18世纪，花花公子穿艳丽花卉丝绸套装，搭配马甲马裤；后来，深色厚重三件套西装为时尚男士所青睐（见第一章）；到了20世纪，开始流行休闲男装，如袋型套装、垂褶套装、搭配牛仔裤的休闲套装、运动外套、适合加州海滩文化的冲浪服，到了21世纪，男装设计师通过去语境化，重新表达特定性别涵义。

小结

亚历山大·麦昆等设计师颠覆传统，重新挖掘历史题材和哥特主题。集团公司成为时尚产业主体。马吉拉、安特卫普六君子等设计师，以及莫斯奇诺和维果罗夫等社会批评人士是时尚后现代主义运动的主力。20世纪末，时尚设计师彻底改变性别和秀场展示的传统手法，出乎观众意料。迪穆拉米斯特、马吉拉和范诺顿设计无性别服装，解构时尚概念。汤姆·福特和桑姆·布郎尼重塑男装经典款式。

* 2007年，斯利曼离开迪奥，转行摄影。2012年3月，担任圣罗兰女装创意总监。

绪论

美国保守人士喜欢简单、舒适、易于搭配的成衣。与欧洲各国相比，美国社会阶层分化历史不长。在美国很多地方，尤其是中西部地区的大城市，郊区规模越来越大，生活在那里的居民喜欢悠闲的传统生活方式。1946—1947 年，加利福尼亚开始流行夏威夷衬衫搭配百慕大短裤的休闲"海滩风"，不透气的商务套装相对失宠。"二战"期间，尼龙、聚酯和氨纶等轻质新型纤维诞生，适用于服装生产。欧洲高级定制设计师和成衣生产商开始思考时尚的传统功能对全球消费者的影响。

美国运动服装设计师

"二战"后，美国服装设计师追随麦克卡德尔、卡辛、麦克斯韦等先驱的脚步，进入奢侈运动领域。20 世纪 50 年代初，设计师比尔·布拉斯结交纽约名流，获得了很高的地位，在事业上站稳了脚跟。他发现，新英格兰的有钱人喜欢在白天穿休闲装，于是就开始用高品质材料设计舒适服装。20 世纪 50 年代末，他在第七大道制衣区核心地段工作，受聘于莫里斯·伦特纳，后来升到副总裁位置。1970 年，他接手公司，将公司更名为"比尔·布拉斯有限公司"。他用羊绒、骆驼毛等高档面料设计运动装，点缀以金色纽扣等装饰。看到女性也喜欢这些衬衫、毛衣，他又开了女装部，设计适合白天上班穿的运动装和晚装。他设计的服装色彩图案明丽，可以随意搭配。但他真正过人之处在于敏锐的商业眼光。他特许香水、行李箱等产品冠名经销，开创美国设计特许先河。

设计师杰弗里·比尼也蜚声国际。他早年加入巴黎高级时装公会。1948—1951 年，在莫林诺时装屋做学徒。他的设计融合巴黎和纽约两种风格。他手艺高超，做出的衣服简洁优雅，内里精致，廓形也好。1952 年，他在纽约华美时装屋担任设计师。《时尚芭莎》编辑卡梅尔·斯诺看中了他的设计，为他的连衣裙写了专题文章。比尼又在提尔·特雷纳的工作室沉淀了八年。1963 年，他去第七大道开了自己的公司。他的标志性设计有：亮片足球运动衫连衣裙（1967）和运动衫面料晚礼服（1968）。在他看来，设计就是要让人们生活更方便，因此他的男装和女装都突出舒服随意的元素。1971 年，他推出"比尼包"，是美国首批推出亲民价格系列的设计师之一。他认为男装风格不应过于严肃有型，因此采用平纹布等面料设计流畅飘逸的款式。在他看来，这种服装是牛仔裤和定制西服套装的过渡款式。1976年，他推出休闲男装成衣系列，在美国时尚界反响平平，但他去了欧洲参加时装秀，反响热烈。以前从来没有哪个纽约设计师在欧洲展出成衣系列。

霍尔斯顿品牌创始人罗伊·霍尔斯顿·弗罗维克出生于美国中西部，以经典简洁设计而闻名。霍尔斯顿遵守高端设计标准商业模型，在麦迪逊大道开精品店，给富人定做服装，也在美国时尚制造批发中心第七大道开成衣生产线，将服装卖给百货店、专卖店。他给伯格多夫·古德曼百货公司设计的系列"缩小了定制时装和成衣的差距"，但他在成衣领域最骄人的成就是在20世纪70年代，用类麂皮人造革设计衬衫裙，使之成为美国女性衣橱的经典款式。他还仿照薇欧奈斜裁法设计吊带、单肩晚礼服，廓形柔和，有古希腊之风。

设计师斯蒂芬·伯罗斯的服装色彩亮丽，款型贴身，融汇多种风格，洋溢青春活力。20世纪60年代末，嬉皮士风正流行。伯罗斯设计了大色块平纹布连衣裙。时任《时尚》总编戴安娜·弗里兰认为，这种连衣裙的典型特点是"生菜绿"。伯罗斯可能误会了她的意思，又设计了一款不对称多层连衣裙，仿照生菜叶子波纹做裙边。一经推出，很快成为品牌标志。20世纪70年代，伯罗斯设计的紧身街头款式风行纽约中心城区和市郊富人区。在他之前，很少有非洲裔美国人设计运动休闲服装。因此，他于1973年获美国时尚评论家奖科蒂奖。霍尔斯顿和伯罗斯成就了美国20世纪70年代的迪斯科风格。

美国时尚发源于成衣工厂，而法国时尚发源于高级定制时装。先有了高级定制时装，才有了成衣。这种差异在1973年11月28日法国时装秀上体现得淋漓尽致。美国媒体戏称之为"凡尔赛之战"。当时，巴黎郊外的凡尔赛宫急需筹资修缮。美国时尚公关人埃莉诺·兰伯特和法国凡尔赛宫策展人杰拉尔德·范爹坎普组织公关策划活动，五位法国一流设计师对决五位美国顶尖高手。法国阵容有伊夫·圣罗兰、皮尔·卡丹、伊曼纽尔·温加罗、克里斯汀·迪奥和休伯特·德·纪梵希。美国一方是比尔·布拉斯、斯蒂芬·伯罗斯、奥斯卡·德拉伦塔、霍尔斯顿和安妮·克莱因（助手唐娜·卡兰跟随）。法国设计师很会安排活动流程。而美国设计师找来一群模特，其中有11名非洲裔女模特，让她们穿休闲装在T台上跑跑跳跳。观摩这场时装秀的人不乏贵族名流，比如，摩纳哥王妃格蕾丝、法国贵族杰奎琳·德·里贝斯和艺术家安迪·沃霍尔等。他们对美国人的新奇做法既震惊又激动，认为成衣时代已经到来。

运动装是中产阶层闲适生活的同义词，体现的是"穿着随便"的态度。穿舒适优雅的服装其实释放了一个微妙的信号，说明穿这种衣服的人不用刻意装扮自己，从侧面说明他们家境优越，手头不缺钱。再回到凡勃伦的《有闲阶级论》一书。他认为，"炫耀休闲"是一种着装风格，是让别人看到自己无所用心，听之任之，但就是有地位。在当时很多社交圈中，遵守时尚传统就是遵守社会常俗，遵守老一辈人的理想和价值观。

当时一流成衣设计师拉夫·劳伦、卡尔文·克雷恩、唐娜·卡兰等人都按传统价值观设计服装。在很多人看来，他们的作品"经典"、得体、舒适时髦兼具。美国"纯正"时尚剪裁利落，面料精致，但廓形不明。时尚编辑卡丽·多诺万一语中的，认为美国设计师创造了"一种穿衣风格"，对穿衣服的人想什么不感兴趣，但对创造概念特别在行。

高级定制时装设计对美国成衣设计影响不大，但乔治·阿玛尼是个例外。他敢于打破传统束缚，革新男装设计，于1982年登上美国《时代》杂志封面。1978年10月22日，美国《新闻周刊》发文称阿玛尼男装"经典而不乏味，有创意但不做作"。阿玛尼男装上衣比较长，不用内衬，与20世纪80年代的商务装相比，更加休闲舒服。阿玛尼去掉了传统的衬料，采用软肩设计，推出复旧大翻领双排扣服装，跟20世纪40年代的佐特套装很像。他从艺术和文化两个角度改变了男装的传统功能。他用带褶皱的亚麻布制作男装女装，廓形宽松，打破了性别刻板印象。和香奈儿一样，他也创造了别样风格，创造了一种新的自由。因此，全球各地男性不论年纪大小都喜欢他的设计。阿玛尼从好莱坞歌舞片之王弗雷德·阿斯泰尔身上汲取设计灵感，认为他在20世纪30年代穿的套装"雅到极致"。美国服装在20世纪30年代达到巅峰，对"八九十年代时尚影响极大"。阿玛尼品牌提升了美国男装设计水准。

拉夫·劳伦

拉夫·劳伦是美国一流成衣设计师，因塑造高端款式而成名。入行之初，他学经典男装剪裁，擅长制作领带。他的设计理念是，用精致面料、简单廓形为"不愿意人前显贵"、坚持自己风格的客户设计衣服，体现良好出身和品位。这种注重"生活方式"和"概念"的设计理念帮助20世纪七八十年代设计新秀脱颖而出。1968年，劳伦推出"马球"男装系列，三年后开始定制运动风格衬衫、西装、套装等女装，吸引商业女性光顾。他经常说："我本人就代表美国风貌。"他说自己得到《了不起的盖茨比》的启发，打造的是20世纪20年代风格*。他把经典样式转化为现代风格，让人耳目一新。他在店中营造怀旧温馨的气氛，让人放松身心。

劳伦成功的秘诀是，塑造经典雅致形象，产品合理定价，让中上阶层买得起。他用高品质材料精工细制，注重产品和店面两方面形象，让穿衣的人感觉自己是有钱人，不必在意外在形象，感觉自己是有地的乡绅，漫步于乡村，驾游艇出海。

劳伦也给年轻人设计带校徽的运动型西装、领带、前开襟纽扣衬衫、卡其色裤子、格子裙，让他们感觉自己是预科生，上的是贵族预科班。但劳伦的服装不仅仅有上流社会元素。1980年左右，他推出了西部元素风格服装，取名为"乡村马球"，所用面料和款式让人想起美国西南部。他在牛仔套装上装饰美洲原住民喜欢用的银色皮带扣，搭配带有纳瓦霍图案的厚实针织毛衣。从他的产品广告上，可以看到男女都穿着大地色系多层羊毛衬里皮革套装，或

* 1974年，西奥尼·阿尔德雷奇为电影《了不起的盖茨比》设计服装。受其启发，劳伦创造了经典男装款式。

者穿人造麂皮短上衣、锥形灯芯绒裤，搭配轧纹牛仔皮靴。劳伦塑造的这种风格反映出人们希望重新认识西部。

　　劳伦为女性设计宽下摆裙，前开襟纽扣衬衫，搭配大腰带。搭配之巧，让人意想不到。1993 年，劳伦推出"RRL"系列，融汇 19 世纪淘金热粗牛仔布矿工服、美军制服等多种典型美式风格元素。他设计的服装体现了社会上层的时髦休闲风格，对社会各阶层都有普遍吸引力。

　　不过，也有人批评劳伦的服装美化了财富和旧世界社会不平等观念。艺术家查尔斯·勒德雷认为，劳伦的男装是一面镜子，折射出牛津学界、美国预科生或其他有贵族身份的人持有的保守观念。为了揭露此类服装虚假伪饰，勒德雷设计了缩小版劳伦休闲羊毛运动短上衣、马甲和彩色领结，再用砂纸磨掉衣服下半部分。1995 年，他创作《无题》，该作品"不是让人们冷冰冰不带感情，而是让人们思考服装代表了什么，体现了什么社会价值观，是否是一种压迫形式，是否代表多种身份"。勒德雷"揭露并削弱了拉夫·劳伦花费重金苦心经营多年的形象"。2006—2009年，勒德雷以服装为隐喻，制作艺术装置"男人的套装"，

◀ 图 8.2　拉夫·劳伦 1989 年春夏系列。劳伦挖掘美国西南部原住民服装款式，塑造美式风格概念，说明在科罗拉多牧场度过的那段时光对他影响很深。

▼ 图 8.3、8.4　拉夫·劳伦 1985 年秋冬系列。劳伦用荷叶边衣领、袖口等元素，首饰、骑士靴和帽子等配饰，让人想起旧世界的等级体系。

2010 年底在惠特尼美国艺术博物馆展出。观众可以在昏暗灯光下看到一家微型男式西装店，衣服手工缝制，尺寸较正常减半，即将转卖。他还有几件微缩版作品，也突出服装为记忆载体，让人思考裁剪制作过程中花费了多少人工。

卡尔文·克雷恩

卡尔文·克雷恩设计外套起家，与劳伦的职业生涯有些相似。克雷恩经常说，外套设计难度很大，最不容易出新。1967 年，他把设计的第一批作品卖给了邦威特·特勒百货公司，继而转向运动装设计，用亚麻衬衫配法兰绒裙子。1968 年，纽约阿特曼百货公司总裁米尔德里德·卡斯汀决定用克雷恩设计的洋溢青春活力的外套和连衣裙装点秋季服装橱窗。1969 年，克雷恩的服装首次出现在《时尚》封面上。1970 年，他举办首场时装秀，展示运动装和单品。1972 年，推出"无外套"系列。1973 年，获科蒂奖，次年再次斩获该奖。

CK 服装反映了克雷恩的性格。他干脆利落，不装腔作势，有个人魅力，希望设计实用服装，让消费者享受穿衣打扮。富豪名流都喜欢他的服装。美国第一夫人杰奎琳·肯尼迪·奥纳西斯和南希·里根、挪威女演员丽芙·乌

▼ 图 8.5 CK 牛仔裤后袋。1979 年 1 月 3 日，美国马萨诸塞州剑桥市。

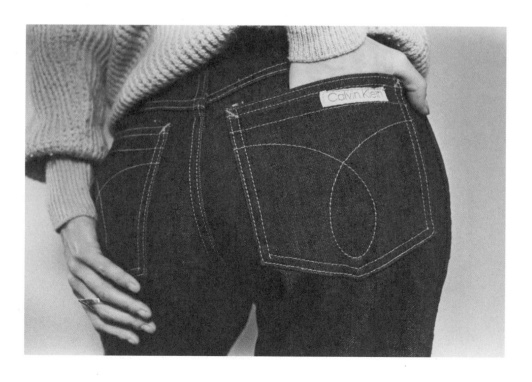

尔曼、美国女演员苏珊·布林克利、美国超模劳伦·赫顿等有头脸的大人物都是他的客户。他的极简风单色服装卖到全球各地。他最有效的营销手段是面向大众市场推出牛仔裤设计师品牌。1976年，他把牛仔裤归入运动装系列。20世纪80年代初，他在牛仔裤后袋上打上设计师名字，展开营销攻势，受到消费者热捧。他让15岁模特波姬·小丝穿着紧身牛仔裤，好身材一览无余，拍摄系列广告片，台词是："想知道我的CK下面有什么吗？什么都没有。"广告播出后，引起争议。有人认为这涉嫌儿童色情。但在当时的美国，这是广告新类型，被称为"性销"。

1982年，美国著名时尚摄影师布鲁斯·韦伯就拍摄这种赤裸裸的色情广告，让男模穿CK内衣，大打市场营销战。克雷恩之所以在20世纪80年代设计紧身服装，跟社会价值观发生变化有关系。在当时的美国，性不再是一种禁忌。

科林·麦克道威尔在《时尚男——孔雀男与完美绅士》中写道，克雷恩是"第一个用男性卖衣服的设计师"，这种营销策略非常成功，"如果以后的社会历史学家在研究20世纪80年代初的美国时，不把这个时代称作CK时代，就是不可想象"。品牌塑造在80年代是门大生意。带有设计师

▼ 图8.6　CK品牌1988年春夏系列。

商标的衣服是地位的象征，更是一个利润可观的市场。克雷恩把自己的名字印在男士内衣腰间，通过内衣出了名。当时的牛仔裤以低腰为时尚，CK商标越发出名，CK内衣畅销世界。麦克道威尔指出，这跟韦伯拍性感广告大有关系。1982年，时代广场竖起巨型广告牌，展示男性躯体，营销CK产品，一种新的男性形象随之诞生。用广告牌打广告开启了男性时尚新时代，印证了20世纪70年代健身热，凸显了80年代年轻男性健美形象。

2003年，美国PVH集团收购了CK，认为该品牌有巨大增长潜力，能够行销世界。2005年，集团签署多个特许协议，进一步在全球扩张。其中包括手提包、小皮具、男鞋女鞋、专营女性运动装的副线品牌ck。ck品牌主要在美国几家百货公司销售，也卖到日本和东南亚。

2016—2018年末，拉夫·西蒙斯出任CK品牌首席创意官，给原来比较素淡的服装增添了不少色彩，风格更加前卫。时尚批评人士对此积极评价，但新款式销量不佳，西蒙斯遭解雇。

唐娜·卡兰

唐娜·卡兰是20世纪美国最出色的设计师之一。她承袭三四十年代的运动风理念，喜欢麦克卡德尔、卡辛等人的设计风格。1968年，卡兰在帕森斯设计学院求学期间，开始为经典运动风设计师安妮·克莱因工作。1974年，克莱因去世，卡兰接棒，任设计总监，推出的第一个系列是针织低领紧身连衣裤搭配休闲外套。她与同学路易斯·戴尔奥利奥联合推出副线品牌"安妮·克莱因二世"，大获成功，于1977年、1982年两度斩获科蒂奖。1985年，创立自

▶ 图8.7　唐娜·卡兰1986年秋冬系列。黑色紧身连衣裤的袖长和领口各异，是卡兰"7件易搭单品"的主打。

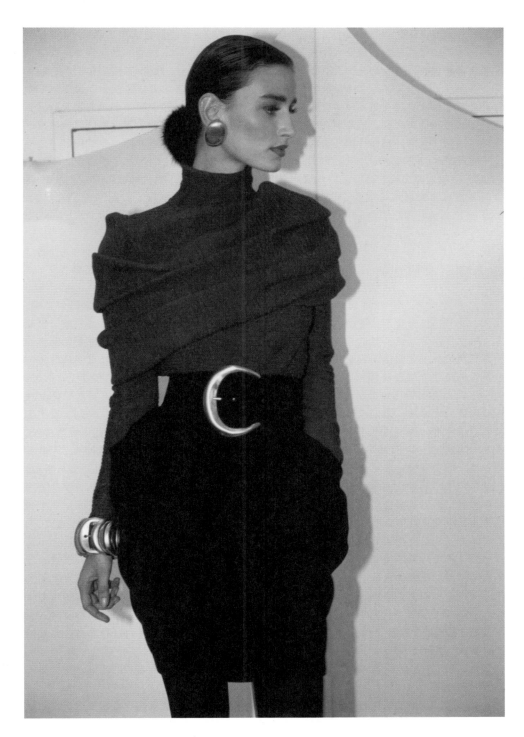

▲ 图8.8 唐娜·卡兰1987年秋冬系列。卡兰服装线条柔和，适合职业女性。

有品牌"唐娜·卡兰纽约"。她推动衣橱模块化，方便职业女性快速选衣，创立"7件易搭单品"体系。卡兰塑造职业女性柔美气质的理念得到业界好评。此后，她在紧身连衣裤搭配黑色紧身衣的基础上，设计运动型西装、褶裥长裤、皮夹克、围巾和围裹裙两用披肩。

虽然"7件易搭单品"时有更换，但卡兰的设计哲学一直未变。她认为，设计师要做好舒适与奢侈、实用与美观两方面平衡。她的服装柔软贴身，没有赘饰，短上衣没有硬硬的衬里，短裙摇曳生姿，适合事业有成的女性。简洁、成熟、舒服、适合旅行是她的设计风格。1988年，她开始设计男装，创立DKNY牛仔裤副线品牌，销售火爆。她的服装呈现的是一种美国生活方式，一种典型的设计哲学。她在麦迪逊大道819号开了旗舰店，创造了20世纪90年代理想购物环境。店内流水潺潺，石头点缀其间，播放舒缓音乐，光线柔和。她既在自家零售店里卖衣服，也将衣服卖给几大零售商。1996年，公司上市。五年后，DKNY被路威酩轩集团收购。

权力穿搭重塑女装

20世纪60年代，性别问题引众议。80年代，再次引起热议。女性解放运动以工资、福利、晋升机会为重点，强调平等就业。80年代，西方很多国家出台平等机会法案。但职业女性仍然用时尚这一政治语言表达在大公司管理层中获得权力地位的愿望。美国商界流行阿玛尼设计的宽松休闲服装，日本男性高管推崇的是本国前卫设计师的作品。男性传统合身西服成了女性商务装设计元素，这一点不无讽刺意味。也就是说，在服装设计领域，似乎出现了性别角色视觉逆转。女权主义者倡导"打破玻璃天花板"。有这种思想的女性喜欢传统男士西服。她们推崇的"硬范儿"以肩部夸张、流线廓形为特点，让别人看不出女性身体曲线，展现性别平等。"硬范儿"女性事业有成，大权在握，无须凸显女性身份。在1988年电影《上班女郎》中，梅兰尼·格里菲斯饰演的财务秘书黛丝不留长发，不戴俗艳首饰，不穿短裙，效仿老板凯瑟琳（西格妮·韦弗饰）穿简洁的服饰，在职场受人器重，生活也风生水起。权力穿搭服装廓形近似男装，方垫肩、窄裙、束带裤，风格很像是箭牌定制衬衫；短上衣精工剪裁，给人以自信威严之感；领部有荷叶边，像是男士领结；全身装束搭配细高跟鞋突出精明干练。

卡尔文·克雷恩和乔治·阿玛尼都推崇女性权力装，认可性别中性倾向。相比之下，女性设计师更注重实用舒适，改变了女装风格。20世纪80年代晚期，流行唐娜·卡兰设计的高端女装。在她的带动下，很多设计女装的男性设计师也采用柔和廓形，塑造女性柔美但不失权力的形象。卡兰采用羊绒、轻薄毛织物、皮革、人造麂皮等高端材料重塑权力穿搭。《纽约时报》认为，卡兰的商务女装蕴含这样一种设计哲学："服装不得驾驭女性，女性要驾驭服装。"这种设计哲学得到很多女性设计师的认同。她们开创自有品牌，为女性设计实用、舒服、好看的服装，但又能凸显自然身体曲线。这些设计师有卡罗琳·罗姆、诺玛·卡玛丽、安瑞安·维塔蒂尼。她们面向高端市场，设计商务女装和时尚运动装，取得了很好的成绩。

让-保罗·高缇耶的男装也体现了20世纪八九十年代人们对性别的态度发生了改变。高缇耶推出男装异装系列，强烈反对性别刻板印象。他让男模戴羽毛长围巾，穿镶钻束身胸衣、皮草，搭配紧身裤，凸显男性另类性感。这些衣服男女都能穿，反映恋物癖倾向，表达对社会的反叛。他在街头挑选模特，让他们身上带着刺青和孔洞去巴黎时装秀走秀。1990年，麦当娜穿着他设计的锥形胸罩登上"金发雄心"演唱会，还搭配传统束身胸衣与黑色细条纹西装，录制"表达你自己"视频，挑战当代女性着装规范，引起争议。不少人认为，高缇耶创造了"坏男孩"时尚，颠覆了21世纪时尚观，产生了重要影响。和高缇耶的风格相似的设计师有薇薇安·韦斯特伍德、蒂埃里·穆勒、杜嘉班纳、约翰·巴特莱。

时尚是社会信息广告牌

　　服装是传递社会信息的载体。和李维斯牛仔裤一样，T恤原本是工薪阶层服饰，后来变成后现代主义路标，指示个人利益和信念。生活方式体现个人身份，而身份"由我们消费的流行文化产品类型和用途所决定"。1968—1969年，加蒂、特奥多罗和保利尼设计了豆袋沙发，满足了实用、感官和情感三方面需求。后现代主义青年希望表达自我，T恤随之流行。要想让现代人认同消费主义观念，必须采用多种形式，而且要不断变化。T恤价钱不贵，正好满足要求。T恤变成文化标志，与资本主义、社交、休闲生活方式有关。T恤是视觉多元载体，可以帮助人们表达社会政治观点和爱憎喜好，既适合表达自我，也适合做商品广告。不用看明信片或照片，看T恤就知道一个人去了哪里。出去旅行的人也会买T恤做纪念品。米尔顿·格拉泽设计"I ♥ NY"标语T恤，被世界各大城市仿制。这件T恤发源于纽约——信息飞传之乡。麦迪逊大道以"广告人"闻名。20世纪40年代，广告人制作T恤，帮助总统竞选。他们先知先觉，早早就悟到服装是视觉对话新形式。

　　T恤也是年轻人表达不同意见的必备平面工具。民权运动、反越战运动等活动都在视觉艺术中有所反映。1969年，罗伯特·K.布朗借鉴"二战"标志性照片《硫黄岛升旗》做平面设计。同年，乔治·马丘纳斯用美国国旗做海报，抗议一个多世纪以来美国出兵作战犯下的种族灭绝罪行。1968年，日本艺术家土方弘胜创作《广岛不再有》标题海报，让人想起"二战"。同年，罗恩·博罗夫斯基拍下黑人照片，脸上覆盖美国国旗图案，头顶有一行字："我发誓效忠美国。在这个国度，人人生而平等。"不无讽刺意味。人们穿着T恤衫走上街头举行和平示威，以语言和视觉为沟通工具，弥合了语言和文化的隔阂。20世纪60年代的披头士和70年代的朋克族都用T恤表达抗议。最具争议的莫过于1977年薇薇安·韦斯特伍德设计的作品。她在T恤上印伊丽莎白女王头像，让其衔着安全别针，大胆表达政治意见，激怒了英国人。有人指出这是叛国行为，不可饶恕（见图6.2）。

　　1959年，一种不容易从面料上洗掉的塑料印刷油墨——热固油墨发明。60年代，塑料转印装置、喷漆发明，加速了T恤的大规模生产。1965年，市场营销专业人士开始挖掘T恤潜力，用于品牌国际传播。一件T恤就是一个行走着的广告牌，帮百威啤酒、可口可乐、迪士尼乐园、耐克、史莱辛格等公司免费做广告。

　　电视重复广告内容，把观众催眠，给了沃霍尔灵感。他采用绢印技术，设计金宝汤罐头主题作品，以此批评消费主义，批评广告公司和传媒大集团操纵大众。而T恤批量生产这一事实本身就是对社会肤浅的批判。T恤可以有效表达对主流文化的质疑和不满，可以辛辣讽刺种族歧视、性别歧视、暴力下流行径。后现代主义艺术家常以诙谐幽默形式指出现代生活的复杂和矛盾。T恤是一种自我表达形式，一种自我品牌，可以向他人传递信息，表达对某种音乐的偏爱，还可以找到志同道合的人。音乐人和摇滚乐队在巡演时，常用 T 恤做零售纪念品，以此宣传造势。20 世纪六七十年代，印着"快意人生"（I'm High on Life）、"反对一切 T 恤"（The Anti-Everything T-Shirt）、"生来自由"（Born Free）的 T 恤火爆一时。

时尚史学家莱斯利·沃森发现，20 世纪 80 年代，伦敦人开始关注社会问题。设计师凯瑟琳·哈姆内特设计了"选择生活"系列 T 恤，传递"停止酸雨"（Stop Acid Rain）、"保护热带雨林"（Preserve the Rainforests）、"58% 不想要潘兴导弹"（58% Don't Want Pershing）*等社会信息。1984 年，设计师本人穿着"58% 不想要潘兴导弹"的 T 恤去唐宁街，受到首相玛格丽特·撒切尔接见。环保 T 恤用不喷杀虫剂的棉花做成，或者用可回收材料制成。人们越支持某一事业，似乎越要直截了当传递信息。

时尚可以变成一种平台，表达对各种活动的支持，宣传环保理念，反对种族歧视、性别歧视，号召民众爱国家、爱集体。创建于 1965 年的贝纳通制定市场营销策略，允许消费者个人用贝纳通品牌表达对社会的看法。这一策略行之有效，贝纳通迅速出名。20 世纪 80 年代，这个意大利品牌继续走红，部分原因是以奢侈品价格出售运动装，但更大程度上是因为营销做得好。公司用奥利维埃罗·托斯卡尼拍摄的照片打广告；1983—1992 年，贝纳通委托美国智威汤逊公司策划"寰球炫色"营销活动；80 年代，贝纳通让一群模特穿各种图案和颜色的衣服做广告。

20 世纪 90 年代初，贝纳通广告风格突变，靠视觉手段震撼观众，激起兴趣。这一时期的广告凸显社会意识，产品退居其次。贝纳通用视觉图像表明公司有人情味，关注种族平等问题，关怀奄奄一息、备受歧视的艾滋病人。但有人认为，贝纳通把这些人和事做成了商品。贝纳通广告主题很多，因为争议不断，智威汤逊和贝纳通意见不合，中断合作关系，王牌广告公司接手。2000 年，贝纳通采用托斯卡尼拍摄的照片，发布了一系列广告。其中有一个场景是死囚犯等待处决。一经播出，贝纳通经营业绩严重受损。美国密苏里州对贝纳通提起诉讼，西尔斯百货中止与贝纳通的大额特许经营合同。

但贝纳通我行我素，继续推出社会意识系列广告，于 2011 年发起"不恨"（Unhate）运动。时尚、广告和社会政治活动的联姻引发人们对时尚角色的思考。2019 年，卡西亚·斯腾尼亚克发了一篇博文，指出"可否认为贝纳通广告导致了现代'品牌行动'现象？还是说，贝纳通广告表明有公司把社会事业做成商品，蹚时尚广告的浑水？"。

*　在哈姆内特的 T 恤标语"58% 不想要潘兴导弹"中，"58%"代表 58% 的欧洲人反对美国部署核武器和潘兴导弹。当时，欧洲国家政府在未得到选民同意的情况下，同意美国决定。设计这款 T 恤的哈姆内特受到英国首相玛格丽特·撒切尔的接见，得到媒体高度关注。而她在设计这款 T 恤的同时，参加反核武抗议活动，带有反政府意味。

2017年，在沉寂了很长一段时间后，托斯卡尼再度联手贝纳通，改变传递信息的形式。这一次的照片主题是世界各地的孩子坐在同一间教室里。近年来，托斯卡尼接受采访时表示："品牌占用公共空间，对社会有影响力，因此非常重要。所以必须搞出一些有意思的东西。"

20世纪末，时尚和草根运动密切相关。不论是东方一流设计师，还是西方设计翘楚，都开始关注无家可归、个人健康安全等全球性问题。意大利公司休伯家做出了防弹衣，内置防空气污染面罩、酸雨防护装置和红外线夜视镜。巴黎概念设计师露西·奥尔塔关注世界冲突和都市生活的毁灭，1992年推出多功能"避难装"系列，把衣服改装成帐篷睡袋。

成立于1913年的普拉达时装屋推出的极简风格尼龙包和帆布背包，是90年代男女人手必备的物件。就连三宅一生也跟随新潮流，给男士设计了一款可以改装成背包的背心。1993年，日本设计师大矢宽朗推出"牛仔仙踪"系列，把21本书折叠成各式各样的牛仔布衣服。之所以和书联系在一起，是因为书传递知识，一代一代传之久远。2005—2006年，策展人路易丝·米切尔在悉尼动力博物馆策划"日本时尚前沿"展，展出了大矢宽朗等人的作品。在米切尔看来：

　　"牛仔仙踪"系列作品技艺精湛，让观众看到一本书可以变成一个荷叶边领口，一条牛仔裤，一件优雅的晚礼服。荒川真一郎也设计变形服装。他把衣服放在框子里，做成油画的样子，一拿出来，穿在身上，拉上拉链，就变成了一件真正的衣服。绫月冈采用绢印技术在围裹裙正面印上图案，裹在腰间，解开腰带，举过头顶，整个人就躲在了东京街头自动贩卖机图像之后。设计师希望观众会心一笑，纾解日常生活压力。

米切尔认为，波普艺术家一直在质疑，消费者有没有必要跟风，有没有必要一出新东西，就赶紧去买。T恤反映了街头文化和日常生活。艺术家给T恤印上标语，变成艺术品。艺术家珍妮·霍尔泽制作"滥用权力没什么好吃惊"（Abuse of Power Comes as No Surprise）T恤。涂鸦艺术家凯斯·哈林用T恤缩小了街头涂鸦艺术和博物馆艺术的差距。1982年，纽约东村时尚画廊举办"第七届卡塞尔文献展"，展出了哈姆内特抗议衬衣、T恤等。克里斯·汤森在《狂喜——时尚的艺术诱惑》一书中写道，时尚和艺术结合后，人体变成了信仰广告牌。波普艺术家克拉斯·奥尔登堡有一个作品叫"商铺"。受他启发，东村时尚画廊也鼓励艺术家设计T恤，以较低价格零售。汤森认为，这跟20世纪90年代初翠西·艾敏和莎拉·卢卡斯开的东伦敦商店有几分相像。商店出售"混蛋至极"（Complete Arsehole）T恤，以自我贬低嘲讽为艺术实践新路，"从80年代初认真对待个体身份、创造微型名人文化转变到嘲讽抹杀"。汤森还认为，时尚和艺术一样都有两个极端。

纺织艺术家米里亚姆·夏皮罗发现，年轻女性艺术家很喜欢把服装变成帐篷，钟情舞台设计，强调服装的保护功能。夏皮罗认为，面料隐喻人生，一种材料随时间褪色、变脆，让人想起快乐时光何其短暂。米罗·肖尔的《服装书》表明，服装是一本书，可以讲述故事，也是一本日记，可以记录人生旅程和所思所想。纸很容易撕烂，人们欣赏服装，就像是翻开一本书，摩挲纸页。时尚和艺术互为关照，增强了设计师和艺术家各自的身份认同和意义。

20世纪80年代末，卡罗琳·布罗德赫斯特绘制的骷髅服装无色线条图很好地说明了时尚和艺术的联系。在她看来，"服装承载着一个人的视觉记忆，与一个人有亲密关系。这一点我很感兴趣"。她的作品体现了服装的亲密感。这种感觉由时尚和个人生活共同塑造。她的作品让人思考视觉艺术在当今世界所发挥的作用。当下，纺织技术不断进步，人们缺乏安全感，没有身份，希望寻求部落认同。越来越多的人认为，时尚来自街头而非T台。近年来，有设计师在服装中融入电子元素，发挥了科技在时尚中的作用。还有艺术家制作艺术装置，诠释服装的象征意义（见第十一章安德里亚·劳尔作品）。

T台街头风

街头风是一种反时尚。一群观点相同的人穿着同样风格的衣服彰显身份。波赫姆斯在《街头风》一书中将这些人称作"风格部落"。街头风不是20世纪80年代才有的新现象。在卡尔·拉格斐看来，玛丽·昆特设计各种风格的衣服，首创街头风。波赫姆斯认为，到了90年代，"街头风俨然已变成巨型主题公园。"80年代，怀旧的人们打开了街头风复苏之闸，一时间涌现出新摩登、新泰迪、新嬉皮士、新迷幻、新朋克和新新浪漫主义。波赫姆斯发现，"款式超级市场"源自日本，每一件衣服"都是符号学体系的组成部分"（参见第六章）。文字、图像、多重意义和联想组成拼贴美学，代表对作品的多层次"阅读"，促进了时尚穿戴者身份多元化。

20世纪80年代末90年代初的油渍摇滚美学最能体现这一点。和朋克运动一样，油渍摇滚也脱胎于音乐场景和街头服饰。美国唱片公司Sub-Pop用"油渍摇滚"一词形容后朋克乐队发出的声音。这些乐队在西雅图等美国西北部大城市的夜总会演出，用金属吉他和刺耳的人声发出"西雅图之声"。乐队歌手和粉丝装扮出格，只要是反时尚的东西就混搭在一起，表明自己对外界看法和时尚理想不屑一顾。声音花园、珍珠酱、涅槃等都属于油渍摇滚乐队。涅槃主唱库尔特·柯本是油渍摇滚的灵魂人物。他拖着一头油腻头发，遮住半边脸，把宽大法兰绒衬衫系在腰间，搭配脏脏的牛仔裤，裤子外面再罩上短袖衬衫，穿军靴，不系鞋带，一副邋里邋遢样。1992年，卡梅伦·克劳执导的电影《单身一族》就刻画了这种不修边幅、放浪不羁的风格，代表人物是一心要当摇滚明星的克里夫·庞西尔（马特·狄龙饰演）。电影虚构了一个乐队"公民迪克"，其中三位音乐人后来组建珍珠酱乐队。1991年，乐队单曲《少年心气》走红，宣传照片和音乐电视让狂放不羁风格更加流行。

马克·雅可布是第一位让油渍摇滚走上T台的设计师。1988—1993年，他在派瑞·艾力斯公司做设计总监。1993年，推出油渍摇滚风春夏系列，引得时尚评论家嘘声一片。雅可布被炒鱿鱼，自创品牌。但此时油渍摇滚已成气候。放眼成衣界，到处都是混搭方格呢、仿古花裙、法兰绒衬衫，叠穿大号短款衣服，搭配马丁靴、勃肯鞋。通过音乐电视等媒体，油渍摇滚风行世界，一二十岁的年轻人视之为反时尚新形式。

20世纪90年代的时尚理论家认为，混搭是重新演绎过去几个时代的流行风格。波赫姆斯写道："从90年代的街头风，可以看到过去的影子。社会历史学家迪克·赫伯迪格认为，英国街头风'用过去的东西反映现在的腐烂'。"波赫姆斯发现，街头风设计师改变物品的用途，把历史转化为记忆。他认为，新朋克装模作样，千篇一律，缺乏内涵，谁要想给他们拍照，就必须给他们钱。90年代，愤世嫉俗、玩世不恭即时尚，从油渍摇滚的歌词和刺耳的吉他即兴演奏上可见一斑。90年代中期，时尚记者严词抨击挪用混搭风格，认为设计界新意不足，油滑虚伪。很多人认为，高级定制时装帝国已轰然坍塌。当时，美国经济不景气，海湾战争爆发，与阿拉伯国家中断贸易，导致油价上涨，香水和高端时尚销售下滑。

很多消费者认为服装定价过高，但又不显档次。一些游离在时尚体系之外的设计师不愿意继续走怀旧拼凑路线。这些设计师有三宅一生（见第六章）、希林·吉尔德、阿莎·萨拉布，分别来自日本、伊朗和印度，"他们都承袭本国文化传统，做美学减法，为现代人设计实用服装，体现跨文化倾向"。20世纪80年代，川久保玲和山本耀司解构时尚。马丁·马吉拉、安·迪穆拉米斯特、德克·比肯伯格、德赖斯·范诺顿把解构主义推向新的高度。他们都毕业于安特卫普皇家艺术学院，在巴黎时尚界赫赫有名。马吉拉和迪穆拉米斯特的设计体现了对服装制作过程的批判（见第七章）。他们把线缝、衬里露在外面，让人注意到加工过程，把线头垂下来，看起来像是触须。在他们的设计中，观众发现服装只是一种"物体"，必须反思，才知道作品有没有意义。时尚媒体大力宣传后现代主义艺术，后现代主义时尚设计师深入挖掘作品的思想价值。

博物馆办起了时尚展

2011年，世界各地举办了37场时尚大展。2011年，纽约时装学院的瓦莱丽·斯蒂尔统计发现，1983年大都会艺术博物馆举办伊夫·圣罗兰作品回顾展*，为在世设计师举办展览，这在时尚史上是第一次。博物馆管理层对此有争议，最终决定个人回顾展只能是已故设计师的作品（后来又更改决定）。具有讽刺意味的是，纯艺术家不受此限制。

现在，时尚展览吸引大批观众，成了世界各地博物馆的"大片儿"。博物馆高层和策展人认识到，博物馆可以学百货商店做展示、办展览，创造奇观，消除商业和文化之间的隔阂。既然时尚产业和艺术博物馆可以用同一种方法做展览，就可以重新审视时尚和艺术之间的关系。目前，卓尔不凡的服装，不论是出自高级定制时装设计师之手，还是作为成衣出售，都被赋予文化和商业双重价值，被国家级博物馆收藏。

时尚策展人常以时尚反映文化之变。比如，2001—2002年，维多利亚和阿尔伯特博物馆举办"激进时尚"展，呈现前卫后现代主义时尚观念。2008年，大都会艺术博物馆时装学院举办"超级英雄——时尚和幻想"，让时尚偶像化身时尚超级英雄。2011年，德国沃尔夫斯堡艺术博物馆举办"艺术与时尚——皮肤与服装之间"展览，把时尚诠释为艺术形式。近年来，世界各地举办设计师作品回顾展，讲述历史叙事和美学发展，观众人数空前。回顾"大片儿"如此之多，纪念的其实是一个时代的终结，一个20—21世纪伟大设计师创造的时代。

2010年，策展人安德鲁·博尔顿在纽约大都会艺术博物馆时装学院举办"野性之美"亚历山大·麦昆作品展，吸引66万观众，创下大都会博物馆历史纪录。2010年，巴黎小皇宫博物馆举办伊夫·圣罗兰回顾展。这是2008年圣罗兰去世后首个作品展。2011年，莫斯科普希金国家艺术博物馆举办克里斯汀·迪奥作品展。2011年，蒙特利尔艺术博物馆首次举办让-保罗·高缇耶作品巡回展。同年，伦敦维多利亚和阿尔伯特博物馆举办山本耀司三十周年展†。2017年，大都会艺术博物馆举办川久保玲个展，回顾她为时尚和女权运动所做的贡献。2019年，德国杜塞尔多夫艺术宫博物馆举办皮尔·卡丹"时尚未来主义"回顾展。2019—2020年，布鲁克林博物馆为皮尔·卡丹举办"未来时尚"展。两次展览都展出了皮尔·卡丹在漫

◀ 图8.10—8.13 马克·雅可布为派瑞·艾力斯服装设计的1993年春夏系列。该系列混搭色彩、图案和款式，把油渍摇滚带上了T台。

* 策展人是美国版《时尚》前编辑戴安娜·弗里兰。

† 之前产生重大影响的巡回展有：2000年纽约古根海姆博物馆、2001年西班牙毕尔巴鄂古根海姆博物馆、2003年柏林新国家美术馆举办的"乔治·阿玛尼"展；2004—2007年，伦敦维多利亚和阿尔伯特博物馆、堪培拉国家美术馆、旧金山笛洋美术馆举办的"薇薇安·韦斯特伍德"作品展；2008年安特卫普时尚博物馆、2009年慕尼黑博物馆、2010年伦敦萨默塞特宫举办的"马丁·马吉拉"作品展。

长职业生涯中创造的大量服装作品，观者如潮。2020年12月，这位时尚先驱去世，享年98岁。

小结

　　20世纪最后25年间，多种因素促成时尚体系之变。在美国，社会上流既青睐高级定制时装，也喜欢时髦实用、适合日常穿的奢侈成衣。设计师在品牌建设中发挥举足轻重的作用，创造"生活方式"品牌，获得明星地位。电子商务和网上店铺不断发展，创造了消费新市场。美国西北部后朋克乐队掀起街头风。马克·雅可布受此启发，为派瑞·艾力斯公司设计油渍摇滚系列服装，对时尚产业影响很大。时尚反映文化运动，成为博物馆展览主题。

绪论

当代设计师不断从纯艺术、流行文化和社会现象中汲取灵感。但时尚也是一种商业形式。要维持丰厚利润，就必须多拓展经销渠道。并没有哪一个时刻标志着时尚发展为利润丰厚的产业，也没有哪一个设计师能凭一己之力取得这样的成就。20世纪后半叶全球政治经济发展形势促成时尚产业结构，形成特许经销、子品牌等业务。目前，时尚领域发生的最重大的变化是，互联网和商业融合发展，消费者开始喜欢在网店买衣服。

全球时尚集团

从20世纪60年代开始，出现了时尚集团公司。卡尔文·克雷恩、唐娜·卡兰、迈克·科尔斯、派瑞·艾力斯等众多知名设计师和公司合作，铺就国际时尚大网，通过地区、国家和国际百货公司、大众销售商、体育用品专营店、服装公司经销商，把衣服卖到世界各地。很多全球时尚集团公司都是小店起家。

比如，1967年，乔治·费登克斯开了一家小服装批发公司"至尊国际"，进口瓜亚贝拉衬衫。这种衬衫有垂直褶裥，四个口袋，拉丁裔男性很喜欢穿。公司开在迈阿密，但扩张很快。到了90年代末，已经收购企鹅、十字路口、派瑞·艾力斯等公司。而派瑞·艾力斯本人于1978年创立美国经典运动装品牌公司。"至尊国际"改名为"派瑞·艾力斯国际"。1999年，又收购了美式经典服装品牌约翰·亨利、衬衫品牌曼哈顿、曼哈顿女士服装公司。2002年，收购百年泳装品牌詹森。派瑞·艾力斯国际的业务遍及美国、波多黎各、加拿大、和沃尔玛、杰西潘尼百货、默文百货、柯尔百货、西尔斯百货等大公司合作。

汤美费格、耐克等新品牌相继问世。2003—2005年，萨伦特、爱克西斯、圣拉斐尔针织衫、热带泳衣等公司合并。

在这种背景下，个人设计师很难独自撑起高级定制时装沙龙门面*，资金不足的小成衣企业也很难在竞争激烈的全球市场立足。庞大的全球时尚集团将其专有品牌授权给第三方，制造和销售鞋类、香水、内衣、运动服、家居服、外套等各种产品。特许营销策略可以增强消费者的品牌意识†。"品牌系列"促销策略包含每一个经销渠道的品牌、风格和定价方法，满足不同年龄、收入和族裔的消费者需求。时尚的全球化对世界各地的服装业产生了四方面影响。第一，百货公司和连锁店不得不合并零售，以增强实力。第二，大型零售商不断提高设计水准，开发先进的技术体系。第三，开发差异化产品、增强品牌实力越发重要。第四，制造地转向劳动力成本低的亚洲、非洲和中南美洲。

20世纪末，时尚集团之所以加速将生产基地转向发展中国家，是因为内部出了问题。比如，黑手党打入纽约制衣区工会，抬高生产成本，阻挠货车运输，打乱货运。20世纪90年代初，受有组织犯罪团伙影响，纽约制衣区每年损失约6000万美元[*]。

通信技术日新月异，世界日益变小，思想观念趋同，消费文化盛行，服装不再是区分社会阶层的标识物。到了世纪之交，加拿大哲学家、作家马歇尔·麦克卢汉于20世纪60年代设想的"地球村"已然变成现实[†]。风格同质化，个体差异、地区差别、文化风味遭抹杀，思维和品位整齐划一。但时尚创造的全球美学真的抹杀了个体和文化差异吗？

超级财团路威酩轩

从20世纪80年代开始，全球金融市场形势不明朗，时尚设计师和公司两方加强合作，巩固彼此商业利益。迄今为止，在时尚商品链中，以路威酩轩集团规模最大，最具影响力。这个全球时尚集团专门打造奢侈品牌，以保持竞争力，占据主导地位。21世纪初，奢侈品市场和股市双双骤跌，路威酩轩集团等大公司纷纷剥离无利可图的公司，把规模比较大、业务比较好的公司纳入旗下，以图安稳渡过金融风暴。2011年，路威酩轩撒下零售大网，在全球开了2500多家门店，雇用8万多名员工。集团赞助约翰·加利亚诺、亚历山大·麦昆、马克·雅可布等年轻艺术家、设计师，用他们的才华和技艺振兴古板老品牌。路威酩轩有这样一种营销思路：高级定制时装利润率不高，但可以大大提升品牌形象和知名度。塑造卓尔不凡的品牌是路威酩轩帝国的生存哲学。以此为指引，集团收购了60多个知名品牌。首席执行官贝尔纳·阿尔诺深谙全球身份政治，亲自任命集团下属时装屋首席总监。他对设计师的要求是，既能维护原有时装屋品牌形象，又为其注入现代活力，经受住市场考验。20世纪90年代，加利亚诺让纪梵希时装屋再度迸发光彩，后来去了迪奥时装屋。另一位顶级后现代主义设计师麦昆受聘于纪梵希。

[*] 1957年，黑手党头目卡洛·甘比诺控制纽约制衣区，操控区内最大卡车货运企业——联合货运公司。配送成本猛增，美国价值25亿美元的时尚产业不堪重负。1955—1992年，产业缩水高达75%，裁员22.5万人。

[†] 马歇尔·麦克卢汉因为两本书而出名，一本是1967年的《媒介即讯息》，另一本是1970年的《我们做的是文化生意》。

▶ 图9.1 戴比尔斯钻石广告，下面
是那句著名的广告词"钻石恒久
远，一颗永流传"（A diamond is
forever），这句文案创作于1947年。
广告中的图片为科琳·布朗宁为戴
比尔斯钻石绘制的《梦幻时光》。
广告载于1960年8月《读者文摘》。

广告文字：

钻石光芒璀璨 爱情故事圆满

梦中，她爱的人向她承诺两人要
奔赴新生活。他们订婚了。订婚钻石
戒指讲述了两人的喜悦和向往。这颗
光芒璀璨的宝石只为一男一女而生，
承载着他们对彼此的承诺，书写爱的
信息。您戴的钻石可能不大，但也要
精挑细选，小心呵护，不仅自己要珍
重，也要告诉以后戴这颗钻石的人去
珍惜。

25分即四分之一克拉*，售价75—
275美元。

50分即二分之一克拉，售价
175—590美元。

1克拉即100分，售价450—1635
美元。

2克拉即200分，售价800—4725
美元。

钻石选购指南

第一步，请咨询您信赖的珠宝
商。这一步至关重要。询问色彩、纯
度、切割工艺。这些因素都影响钻石
品质。钻石美不美，价值几何，即在
于此。选一块美石，就算不大，也会
让您钟爱一生。钻石以分和克拉为单
位，很少标明实际重量。上述价位参
考1960年4月全国珠宝商报价。品质
不同，价格相差很大。税费另计。

* 1克拉为0.2克。

注重品牌建设，维护奢侈传统

20世纪90年代，路威酩轩集团、瑞士历峰集团、古驰
等靠收购其他品牌建立起商业帝国。但到了21世纪，又各
自剥离掉收益不佳的子公司，壮大核心品牌。21世纪头十
年，形成了这样一个趋势：手表、首饰、香水等奢侈品利
润比设计师服装要高。香奈儿、迪奥、纪梵希等奢侈品牌
让消费者彰显身份地位，感悟厚重历史、时间永恒。这些
品牌之所以能在21世纪站稳脚跟，是因为"有能力推出新
设计，根据消费者反馈制定品牌策略，同时坚守核心情感
价值"。

比如，香奈儿品牌设计师卡尔·拉格斐的成功就在于
"继承品牌创始人的标志风格，但又敢于创新，与时俱进"。
古驰、卡地亚等奢侈品牌也坚守"纯正"，赢得了消费者尊
重，让他们与产品建立心理联系，有自尊自重之感。人们
心仪奢侈品，是因为渴望地位。在当今世界，标志性品牌
以专属、稀有为标识。为此，必须保护经销网，限制发行
量。戴比尔斯钻石就是典型。

戴比尔斯钻石公司成立于1870年。当时，有人在南非
奥兰治河畔发现钻石大矿。1888年，英国投资商设立戴比
尔斯联合矿业公司，形成行业垄断。20世纪30年代，公司
制定计划，发起营销攻势，在垄断体系内固定价格，把这
种产量很大、形式新颖的商品包装成奢侈品。1938年，公
司委托纽约艾耶父子广告公司代理广告，邀请社会名流和
好莱坞电影明星佩戴钻石首饰拍照，在公司备忘录中称之
为"对外宣传形式"。根据美国反垄断法规定，戴比尔斯钻
石公司不得直接推销产品，也不能展示钻石照片。为此，
公司委托安德烈·德兰等一流艺术家设计造型，购买达利、
毕加索作品，配以巧妙文案。1947年以前，公司一直以好
莱坞电影为载体，把钻石包装成爱情和浪漫的象征。甚至
还派代表走遍美国高中，解释为何钻石象征"永恒之爱"，
为何钻石戒指有夫妇永结同好之意。艾耶父子广告公司文
案弗朗西斯·格里蒂给戴比尔斯钻石写了一句话，一直流
传至今——"钻石恒久远，一颗永流传"。这句话表明，钻
石象征爱情长长久久，转手倒卖不可理解。

从1967年开始，戴比尔斯钻石与智威汤逊广告公司
合作，以同样的钻石包装理念开拓日本市场，也获得了成
功。20世纪80年代，和贝纳通合作的就是智威汤逊（见第
八章）。广告中，日本模特穿欧式连衣裙，开车、骑行、运
动，用的东西明显是外国进口的，象征西方上流社会价值
观。1967—1981年不到20年间，日本年轻人买钻石戒指订

婚，不再谨遵用木碗喝米酒等传统婚俗。婚戒变成现代西方价值观象征。20世纪80年代初，日本钻戒市场利润仅次于美国。

20世纪90年代，为了销售奢侈品，时尚公司除了做广告外，还打造旗舰店，增强顾客体验。品牌总部店面是品牌象征，建筑必须独特，要由著名后现代主义设计师担纲。华美建筑与产品和消费者的身份地位有关。

日本是奢侈品消费大国，东京是奢侈品销售中心。普拉达东京旗舰店彰显前沿建筑设计理念。该店面位于东京青山，2003年由瑞士赫尔佐格和德梅隆建筑事务所设计。店铺上下六层，五个玻璃水晶菱形窗格立面形似气泡。爱马仕旗舰店位于东京银座区，2001年由伦佐·皮亚诺设计。玻璃幕墙由立方体小格组成，形似日本传统灯笼。室内用隔音玻璃。到了夜晚，整栋建筑闪闪发光，像素化窗户上出现小蓝点，里面的人像是在电视屏幕上活动。妹岛和世、西泽立卫设计了迪奥东京旗舰店，建筑典型特点是每一层高度不同。2011年，Nendo设计事务所设计了彪马旗舰店，把建筑内高高低低的楼梯当作展示台，象征事物不断发展变化，也象征时尚和运动相关。

雷姆·库哈斯设计了普拉达纽约旗舰店。而普拉达首尔旗舰店采用"变形金刚"形式，可以用起重机吊起、旋转，根据文化活动性质临时组合成相应结构。其他设计出彩的旗舰店有芬迪比弗利山庄旗舰店和亚历山大·麦昆旗舰店。前者由彼得·马里诺设计，后者是五角设计公司作品。

20 世纪末，时尚公司就已经开始特许经营，授权仿制，设立副线品牌*，加强品牌建设。近年来，又不断调整市场营销战略。要缩小昂贵的高端时尚服装和价格适中的批量生产服装之间的差距，媒体至关重要。自 20 世纪初以来，就不断有设计师创造"特色商标"，形成高级定制时装和成衣两层体系。这也是本书探讨的主线。到了 21 世纪，设计师要重点关注两方面。一方面，保证质量和原创设计。另一方面，让顾客忠诚于品牌。专业人士总结出五条时尚品牌管理法。第一，开发差异化产品；第二，统一谋划公司形象，而不是只注重单个产品；第三，在主营业务之外，实现产品和服务多元化；第四，保证管理层、设计部门灵活可变；第五，创设联合品牌或组合品牌。

设计师即产品

　　演员、运动员、音乐人、模特可以扬名世界，时尚设计师也不输风头。以前，有些设计师因为性格内向，不习惯拍照，不愿意在自己的时装秀上抛头露面。而且，法国高级定制时装界也有自己的销售传统：因为顾客是精英人士，不愿向外界透露名姓，所以设计师和顾客一般在高档豪华场所私下谈妥生意。巴伦西亚加等设计师都喜欢躲在幕后。这样一种理念不仅不利于品牌形象塑造，也影响销售。今天，设计师要在服装秀、新店开业、香水发布会等场合亮相，增加销售额。

　　设计师的形象等同于产品形象。同时，"设计师即产品"的理念也极大增强了消费者的品牌意识。阿玛尼穿白 T 恤、牛仔裤出现在秀场，塑造低调朴素的形象，不仅是给自己的副线品牌"Emporio"打广告，也在表明单口袋白 T 恤普遍适用，是男性休闲宣言。自"二战"以来，这一服装系列的确非常畅销。

　　卡尔文·克雷恩是形象创造大师。他就像变色龙，能从温文尔雅的都市型男变成精明强干的商界精英。山本耀司一直穿象征思想智慧的黑色衣服，表明自己不愿把创意作品当作商品。汤姆·福特和卡尔·拉格斐自信镇定，穿着精致考究，折射出两人在时尚界的地位。保持设计师曝光状态是时尚产品热销关键。

　　虽然设计师要花上万美元参加高级定制时装秀，而且不能从销售收入中抵扣此类费用，但媒体肯定会连篇累牍

* 副线服装价格较低，目标消费群体较广。

报道盛大场面，相当于免费推销产品，也让设计师的名字不断出现在公众视线里。"二战"后，法国高级定制时装设计师不得不创办公司，拉投资，聘经理人。比如，迪奥得到了纺织品大亨的支持，聘用经理人打理公司，自己从利润中分成。

设计师也可以特许经营多种产品，这样不用投入太多精力和费用，就能开拓大众消费市场，获得收入大头。只要他们同意生产商在产品上打上自己的名字，就可以得到相当于7%—8%毛利润的版税。太阳镜、女帽、毛巾、床单等都可以特许。1959年，皮尔·卡丹签订特许生产成衣合同，是第一位从事特许经营的设计师（见第五章）。这一商业机制也让时尚产业兴盛至今。但在当时，他的这一举动激怒了巴黎高级时装设计师协会。该协会是高级时装设计师联合组织，旨在保障个人设计排他性。协会因此剥夺了卡丹的会员资格，不准他参加巴黎时装周。尽管如此，卡丹依然引领潮流设计，频频登上新闻头条。他希望人人皆可时尚，而不是富人独享。在此理念下，他把自己的名字授权给900多种产品，有家具、地毯、地砖、煎锅、餐馆、汽车、船、橄榄油和床垫等。通过特许经营，他成了亿万富豪，名字出现在新西兰、中国、美国、加拿大、俄罗斯等97个国家。毋庸置疑，卡丹在开发个人品牌方面领先全球。

到了20世纪80年代，包括伊夫·圣罗兰在内很多设计师的主要收入都来自特许时尚品牌和香水、化妆品等时尚产品特许销售版税。但从产品角度来看，产品价值只存在于产品名称。产品本身并不是社交货币。在当今社会，外表并不能显示阶层差别。跨国公司极力推行时尚和产品全球化，突出产品差异，打造品牌，让消费者产生身份地位幻觉。

门德斯和德拉海耶在《20世纪时尚》一书最后一章详尽阐述了设计师和时尚风格百年演变。从风格多元角度来说，20世纪90年代远超一百年前，既有反映技术进步的未来感服装，也有复旧装，还有融合多族裔风格的服装。设计师能力如何，要从细节、设计主题、能否传递奢侈专享之感、能否把握首创设计师精髓等方面考察。但门德斯和德拉海耶认为，时尚发展的一大趋势是从价格不断走高的成衣发展到面向全球消费者的副线产品。以前，设计师以高级定制时装为广告，推销自己的成衣系列。现在，又用成衣系列推销副线产品。80年代，关于副线产品的广告还不是太多。但到了90年代，副线已走上T台。在开拓这一新市场方面，美国仍走在前列。唐娜·卡兰的副线品牌DKNY一经推出，即大获成功。最初的副线产品一般样式简单，风格保守，平淡无奇，可以说是"对时尚的轻描淡写"。但现在，副线品牌开始推出正装系列。然而三宅一生不认同副线品牌。照他的话来说，副线轻视、侮辱穿衣服的人，"我不希望人们用钱衡量我的衣服，让他们有买不起就退而求其次的感觉"。关于"褶裥心折"系列，他说："我一直在研究如何降低价格。"在三宅一生看来，设计师要想成功，不仅要赚到钱，还要关注穿衣服的人和衣服之间的关系。

尽管三宅一生这样看，但就连老牌公司卡地亚珠宝也推出了副线品牌。1889年，卡地亚珠宝在巴黎和平街开店营业，给欧洲皇室定制珠宝。1973年，推出副线"卡地亚必备款"，出售眼镜盒、皮具和豪华打火机等，价格仅为200美元。采取副线战略不仅让卡地亚稳住了收益，也振兴了奢侈品市场。卡地亚董事会认为可以在不损害卡地亚品牌美誉的情况下，让普通人也买得起奢侈品。

时尚即慈善，即艺术装置

集团公司运作时尚产业，获得丰厚利润，有条件为慈善事业做贡献。20世纪80年代，业界组织巨型时尚秀，收益多捐给慈善事业。布鲁斯·奥德菲尔德为孤儿院筹集资金。卡尔·拉格斐为抗癌事业捐款。香奈儿筹资捐给纽约大都会歌剧院。80年代末，时尚界又发起援助项目，为非洲送去食物。多位设计师参加伦敦皇家阿尔伯特音乐厅举办的街头时装秀。

20世纪90年代初，政治成为时尚设计主打元素。时尚界积极参与时事，很多设计师把慈善事业写进了公司章程。1993年，莫斯奇诺启动"微笑工程"，为艾滋病儿童筹款，与苏富比合作，在纽约精品店开业典礼上举办"爱中的艺术"拍卖，拍卖品来自朱利安·施纳贝尔、乔治·孔多、唐纳德·贝勒、阿尔曼、约翰·巴尔代萨里等艺术家。拍卖所得捐给纽约哈莱姆区海尔儿童之家，为酒精和毒品成瘾儿童提供帮助。

拉夫·劳伦推出"马球"系列，为癌症预防康复筹款。他让人在全球各地的店面橱窗上写字说明，在人行道上发放抽奖卡，让买家进店购买慈善产品。20世纪90年代，很多设计师都参与了慈善活动，不仅是为了表达善意，支持人道主义事业，也是为了少缴税。时尚公司赞助艺术活动，改善其在消费者心目中的形象，履行了企业社会责任。如果企业形象不佳，可以向人道主义事业捐款，赢回公众的理解和信任。

不少时尚公司不赞助艺术界，而是自建博物馆，提升公众认知。普拉达在米兰建立普拉达基金会中心。卡地亚在巴黎成立卡地亚当代艺术基金会。这些都说明全球时尚产业实力越来越雄厚，文化影响力越来越大。艺术界似乎羡慕时尚界。艺术家用艺术讥讽流行文化败坏社会风气。但时尚不仅可以作为修辞手段，还可以是文化产品。

20世纪90年代末，时尚界和艺术界合作，在店铺摆放艺术品，后来又联合制作大型艺术装置。汤姆·福特先在古驰做设计，后来效力于开云集团。他和美国表演艺术家凡妮莎·比克罗夫特合作，在纽约古根海姆博物馆举办"2001秀"。20名模特有的穿着文胸、丁字裤和古驰高跟鞋，有的一丝不挂，静静地站在博物馆一层，和观众互相凝视，像是被时光凝固。比克罗夫特为此次展览摄影，以此表现人们的性幻想，也讥讽情色摄影师赫尔穆特·纽顿时尚摄影作品的冷漠残忍意味。这个用人体做成的艺术装置具有历史意义，"与夏帕瑞丽给曼·雷、路易斯·布纽埃尔、萨尔瓦多·达利设计的电影服装有联系，也让人想起1938年夏帕瑞丽用人体模型在巴黎举办的超现实主义展"。

也许，设计师想用时尚表达思想和感情，与观众有效沟通，因为很多观众对艺术的意义不甚明了。观众穿时尚服装，相当于参与了沟通过程。虽然20世纪70年代以来，出现了与观众互动的艺术装置，但传统博物馆仍然只展出艺术品，不能给观众这样的体验。这也许就是为什么今天的时尚秀更像是艺术表演，也更像是时尚摄影。

授权香水就赚钱

香水产业年利润达上亿美元。香水究竟有何吸引力？对于普通消费者而言，香水是身份象征，价格又适中，"花小钱"就可以拥有设计师的生活方式。香水能给中产阶层消费者的日常生活增添一丝奢华的味道。早在"一战"前，保罗·波瓦雷就开发了香水，以女儿"罗西娜"名字命名，充分显示其敏锐的商业眼光，成为第一个开发香水产品的时尚设计师。波瓦雷意识到，包装和香味对消费者同等重要，因此用意大利穆拉诺玻璃手工吹制香水瓶。1921年，香奈儿推出"五号香水"，香飘世界。这款香水由欧内斯特·博克斯调制，因为是给香奈儿品鉴的第五个样品，由此得名。香水瓶瓶身采用几何流线型设计，沿用至今。"二战"期间，在欧洲服役的美国士兵回家会给女人买两样东西——丝袜和香水。他们大部分人都能在香水店认出香奈儿五号香水。20世纪四五十年代，香奈儿香水销量大增，今天依然是热销品牌，每30秒就卖出一瓶。

早期从事高级定制时装业务的公司中有三分之一开发香水业务。后来，这些时装屋关门歇业，但其香水产品依然被人铭记。巴杜和浪凡时装屋早已不见踪影，但人们还是记住了它们开发的香水品牌。20世纪60年代，香奈儿、迪奥和伊夫·圣罗兰既是三大时装屋，也是香水销量最大的商家。香水纯利润率可达到60%，远超定制时装和成衣，足以维持一家时尚企业运营。

男性喷香水已有几百年的历史。相比女用香水，男用古龙水多了柑橘和木香，成为20世纪70年代热销产品。90年代，香水创收75亿美元。社会名流无不用香水。但如果时尚设计师不和国际名牌合作，其香水产品就很可能会被淘汰。三年后，只有五分之一的香水还能继续卖下去。1994年，卡尔文·克雷恩开发男女通用香水，后来又推出三款，分别是："迷恋"，据说有200种成分；"永恒"，其销售额超出CK服装；以及"逃离"。最后一款是90年代CK和纽约梅西百货合作的产品。

高级定制时装已死？

到了20世纪90年代中期，法国高级定制时装似乎走到了穷途末路。1991年，伦敦记者朱丽叶·赫德写道，奢华过度"敲响了高级定制时装的丧钟"。伊夫·圣罗兰总监皮埃尔·贝尔格也认为，"巴黎高级定制时装产业十年内将灰飞烟灭"。法国总理认为，法国时尚产业要想活下去，"就要大换血"。他召集了一次高峰论坛，讨论这一出口价值达33亿美元的产业生存问题。情况似乎是这样：法国时尚产业领导组织巴黎高级时装公会排斥年轻有才华的设计师入会，高级定制时装"似乎没有新意"，年轻有钱买主转向成衣。"从法国时装秀上可以看出业内高层设计师陈腐没有新意。"一位时尚专家表示："很多顶尖设计师似乎走进死胡同，不清楚自己要干什么。"据巴黎高级时装公会统计，当时巴黎有21家高级定制时装屋以高级定制时装为主业，不做成衣业务。

1991年11月7日期《快报》提出了一个尖锐的问题："是谁砸碎了欲望的机器？历史学家舍努恩指出，'到了世纪末，很多人感觉气氛不对劲。除了有艾滋病、失业和经济萧条，苏联解体加剧政治动荡，民族主义情绪滋生'。"放到社会历史大环境下看，这是否意味着到20世纪90年代时，西方时尚界已经没有了求新求变的劲头？为了猎奇，一些设计师走复旧路线，也有一些追赶流行趋势，或者反其道而行之。方向不明，风格越发肤浅。2000年，《国际先驱论坛报》和时尚国际网前时尚编辑苏西·门克斯认为时尚新点子、新思路已经破产。

20世纪80年代末，出现了两类高级时装设计师。一类是老设计师，沿用以前流行的款式*，不愿冒险，仅仅是为了跟上时代才会变换一下。另一类是年轻设计师，不循规蹈矩，"有新意，能体现娱乐价值，因此受聘于时装屋"，换言之，他们之所以能入行，是因为"有吸引媒体注意的本领"。高级定制时装销售不再占时尚产业大头，只能以设计出奇取胜。衣服越出奇，越会被曝光，设计师品牌和相关产品利润就越高。巴黎举办"玷污"大型时装秀，穆勒、拉克鲁瓦、高缇耶、拉格斐等大腕参加，场面十分壮观，但秀场服装没有几件适合日常生活。投资纪梵希和拉克鲁瓦公司的伯纳德·阿尔诺委婉称高级定制时装屋是"巴黎风格研发实验室"。

古驰聘用欧美年轻设计师做"形象创客"，在改革高级时装屋方面做了表率。1996年，纪梵希也启动改革，任用麦昆做设计总监。不到五年时间，汤姆·福特逆转势头，把一个垂垂老矣的品牌改头换面。古驰原利润只有25万美元，濒临破产，经福特一改，资产达100亿美元。2004年，《纽约时报》称福特是"世纪末终极设计师"。事业起步于第七大道的福特一直重视融合商业和文化。他认为："我在纽约开始设计生涯。在那个地方，如果你设计的哪一个系列卖得不好，第二天就得走人。我就是商业设计师，我为这一点感到自豪。"2005年，汤姆·福特推出自己的服装品牌，亲自参与11个产品系列的广告营销、店面设计和外包装。这些系列主打20世纪60—80年代复旧风，一多半卖到了亚洲。

陈腐无新意的高级定制时装屋因为成本降不下去而无力为继。伊夫·圣罗兰一年就亏本2000万美元，2002年不得不关门歇业。巴黎高级定制时装屋一度只剩下11家。没有几个人花得起9万美元买一件定制衣服。圣罗兰一度只有120位常客，其中包括法国第一夫人贝尔娜戴特·希拉克。公司董事会主席皮埃尔·贝尔热最终承认："我们别再自己骗自己了。高级定制时装完了。别等着彻底玩儿完再转行。"（引自2002年11月2日期《澳大利亚人》）

虽然业界不看好高级定制时装，但巴黎的一些时装屋依然活得很好，迪奥、香奈儿等品牌仍然主导成衣风尚。时尚产业可持续发展问题成为关注焦点。薇欧奈、夏帕瑞丽、巴伦西亚加等高级定制时装品牌挖掘品牌标志性元素，推出新系列。独立设计师创办的定制时装屋开拓国际客户，控制广告成本，以便有精力和资源实验新想法，创造概念作品，如维果罗夫（见第七章）。有的运用新技术，如艾里斯·范·赫本（见第十一章）。可以说，高级定制时装屋靠定制时装、成衣系列、利润高的香水美容产品保持正常运

---

* 1992年，75%的高级定制时装设计师年逾五十，四位年过七十。

转。但其实这种商业模式自20世纪20年代就已经成型。从投资角度来说，高级定制时装比奢侈成衣划算，因为艺术作品在著名艺术家去世后会升值。从可持续发展角度来看，高级定制时装呈现了快时尚之外的服装设计形式。快时尚买得快，扔得也快（见第十章）。而高级定制时装精工细制，保养得当的话，能穿几十年，还能当传家宝传给子孙后代。

假货也时髦

在很多人看来，媒体频频用广告轰炸公众，广告操纵消费者，引诱手头不太宽裕的人购买设计师服装、香水等奢侈品仿版。廉价仿品"山寨货"产销两旺。

早在高级定制时装行业创立之初，就存在侵权问题，困扰查尔斯·弗莱德里克·沃思、玛德琳·薇欧奈等高端设计师（见第一至三章）。到了今天，问题仍然没有解决。2006年，全球最受仿冒之苦的路易威登聘请40名全职律师，250名自由调查人，花费1500万欧元打击冒牌货。同年，路威酩轩集团、普拉达控股、博柏利集团、巴黎春天集团旗下古驰公司联合起诉侵权方，并胜诉。虽然有法庭判决，但新闻界认为，奢侈品销量也不会因此增加，因为仿冒市场买家无论如何也买不起"真东西"。

据意大利防伪协会统计，自1993年来，全球假冒商品产量增加了1700%。另据全球反假冒组织统计，2000—2005年，欧盟查获的假冒商品数量增加了10倍。2003年，美国执法机构向美国国会众议院国际关系委员会提交了一份报告，显示知识产权犯罪和资助恐怖分子之间有联系。不过，社会关注的主要方面还是仿冒对合法企业经营状况产生的负面影响。在法国，凡为犯罪团伙生产、进口、出口假货者，可处5年监禁，50万欧元罚金。即便是在别处买假货途经法国的游客也可被判3年监禁，并处36万欧元罚金。意大利也出台了类似措施。鉴于时尚盗版如此泛滥，惩罚消费者而非生产者可能是最有效的办法。世界知识产权组织的迈克尔·卡普林格认为："数字技术引发创造和商业革命，但也导致知识产权犯罪激增。"

电子商务和网上购物

因特网和电子商务决定了21世纪时尚发展的方向。网上购物、现场购物并存。19世纪，百货公司创造华丽闲适的购物环境，丰富商品种类，在日用品旁放上奢侈品，引诱顾客多消费，引发了购物革命（见第一章）。因为可以赊欠，退换不想要的东西，又能买到异国情调新品，买家难免冲动消费。乐蓬马歇百货、哈洛德百货、塞尔福里奇百货等零售百货店装饰得富丽堂皇。进店消费的中产阶层顾客不仅能够感受这种气氛，还能模仿上流社会。在美国，中产阶层喜欢去梅西百货、罗德与泰勒百货购物，因为那里价格适中，服务周到。销售人员殷勤待客，让顾客得到尊贵礼遇，体验到上流社会的生活方式。销售人员之所以这样做，是因为他们的工资中服务佣金占大头。如今，零售核心业务模式没有变化，但商品配送方式变了。

在互联网连接真实和虚拟生活以前，人们就开始利用技术之便在家购物。美国电视购物公司QVC等很受欢迎，不少人邮购服装。这些零售服务一般通过电话完成，严格来说

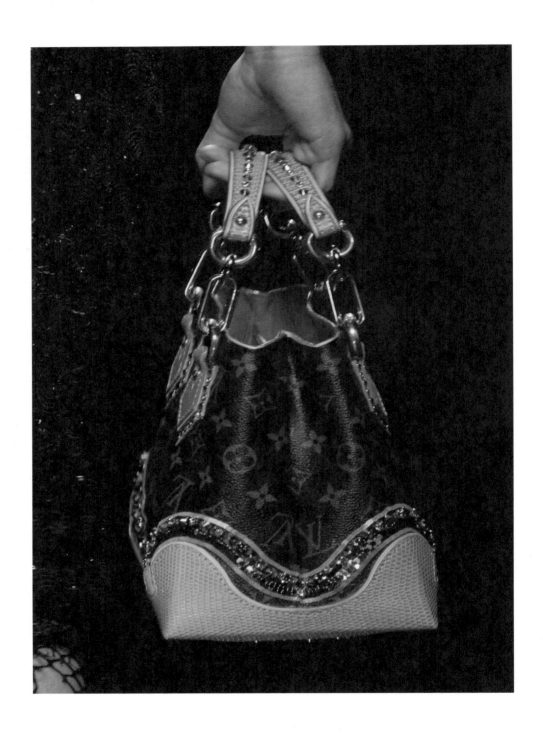

▲ 图 9.2　马克·雅可布为路易威登设计的 2005 年春夏成衣时尚系列。造假者会仔细研究奢侈品正品以制作仿品。

并不是电子商务。只有通过万维网在线买卖商品才是电子商务。

　　几十年后，计算机网络得到发展，人们上网买卖产品和服务。1966年，美国国防部组建"高级研究计划署网络"。1969年，成立互联互通的计算机网，由此奠定互联网技术基础。这一网络主要服务研究项目，供大学和政府机构的学者、科学家与欧洲同行联系。系统最终定名为"网"，取"因特网"之意，通过计算机组成的网络基础设施传递信息。20世纪90年代中期，社会公众没有权利共享网上信息。

　　为了让普通人也能上"网"，1989—1990年，欧洲核子研究中心的英国研究员蒂姆·伯纳斯-李开发了一种软件，取名"万维网"，以简单好用的"浏览器"为软件界面。但在1991年前，将因特网用于商业目的是违法行为。美国国家科学基金会允许非商业用网，允许开发互联网，大大拓展了互联网用途。

　　1994年，互联网完全开放，但当时只有几个电子

▼ 图9.3　2000年8月4日，伊利诺伊州奈尔斯村政室，电视监视器播放有线电视广告，警告消费者注意网络欺诈。广告只有30秒，让网络购物者扪心自问："我真的想……上当受骗吗？"

商务网站。许多网站以".com"结尾,代表"商业"(commercial)。而通用顶级域名以".net"结尾。当时的网站并不是现在网民熟悉的图文并茂的界面,而是只用超文本标记语言(HTML)执行的纯文本页面。想买东西的人可以访问"电脑商店",点击带有"向下滚动"或"单击此处"等说明的按钮,熟悉网站功能。第一家成功的电子商务网站是亚马逊(Amazon),1994年由杰夫·贝索斯创立于西雅图。最开始,亚马逊以卖书为主,现在售卖各种产品,成长为科技巨人。同年,在线拍卖网亿贝(eBay)成立,允许任何人设立账户买货卖货,掀起了电子商务革命。

19世纪,百货商店和成衣出现时,人们犹豫观望。此时,对于习惯去百货商店购物的人来说,网上店铺神秘可疑。从技术角度来讲,电子采购的最大障碍不是上网是否便利,而是数据是否安全。网民通过网络发送支付信息,可能会遭到拦截利用。纸媒和有线电视警告消费者上网购物"危险重重",让本来害怕信用卡会被盗用的人顾虑重重。

加密电子商务第一次成功应用是在1994年。21岁的丹·科恩在新罕布什尔州纳舒厄市创建"网市"(NetMarket),和员工菲尔·布兰登伯格在线信用卡交易。当时,要下载并运行Unix浏览器X-Mosaic才行。身在宾夕法尼亚州的布兰登伯格登录新罕布什尔州工作站,用信用卡在网市上买了斯汀的《十个朝圣者的传说》专辑,运行数据加密程序PGP(英文"Pretty Good Privacy"缩写),完成第一个受加密保护的交易,迈出安全在线购买协议的关键一步。

1994年8月12日期《纽约时报》报道了这一电子商务成功案例。彼得·刘易斯撰文"买家注意:因特网已开"。文中把在线零售描述为"一种新生意,是网络空间中的购物广场"。这篇文章的标题其实是在恶搞美国零售超市凯马特。1965—1990年,凯马特在2000多家门店举办蓝光每日促销活动,在店内安装扬声器,广播促销折扣信息,再用蓝色频闪灯定位商品。在电子商务发展的头十年,诸如"蓝色频闪灯"等设备一直在提醒消费者线下和线上购物有区别。随着数字加密技术不断发展,社会大众开始把钱放在网上一个奇怪未知的地方。

要让消费者上网购物,网店必须能提供一些东西弥补实体店才有的客户服务,比如,让消费者省钱,提供个人定制服务等。消费者可以在线查找自己想要的产品,要求商家加价时做到透明公正。20世纪90年代中期,全球化进程加速,电子商务模式随之转变,上网购物的人越来越多,不再是少数凭借技术专长买专业产品的人。快时尚价格公道,在线搜索便宜货非常便利。雅虎、谷歌等搜索引擎靠销售广告位盈利,免费提供技术,帮助用户便捷搜索。具有讽刺意味的是,最早开发"网"的人使用"互联网中继聊天"(IRC)运行新闻组、聊天室、论坛共享信息,希望保持互联网文化的非商业性质。但广告和电子商务改变了网络空间的性质。

尽管电子商务有所发展,但因为网络不畅,电脑携带不便,网民只能在家或者去办公室上网。从2007年开始,4G计算和智能手机得到开发,因特网可以随身携带,网购迅速增多。到了2017年,80%的手机是智能手机,50%以上连接4G/LTE,手机购物非常方便,花钱又少。电子商务促进了快时尚生产。很多快时尚品牌外包给发展中国家的工厂生产,以降低人力成本。宾夕法尼亚大学沃顿商学院营销学教授芭芭拉·卡恩认为,虽然网上服装销售占比仍然低于线下38.6%,但受新冠肺炎关店影响,网购比预计提速了两到三年。

电子商务之父亚马逊进军时尚业,继续主导消费格局。亚马逊时尚总监克里斯汀·博尚分析发现，全球消费者通过手机购买的时尚产品超过10亿件。因此，亚马逊也于2020年秋开始自营奢侈品店，与奥斯卡·德拉伦塔等奢侈成衣品牌合作。消费者可以下载亚马逊应用程序，按品牌或服装名称搜索，用360度视图工具虚拟试穿。虽然目前买家只能看到模特试穿的效果，但可以根据自己的身高体型挑选模特，选择更合身的衣服。

买不到合身衣服是服装网购最大的障碍。网购退货率远高于实体店。虚拟工具可以帮助买家买衣服，帮助卖家找到忠实客户。时尚公司从百货商店批发模式转到在线合作模式，需要重新定位调整市场营销策略和客户服务。亚马逊赋予合作品牌更大自主权，给现有和新创服装公司开辟了一条拓展客户的新路。但这样一来，也出现了不少新问题。网购退货多，交易成本高。相比之下，19世纪中期至21世纪初，零售模式是当面交易，退货情况不多。

19世纪，百货公司威胁到了小商小铺的生存，掀起零售革命。如今，网上购物如出一辙。其实，在新冠肺炎暴发之前，实体店就已经遭遇零售危机。2019年，美国历史最悠久的百货公司罗德与泰勒被服装租赁平台莱尔托特收购，之后又关掉纽约旗舰店。但新主人也无力扭亏为盈，于2020年宣布破产，关闭所有店铺（见第十一章）。疫情过后，各国出台隔离政策，全球经济不振，实体店更是岌岌可危。虽然有的人怀念线下购物的体验，但疫情当头，线下购物有感染风险，实体店一关再关，百货商店和时尚零售店前途堪忧。仅2020年一年，宣布破产的零售商就有阿塞纳零售集团公司（安·泰勒、莱恩·布莱恩特等品牌母公司）、杰西潘尼百货、奢侈品高端百货商店尼曼、布克兄弟集团公司、克鲁集团公司。2020年8月，奢侈品租赁平台租T秀也宣布永久关停所有店面。同月，凯特·丝蓓、蔻驰等高端品牌母公司泰佩思琦也宣布关停店面。耐人寻味的是，导致实体零售店关停的网上购物超级明星亚马逊却在线下布局无人便利店"Amazon Go"。越来越多的消费者在网上购物生活，时尚也从物理空间转到虚拟空间。我们不禁要问：时尚在扮演什么角色？

小结

在20世纪最后几十年，时尚公司改变经营策略和品牌组织形式。技术日新月异，沟通越来越顺畅，促进全球外包发展，降低了生产成本。时尚带动全球经济发展。供应链全球化，多品牌集团公司形成，特许业务增长，但也导致假货泛滥。时尚全球化同时催生超大型集团公司和个人小品牌。高级定制时装前景堪忧，但借年轻设计师之力开发成衣和美容香水产品，拓展了营收渠道。

时
尚
可
持
续
发
展

绪论

本章继续从可持续发展的视角探讨影响时尚全球发展的多重因素，阐明过去和当下时尚产业对社会、经济和环境产生的影响，以及消费者对时尚态度的变化，聚焦可持续的替代品，比如，有机纤维和纺织品、无毒染料、替代天然纤维和皮革的生物合成品，关注发达国家和发展中国家实施新战略，促进纺织品可持续生产。设计师、打样师、制造商和消费者合力解决浪费问题。可回收服装和古着是可持续时尚消费的两种形式。

一次性时尚从何而来

看清成衣行业发展大势，先要看一张时间表。今天时尚行业中与生产制造有关的很多问题都跟工业和后工业时代的技术进步有关系。19 世纪前，制作衣服费时耗资。昂贵的衣橱实际上是一种社会和经济货币，只有社会上层才能持有。纤维加工、纺纱和织造工艺不断进步，布料生产加速，但仍然要靠人花大工夫剪裁缝制服装。缝纫机发明，生产组织化，制衣提速，服装价格适中，成衣行业形成，但劳动者为此付出了代价（见第一至四章）。成衣行业划分价格区间，既有出自设计师之手的奢侈服装，也有仿名牌折扣服装。

成衣行业形成于美国，"二战"期间及战后发展迅速。美国劳工统计局 2012 年统计数据显示，20 世纪 60 年代，95% 的美国人所穿服装在国内生产，平均每个家庭花费近 10% 的收入购置服装和鞋类，每年新添 25 件。相比之下，2000 年以来，美国市场流通的服装仅有 2% 是国产。衣服种类越来越多，但美国家庭仅把收入的 3.5% 用于购买衣服。也就是说，美国人买得多了，花得少了。考虑到 50 年间的通货膨胀，我们不禁要问：为什么别的东西都在涨价，衣服价格却越来越低呢？可能是因为多种因素导致生产和零售成本降低。

20 世纪初，纽约的制衣商和设计师工作室都聚集在制衣区，推动了成衣行业的发展。但到了 70 年代，亚洲和拉美国家相继建立纺织厂、服装厂（见第八章）。货运从海运提速到航运，全球生产进程加速。为降低生产成本，很多设计师和设计公司把生产外包到发展中国家。这些国家的劳动法较美国宽松，有利于服装批量生产。从一定程度上讲，这挡住了小服装公司代工的门路，因为小服装公司订购量少。与离岸生产有关的问题不少，比如，质量控制、仿品假货、道德危机。后者包括剥削劳工、雇用童工、工作环境差等。但这些因素设计师本人控制不了。1994年，《北美自由贸易协议》签订，清除了服装进口税等海外生产经济壁垒。90年代，盖璞、杰西潘尼百货等零售连锁将制造环节转到海外，专攻设计和营销，自2000年以来，奢侈成衣行业也开始走这条路线。1995年，因特网和电子邮件普及，代替电话和传真，全球服装生产成本进一步降低（见第九章）。成衣量多价廉，但面料和裁剪质量不高。

全球供给应链的创造、设计公司低价外包都得益于石油供应。全球大部分石油来自中东。20世纪初，西方国家和中东国家签订协议，成立石油输出国组织，让欧美企业有足够的燃料开动运输设备。石油供应充足，不仅降低了全球货运成本，也为合成纤维生产奠定了基础。而合成纤维是当今快时尚所用材料，包括聚酯、氨纶和实验室热塑性塑料。有了这样的基础，服装行业就可以给年轻人、收入不高的消费者提供更加多元化的产品。"二战"后，炫耀消费形式发生变化，不再是昂贵面料的衣服和首饰，而是一大堆批量生产的消费品。

人类进入消费文化时代，时尚也有了新方向。20世纪50年代，梅西百货和设计师签订协议，从巴黎买回高级定制时装正品，仿制后降低价格卖给中产阶层消费者。不太昂贵的服装品牌也应用特许业务。"二战"后，美国经济稳定，时装价格走低，人们买衣服的次数也多了起来。60年代，伦敦很多年轻人去逛彼芭等精品店（见第五章），不用花多少钱就能买到时新款式。店里把衣服堆在桌子上，创造视觉丰盛感。把衣价定在伦敦女孩工资水平内是胡拉尼基的经商哲学。衣服款式时髦，价格适中，消费者就会每周或每月来一次。

虽然梅西百货、彼芭的衣服大部分是天然面料，不是穿一次就丢掉的合成材料，但廉价、一次性、一次性艺术成了后现代主义时尚关键词。人们最关心的不是载体，而是信息。风潮、"短命"时尚与"永久""经典款式""实用"等概念背道而驰。

从杜尚早期作品可以看到新达达主义的影子。20世纪60年代初，杜尚作品第一次在纽约展出。其中有一件是他在1917年制作的小便池，取名"喷泉"，引起了人们对概念艺术的兴趣。主流美术馆不愿展出这件作品。展览办在了第五大道291号的阿尔弗雷德·斯蒂格利茨画廊。1963年，洛杉矶首次举办杜尚大型回顾展，影响了波普艺术，也加深了人们对成品和概念艺术的认识。概念艺术为激浪派运动所提倡。20世纪50年代，有一群艺术家认为艺术虚无，质疑艺术产品本质。1953年，纽约艺术家罗伯特·劳森伯格创作《擦掉德库宁的画》，作品本身是一张空白纸。1957年，伊夫·克莱恩展示了一个空荡荡的房间，说他的画就挂在这里，只不过看不见罢了，作品取名《看不见的画感的表面和体积》。概念艺术运动发源于1967—1978年，其理念是构思或形成概念的过程比最终的产品或人工制品重要。也就是说，手段比目的重要。1967年，索尔·莱维特在《艺术论坛》夏季刊发表文章《论观念艺术》，阐述了这一思想。1965年，约瑟夫·科苏思发表实验作品《一把椅子和三把椅子》，展示了一张真实的椅子，一张椅子图片，一张写着椅子字典定义的纸。后两者都贴在墙上，让人想起20世纪一二十年代的达达艺术和超现实主义概念。最终的艺术产品的确不太重要，重要的是用照片和影像记录事件和艺术过程，为的是让人铭记历史。

20世纪60年代末，偶发艺术成为艺术表演形式，帮助嬉皮士表达反物质主义的观点，也促进女性、学生和孩子解放，推动社会变化。滚石乐队、谁人乐队、罗西音乐、爱丽丝·库珀等利用偶发艺术，推出"流行音乐会的非凡作品"，让自己的表演变得时髦、华丽、有趣。现代表演艺术正是脱胎于这些概念。艺术转瞬即逝。"现场手势是反对艺术成规的武器。"

鉴于有这些艺术运动，纸质连衣裙在1966—1968年流行也就没什么好奇怪的了*。既然可以用纸做连衣裙，买家就可以用剪刀、蜡笔、油漆和贴纸来定制服装。纸衣服具备大众时尚的所有特点：容易制作、价格便宜、吸引年轻人。怀特利在《艺术史》中写道，纸衣服制作印刷成本低，体现了波普艺术"今天用，明天扔"的理念。他还认为，在当今世界，时尚变化不定，要想赶上潮流，就不用管买的衣服便不便宜、结不结实，因为还没等穿坏，衣服就过时了。关于设计师贝齐·约翰逊开的"纽约市精品店"，沃霍尔以一贯的幽默口吻打趣道："用不了几周，这家店里的所有东西就都不能用了，这可真是'波普'——普就破。"20世纪60年代，人们普遍认为，一次性是未来流行趋势，纸衣服只能穿一两次，时尚转瞬即逝。

科技不断发展，人们也随之养成一扔了之的心态。美国国家航空航天局曾考虑过让宇航员穿纸衣服旅行太空。1966年，斯科特纸业公司推出迷幻佩斯利连衣裙，以此为噱头推销新餐巾。这款连衣裙售价1.25美元，不到半年就卖了50万件。因为是用黏合木浆和人造丝网做成，所以这款连衣裙很不结实，又怕晒。美国纸质连衣裙生产龙头企业玛氏制造公司用防水防火的神奇面料"凯塞尔"制作连衣裙，将商标定为"废纸篓精品店"。有一家法国公司制作纸比基尼，遇水即可分解。伦敦迪斯波出售一次性纸连衣裙，可以洗三次、熨烫三次。金宝汤罐头推出无袖连衣裙，取名"汤裙"，按照沃霍尔的思路继续恶搞下去，印着自家汤罐头图案，让服装好玩儿又有趣。美国平面设计师哈利·戈登设计了一系列海报连衣裙，其中一款是A字迷你裙，肩部有尼龙搭扣，图案是绢印的纤长睫毛眼睛特写镜头。

斯科特纸业公司委托设计师帕科·拉巴内制作纸裙。此前，拉巴内曾设计过塑料和金属服装亮相巴黎T台。亚历山德拉·帕尔默认为，纸裙看似只能流行一阵子，其实对时尚有很大影响。她发现，目前已经有各式各样的纸裙，普通人穿的很多，明星穿的也不少。比如，披头士乐队在洛杉矶演唱会上穿的定制版霓虹橙夹克就是纸做的。印度航空公司空姐穿纸纱丽。富豪名流穿纸衣用餐跳舞，有人还用高级定制服装换纸质服装。帕尔默认为，看到上流社会也穿一次性衣服，公众对纸衣便越来越感兴趣。美国第

* 一些博物馆举办当代时尚展，展出纸裙。伦敦维多利亚和阿尔伯特博物馆将纸裙归为"亚文化"类别。

▲ 图10.1　1967年，哈利·戈登设计的"神秘之眼"纸裙，表现的是演员奥黛丽·赫本的眼睛。伯罗奔尼撒民俗基金会收藏，号码：2006.6.90。

第十章　时尚可持续发展　**221**

一夫人杰奎琳·肯尼迪和温莎公爵夫人都特别会穿衣服，都穿过纸裙，引得年纪大一些的保守女性也去模仿。

波普艺术家希望艺术走出画廊，走向街头，融入生活。18世纪前，艺术是私藏品。18世纪后，艺术开始走进国家博物馆。纸裙具有重要的文化意义，不仅形式新颖，也是现代工业社会一次性概念的隐喻，是对前几代人"缝缝补补还能穿"观念的抵制*。纸裙用新材料制成，说明时尚在新技术世界潜能无限。

当下快时尚产业就是建立在这种一穿即丢的观念基础上。"快时尚"指的是新款式很快从T台走向街头。从一定角度来说，快时尚是互联网革命、廉价劳工、生产全球化的副产品。因为消费者希望不断看到新款式，设计师就要不断把以前的老款式拿出来翻新，每年推出12"季"，而不是只有春夏和秋冬两季。廉价衣服好买好卖和消费习惯之间形成了恶性循环。

时尚产业三大问题——浪费、污染和廉价用工

进入21世纪，时尚产业要处理两方面问题：环境污染和不公平贸易。工业化进程打破地球自然生态平衡。火车、工厂排放含碳烟雾和化学废物，污染水和空气。燃油轿车、卡车和飞机导致地球环境迅速恶化，社会政治运动因此而起。本节要探讨的道德困境，包括工人工作时间过长、报酬过低、工作环境恶劣。当代服装厂工人和纽约制衣区移民工人处境相似。但社会和环境问题屡遭忽视，根源在于消费文化盛行，刺激了时尚等廉价产品需求。

在全球所有产业门类中，时尚产业有第二大碳足迹，仅次于石油产业。纤维采购和纺织品制造是两大污染环节。时尚产业依赖纺织品生产，离不开棉花等纤维原料。而种植棉花要消耗大量的水，使用杀虫剂等化学品，污染水和空气。世界自然基金会估计，制作一条蓝色牛仔裤要用掉1公斤皮棉，而生产这些棉花要用掉8500升水。纺纱、织造、针织等生产环节，原材料、成品的运输和配送环节都要耗能，都要排放温室气体。

其他天然纤维生产也存在很多问题。动物权利保护人士认为，丝绸、羊毛等蛋白质纤维生产是在虐待动物。生产蚕丝时，要把未孵化的家蚕幼虫丢在沸水中煮死，要把蛾子杀死，从茧中剥出细丝。这种"因杀而养"的方式饱受诟病。因此有人选用"阿希姆萨丝"。这种丝又被称为"和平"丝，是等蛾子孵化后，再提取蚕丝短纤维。人类不仅宰杀动物获取皮革、毛皮，还从绵羊身上剪取羊毛。动物保护组织认为，这也是在伤害动物。为此，人们逐渐用亚麻等纤维代替棉花，实现可持续发展。但如果亚麻也是以传统方式种植，同样需要耗费大量的水和杀虫剂，需要耗费人工分解韧皮纤

* "二战"期间，英国政府发出"织织补补折一折"号召，并制作小册子，指导家庭主妇缝补穿坏的衣服，把旧衣旧布改成新样式。我们现在称之为"升级再造"。

维纺纱。

但整个纺织品生产过程中最污染环境的环节可能是染色和后处理。几千年来，人们一直用天然染料给纺织品和纤维上色。1856年，英国人亨利·珀金做化学实验失败，意外发现可以用苯胺染色。珀金当时还是医学院学生，准备用煤焦油合成奎宁治疗疟疾。而煤焦油是从燃煤工厂和蒸汽机排出的有害物质。做实验的时候，他不小心把一块织物扔进了溶液，放了一晚上。第二天发现织物染上了鲜艳的紫色。合成染料行业由此诞生，苯胺染料取代了茜草、靛蓝、红花等天然植物染料。但苯胺染料耗水多，产生的废物污染当地水源，而且与天然染料相比，更容易褪色。此外，和杀虫剂一样，合成染料也含有砷等剧毒化学物质。1888年，人造丝首次投入使用，导致大面积化学污染。为增加苯胺染色纺织品性能，延长使用寿命，防水、抗皱、防污等后处理工艺应运而生。但这些工艺流程也很耗水，产生的污染物会沉积到当地水系中。

"二战"后，人们用石油基聚合物制成尼龙、聚酯和氨纶等热塑性纤维，掀起纺织生产革命。20世纪50年代的紧身胸衣和泳装、60年代的彩色紧身衣、70年代的休闲西装和抹胸、80年代的紧身连衣裤、90年代以来的紧身牛仔裤用的都是这种纤维材料。这种材料的衣服价钱不贵，但不耐穿，穿不了几次就得扔掉。虽然一扔了之，但其生物降解过程却要持续上百年。有环保意识的消费者一般把不穿的衣服捐给二手服装组织，或者存在服装银行。但是因为这些衣服数量太多，面料又太差，循环再利用价值不大，就被转卖到非洲等地。在非洲，塑料和聚酯合成一次性服装如山般堆在垃圾填埋场，因为非洲人也已经有了从发展中国家购买一次性服装的能力。在发达国家，有环保意识的消费者把衣服捐给慈善事业组织，或者放在垃圾箱中。但国家为了节约处理成本，最终把这些衣服焚化处理。截至2016年，纽约市花了2000多万美元把纺织品运到垃圾填埋场和焚化炉。2011年，纽约市卫生局实施"纽约城回收时尚"计划，但回收的衣物只占总量的一小部分。

近年来，有人重新使用天然植物染料或无偶氮染料手工染色、印花。但这些工艺耗费人力，成本高，无法在全球推而广之。从事纺织保护工作的莎拉·斯卡图罗认为，技术是一把双刃剑，既破坏环境，又能保护环境。快时尚效率很高，但也产生冗余，"导致大量有害纺织副产品和废物进入生态系统"，"生产、保养这些服装耗费大量能源"。但技术也可以改进服装生产、消费和处理方法。"要讨论技术和环保问题，就绕不开技术积极和消极兼有的属性"，不可能一劳永逸解决问题。虽然有机棉交易协会等组织努力将美国有机棉年产量提高50%，但现实情况是，有机棉产量比不上传统棉，成本太高，而且染色和加工过程产生的有害物质也不少。目前，需要出台国际标准，监管棉纱和可再生资源面料的生产全过程*。

* 可持续发展维度不仅涵盖水和化石燃料，还包括棉花，因为棉花生产要消耗大量的水和化石燃料。

▲ 图10.2　雷切尔·马克斯穿着斯特拉·麦卡特尼设计的生物合成皮革外套，参加巴黎时装周2020/2021秋冬女装走秀。

可持续替代品

　　有环保意识的设计师和纺织工程师一直在寻找解决办法，打造时尚循环经济，力求减少浪费。目前，时尚经济呈直线型，快买、快用、快抛，服装再利用率低。截至2019年，循环再利用的服装只有1%，其余的丢到垃圾填埋场一烧了之，污染了环境。进入21世纪，耗水少的合成纤维成为服装和纺织品的可持续替代品。为减少时尚产业碳足迹，有创新意识的公司正在研发由可再生资源制成的生物合成纤维和面料。现有市面上第一代生物聚合物取自玉米和甜菜等食品中的淀粉和糖，可以替代不可再生的石油原料纤维。还可以用同一加工设备生产形似合成纤维的产品。

　　生物合成技术引发纺织品生产革命。博特纺织总部位于加利福尼亚州爱莫利维尔市，用蘑菇中的细胞网络菌丝体研发出一种名为"脉络"的人造皮革，可以制成手提包和衣服。公司还合成蛋白质，放在酵母、糖和水中发酵，研发出"微丝绸"，模仿蜘蛛纺出的丝纤维。博特纺织和可持续时尚标杆公司斯特拉·麦卡特尼、阿迪达斯合作，用微丝绸制作2019秋冬系列"无限连帽衫"和"生物纤维网球裙"。这两个系列的服装都可以生物降解，表明时尚循环经济未来可期。麦卡特尼公司除了用实验室研发的皮革替代品外，还使用再生聚酯替代巴西小牛皮等奢侈品材料，以保护动物。近年来，麦卡特尼和博特纺织密切合作，推出用"脉络"制成的新系列。

也可以回收聚氨酯、改良PVC制成"科技皮"，做皮革替代品。美国设计师薇琪·冯·霍尔茨豪森就用这种材料做手提包。其他类皮革生物合成材料有西班牙菠萝纤维，顾名思义，是用菠萝纤维废料制成，已被H&M和雨果博斯采用。还有一些生物合成织物具有负碳特性——纽约设计师夏洛特·麦柯迪用藻类粉末制成生物塑料，可从大气中吸碳。"负碳"是伦敦初创公司"后碳实验室"秉持的理念。创始人林典真和汉内斯·赫尔斯塔特率领团队研发出一种光合藻类层，该藻类层可以产生与一棵小橡树所产同量的氧气，也可以制衣。

还有一些实验室用厨余垃圾研发面料，替代天然纤维。意大利时尚设计师安东内拉·贝利纳创立"两杯牛奶"，从过期乳制品中提取乳清，高速纺成丝状短纤维——"牛奶纤维"。贝利纳是受到了意大利化学家安东尼奥·费雷蒂的启发。20世纪30年代，费雷蒂用牛奶酪蛋白研发出羊毛状纤维，取名"自然"。但这种纤维味道不好闻，也不耐拉伸，无法应用于后续生产。贝利纳解决了这一问题，研发出可洗、抗敏、抗菌的柔韧纤维。柑橘纤维公司用西西里果汁厂排出的柑橘废料制造纤维素纤维，混合其他纤维，编织成丝滑柔软的面料。这一新材料由米兰理工大学两个学生阿德里安娜·圣塔诺西托和恩里·卡沙发明，在2014年米兰世界博览会上展出。柑橘纤维公司将其投入生产，2019年与菲拉格慕合作推出"经典百搭系列"，与H＆M合作推出"意识"系列。

染料革命也在进行中。世界银行认为，全球20%的工业水污染由纺织染色所致。英国初创企业"色菲可丝"合成自然色素，减少耗水量，替代合成染料。研发团队研究天然色素DNA序列，提取颜色序列，通过活微生物复制。2020年，色菲可丝和快时尚巨头H＆M合作生产可持续服装。法国公司"霹雳"利用农业废弃物合成生物体，减少碳足迹。这些生物体的酶可在室温下存活，无需有毒溶剂。美国旧金山初创企业"靛蓝"模仿日本染色植物蓼蓝合成细菌，避免使用有害化学染料及其废弃物，生产环保牛仔裤。

瑞典公司"浆它"与伦敦循环设计中心合作，用木浆等生物材料生产无纺纸，用于一次性时尚纸衣。这种纸可用天然染料上色，用超声波接合，可添加褶裥方便拉伸。客户可以选择自己喜欢的颜色、图案和廓形，定制带有激光蚀刻设计的纸衣。

除了可用生物降解材料减少时尚浪费外，还可以改变设计方法。打样是服装设计中必不可少的一环，具有技术和美学两方面内涵。在当下的时尚生产中，消费前面料浪费量占到传统剪裁法的15%—20%。为了保护环境，设计师向前辈学习，比如，学习三宅一生，利用先进技术推出"一片布"筒形针织无缝服装，或者干脆不剪裁，统一用矩形面料。裁下来的边角料可以制成被子、毯子，再加工成纤维，或者填充做小工艺品。美国威尔曼塑料回收公司率先回收合成纤维。日本帝人株式会社推出循环型再生系统"艾可丝可柔"，提供聚酯回收技术方案。

一般来说，减少废物优于回收或处理，因为"回收包含运输环节，要消耗燃料，排放废弃物，对环境产生负面影响。而再加工要消耗水、能源、化学物"。回顾时尚史，可以发现其实很早以前人们就找到了行之有效的可持续发展法。古代传统民族服装就是例证。比如，希腊佩普罗斯束腰外衣，由两大块长方形面料固定在肩上；日本和服，由八块长方形面料缝合在一起；印度纱丽，是布料绕身而成。20世纪初，玛德琳·薇欧奈和格雷夫人

* 莉莲娜·波马赞把这一过程描述为：制作者创新工艺流程，同时从一匹布正反面剪下两件衣服。再把布料反面缝上其他面料完成整体设计，或者把反面套在正面衣服上变成配饰，加工成"浪费比较"副线品牌。

善于用垂褶把布料"收拾"出来，而不是"剪"出来。20世纪七八十年代，桑德拉·罗德斯根据纺织品设计确定服装形状和形式。80年代，菱沼良树把三角形布块组合成模块单元，以节省面料。90年代，三宅一生推出"一片布"系列，用管状针织结构简化服装廓形。21世纪，澳大利亚服装品牌"材料副产品"（MATERIALBYPRODUCT）创新打样体系，用边角料加长、装饰衣服*。

科技也可以解决废弃物问题。荷兰"内法"研究团队用蘑菇根制成可持续面料"蘑科"，再用活有机体和3D图案成像制作无缝、完全成型的服装。不想穿的话，就埋在地下，等待生物分解。澳大利亚学者唐娜·富兰克林和加里·卡斯用发酵酒中的细菌制成无缝生物合成服装，取名"微有"，简化了服装结构，减少了面料浪费。两人又利用澳大利亚纳诺洛斯生物科技公司研发的微生物纤维素，仿照啤酒花的样子，设计"啤酒连衣裙"。荷兰艺术家戴安娜·舍勒用植物根制作蕾丝状面料。2018—2019年，维多利亚和阿尔伯特博物馆举办"时尚天成"展览，展出了她设计的可生物降解连衣裙，让世人看到无须新建纺织工厂、排放温室气体也可以生产天然布料。

▼ 图10.3 2018年2月17日，伦敦当代艺术学院举办"Matchesfashion.com联手凯瑟琳·哈姆内特伦敦时装周"活动，推出2018春夏系列。哈姆内特设计的T恤是表达社会正义的广告牌。

"绿"植利润

2008年3月31日，时尚作家大卫·利普克在《女装日报》上发问："绿色时尚矛盾吗？"利普克的文章探讨了这样一个问题："一个受一次性时尚和奇思妙想左右的产业如何走上节约保护之路？"

价值2.5万亿美元的时尚产业在应对全球经济之变时显得力不从心。1986年，伦敦设计中心举办"绿色设计师"展览。1991年11月，服装品牌埃斯普利特（Esprit）率先推出有机棉"Ecollection"系列。但"在时尚设计学发展方面，没有形成绿色设计生产理论闭环，落后于工业设计和建筑学"。虽说如此，相比其他学科，消费权益团体更关注时尚。营销战略研究人士意识到，在后现代社会，艺术和服装设计能够反映社会政治问题。消费者希望在服装商标上看到准确真实的信息，了解工人薪酬和工作环境，审慎明智地去选择。在一些人看来，购物触及道德雷区。"时尚具有道德和意识形态属性，体现利他意识和政治立场。"

从历史上来看，人们一直通过炫耀消费区分社会阶层地位。通过时尚表达个人价值观是20—21世纪才有的事情。20世纪70年代，人们开始关注环境问题。受能源危机和虐待动物事件影响，纺织品、皮草和化妆品行业大变天。穿羊毛棉麻衣服、仿皮大衣、素颜不化妆成为时髦。80年代，艺术家凯瑟琳·哈姆内特设计环保T恤，表达艺术和政治观点（见第七章），后来又在其他服装上印行动标语"公平贸易"（Make Trade Fair）和"不要再受时尚害"（No More Fashion Victims）。目前，哈姆内特严格遵守环境和道德标准设计时尚产品。

也有设计师利用自己的名人身份推动环保事业发展。从2010年至今，薇薇安·韦斯特伍德公开表示自己保护环境，捍卫社会公平正义，抨击石油巨头用水力压裂法破坏地球环境。2020年，斯特拉·麦卡特尼发表"斯特拉·麦卡特尼A-Z"宣言，表明自己坚持用可持续材料和升级再造面料的决心。麦卡特尼倡导时尚产业零浪费，保护自然资源，捍卫动物权利，用玉米和生物纤维皮革制作衣服，推出2020秋冬零皮草"皮草"系列。T台上，一头硕大的奶牛身上挂着一个非皮革手提包，后面跟着模特。

2007年，凯特·弗莱彻在《服装之连》一文中预测，如果要让生态时尚持续下去，就必须设计既时髦又环保的服装。美国学者特蕾莎·温格认为，生态时尚现在已和政治脱钩，和20世纪六七十年代的反战、反主流运动无关，也不再是明星作秀工具。当时，乔治·克鲁尼、朱莉娅·罗伯茨等演员，摄影师安妮·莱博维茨等在"红毯和杂志"上表达可持续时尚和生活美学观点。

自2005年以来，关注可持续时尚的人越来越多。时尚成了杂志、期刊、网站、专题活动、教育机构、公司的热议话题。人们讨论时尚过度生产造成的危害给时尚行业带来很大压力。2006年，《名利场》杂志推出"绿色特刊"，介绍在T台上展现生态时尚系列的设计师[*]。从2005年开始，支持生态时尚的小众杂志有：英国的《新消费者》《道德消费者》

---

[*] 尼尔森全球在线调查，涵盖网络购物习惯。此处援引的设计师有阿玛尼、奥斯卡·德拉伦塔、麦卡特尼、贝齐·约翰逊和汤姆·奥德曼。

《生态》，美国的《有机风格》，澳大利亚的《绿》和《绿页》。主流时尚杂志《世界时装之苑》《魅力》《嘉人》等都刊发明星支持环保事业的照片和文章。很多期刊文章和学术专著也聚焦时尚环保问题。布鲁姆斯伯里出版社下设国际期刊《时尚理论》，于2008年推出生态时尚特刊，收录世界各地的学者对时尚可持续发展的看法。时尚教科书也专辟章节，从环保纤维选材、道德生产、零浪费等视角讨论时尚设计可持续问题。2011年，《六》杂志创刊，介绍关注时尚道德和可持续发展的设计师、独立品牌和公司。自2010年以来，时尚专家和普通消费者在网上纷纷发声。道德时尚论坛网讨论时尚产业如何兼顾利润和可持续发展。一些网站将道德时尚细分为素食、可持续、道德和天然材料，并提供自动售货服务。消费者教育也成为热门话题。良善贸易网开设每日新闻通讯、嘉宾专家博客、"零浪费"专栏。虽然消费者购物时，主要看东西划不划算，但80后90后"千禧一代"有更强的社会意识，购物时要看商家是否公开透明。网红在推广良心企业、抵制不道德公司方面也发挥着重要作用。

近一二十年来，地方、国家、国际级别的展会、贸易展、全球论坛、环保设计竞赛和奖项层出不穷。2010年5

▼ 图10.4 2020年3月2日，巴黎举办2020—2021年成衣系列时装秀。一位模特展示斯特拉·麦卡特尼设计的零皮草"皮草"。

月23日至11月11日，纽约时装学院博物馆举办"生态时尚绿起来"展览，引起人们对纽约制衣区的关注。组织者詹妮弗·法利和科琳·希尔探讨与可持续时装相关的多个问题，比如，合成和天然纤维、纺织品生产、服装厂工人道德待遇、动物权利等。此次展品包括：高端品牌XULY.Bet和马丁·马吉拉回收改过的衣服，以及Edun出品的有机棉服装。还有20世纪六七十年代的手工拼布服装，制作人是阿巴拉契亚山地手艺人合作社。当代手工服装设计师约翰·帕特里克和卡洛斯·米勒都和秘鲁、巴西的土著手工艺人合作，说明服装纺织品行业开始关注环境和道德问题。

2009年，上海国际会展中心举办国际时尚文化节暨"绿色时尚"国际服装纺织博览会，展会面积达5万平方米，为可持续时尚提供了大平台。近年来，同等规模的展会还有很多。赫尔辛基时装周创始人伊芙琳·莫拉在赫尔辛基启动可持续时尚周。自此之后，该活动在世界各大城市举办。2017年，澳大利亚举办生态时装周。温哥华、西雅图和旧金山也举办了类似活动。2020年，设计师加布里埃拉·赫斯特在纽约举办首场碳中和时装秀。丹麦时装周首席执行官塞西莉·托斯马克承诺在2023年打造更可持续的时装周。展望未来，时尚产业既应创造利润，也要顾全社会发展大局。下一代行业领导人应高屋建瓴，洞察2005年以来的行业发展大势。在设计教育方面，可持续时尚已经成为伦敦中央圣马丁学院、伦敦时装学院、纽约时装学院、康奈尔大学的专业课程。在商业教育方面，英国埃克塞特大学与世界自然基金会合作开设"同一个星球工商管理硕士"课程，内容包括企业社会责任和循环经济设计，培养学生解决实际问题的能力。

伯顿集团、马莎百货等时尚零售公司越来越重视企业社会责任。马莎百货推出"商标后面有什么"营销活动，关注棉花和食品公平贸易问题。该活动被誉为马莎百货"最成功的消费者活动"。2009年，世界最大零售商沃尔玛成为美国最大有机棉花生产商。2011年，H&M首次推出"意识"生态系列服装，该系列由回收聚酯、有机棉和天然人造纤维"天丝"制成。H&M还和法国时装屋浪凡合作，推出"惜勿废"系列，一时引起轰动。但"包和连衣裙定价过高，一般消费者买不起"。圣罗兰等独立设计工作室采用升级再造策略，在消费之前就避免浪费。三宅一生在东京银座开了最新概念店"瓶物宠"[Pet Bottle（宠物瓶）一词倒着写]，用再生塑料创新面料，设计服装。

回收古着

其实，我们一直都在回收服装。母亲把衣服传给女儿，父亲传给儿子，或者给别的家人朋友。穿坏的衣服修修补补，不合身的衣服改一改尺寸，过时的衣服翻成新样子。20世纪70年代，人们追求回归自然。二手衣商店、慈善商店开遍西方世界。受全球能源危机影响，手头拮据的买家来这些商店买衣服，也给别人留下注重环保的印象。这些衣服很多都是回收或升级再造的旧衣，面料质量、制作手艺都不错。尤其是二三十年代的衣服，款式特别，采用刺绣和手工钉珠工艺，简单改一下就适合现代人穿。70年代流行怀旧，也流行后现代主义，以前的服装、经典电影和家具都成为人们热衷消费的东西。从人文视角来看，这种消费建立的是情感纽带，激活了人们内心深处对往昔的回忆。这也是当代设计师山本耀司和马吉拉秉持的设计理念。山本耀司曾说，他喜欢旧衣烂衫，扔掉一件旧外套就像是抛弃一个老朋友（见第六章）。

► 图10.5 2010年，纽约时装学院博物馆举办"生态时尚绿起来"展览，展出约翰·帕特里克手工绘制的连衣裙。

　　2000年以来，古着连锁店多了起来，可持续运动声势高涨。水牛交换店在美国35个城市有分店，供人们出售、互换衣服。但快时尚衣服一般卖不出去。2018年，克莱尔·刘易斯在英国创办"再述"（Retold）古着品牌，在快闪店和网店出售中高价位古着。Thred-Up和Swap.com以网店为主，也有几家实体店，卖的古着价钱更低。纽约布鲁克林品牌Etsy只在网店出售古着和新品服装。很多古着卖家靠照片墙等社交媒体打广告，比如，卡西·奥尼尔的"亲亲古着"（Darling + Vintage）。有的既有社交媒体店，也有实体店面，如霍利·沃特金斯在英国开的"一勺店"（One Scoop Store）。有的采用中央仓储加小店模式，比如，法国Imparfaite与350多家店合作，为会员提供每日特卖或精选系列。人们在网上交换店既可以买到"买完就扔"的快时尚品牌衣服，也能淘到二手奢侈品。很多人愿意去逛"设计师交换"（Designer Exchange，成立于2013年）和"倒带古着"（Rewind Vintage），购买经过专家认定的设计师服装，再把不穿的衣服卖掉换钱。要买高端时装，可以去逛"真真"（RealReal）。这家店总部位于旧金山，在洛杉矶和纽约都有寄售店。还有伦敦拍卖网HEWI（店名是英文"Hardly Ever Worn It"的缩写，中文意为"没咋穿过"），类似于eBay，买家可匿名拍卖。此外，还有为买卖双方牵线搭桥的第三方平台Vide。

　　进入21世纪，生态时尚的主题是服装回收和纺织品改造。网络媒体在传播和分享信息方面发挥重要作用。从博客和社交媒体上可以找到经销点，学会缝纫改造方法。一些商家在当地店铺淘到二手货再到网上转卖。网上自动售货站点促进了全球旧衣销售，与快时尚形成鲜明对比。后者快速推出新款式，提倡人们穿厌即抛。"二战"后，受媒体影响，时尚与消费主义联系日紧。但自2000年以来，全球悲剧事件频发，经济不振，消费主义遭质疑。悲剧事件是否会促使人们重新审视道德标准、价值体系、环境问题和社会问题？

　　亚历山德拉·帕尔默认为，在多数情况下，二手衣服流行跟环境关系不大。有些人"追古着"，纯粹利他。他们支持可持续时尚，追忆衣服中的往昔岁月，想要去了解藏在衣服下面的历史。年轻人买古着也有经济方面的考量，因为花不了多少钱就能更新一下衣橱。衣服曾经是以物易物的手段。现代社会，又开始以衣易衣。以衣易衣在赞比亚等非洲国家历史悠久。当地人认为，不应该浪费任何东西，改造改用是文化传统。

可持续时尚他法

　　个人设计师采用现有科技，尽量减少浪费，在设计阶段负起责任。他们全局观更强，善于利用可持续纺织品，最大限度减少面料浪费，开发新产品，创新衣服保养和处置办法。鞋子大厂以生态设计为营销战略，塑造品牌形象。比如，耐克回收橡胶运动鞋，铺设游乐场地面。有的设计师回收旧产品，只用有机材料。有的设计师关注设计创新，而不是对消费主义亦步亦趋。

　　不论是设计大公司，还是新锐企业，都注重减少时尚产业碳足迹。从事可持续设计的设计人数猛增。在这里我们有必要重点关注几位领军人物。1984年，艾琳·费舍尔在纽约创建了自己的品牌，使用天然材料生产高端成衣，开创可持续时尚产业。20世纪90年代中期，英国设计师杰西卡·奥格登创立品牌，回收古着旧衣服。罗素·赛奇把博柏利衣服改成街头风服装，后来转行做室内设计。凯瑟琳·哈姆内特用有机棉做T恤，在上面印环保宣言，赋予时尚意识形态属性（见第七章）。美国设计师苏珊·钱乔拉用古着面料制成一次性服装。米格尔·阿德罗弗回收旧衣，推出"翻垃圾系列"。美籍韩裔设计师邓姚莉设计均码服装，坚持在纽约制衣区生产，不外包给海外服装厂。生态奢侈品牌寥寥无几，只有英国的斯特拉·麦卡特尼和希尔（Ciel），芬兰的"芬"（Fin），美国的琳达·劳德米尔克（Linda Loudermilk）。不过，可以用生物合成材料模仿高端面料，制成奢侈成衣。

　　有生态意识的设计师推崇手工技艺，奉行"慢设计"哲学。《生态时尚》一书写道："传统手工技艺越来越受重视。高端设计师开始和手工艺人合作。"书中给出的例子有"印度刺绣背心裙、非洲珠饰、秘鲁针织毛衣"。制作这些衣服促进了当地社会的发展，有利于公平贸易。因为北美和西欧发达国家缺少传统手工艺人，所以世界其他地方的土著家传技艺越来越受重视。比如，丹麦品牌"诺亚"（Noir）与乌干达农民合作，种植生产有机长绒棉。卡拉·费尔南德斯创办"高地植物"（Taller Flora）品牌，和墨西哥手艺人合作，重新诠释何为成熟有韵味的设计，体现协作手工真谛。美国服装品牌"阿拉巴马蝉宁"（Alabama Chanin）在每一个线脚、每一份设计中体现美国南部女性的手艺和艰辛奋斗的历史，诠释何为爱的劳动。非洲设计师拉明·库亚特创办XULY.Bet品牌，回收服装后解构和重构，把"线脚缝在外面，让人注意到磨损的边角，体会到衣服由线缝合而成"。衣服外面的线脚就像是红线缝合的一道疤痕，设计师把服装过去的生命重新塑造成新形式。库亚特把撕开的口袋、褪色的衣领、旧衬衫衣领上的商标和裤子腰带连在一起，明显夸大了服装和过去的联系，以此"记录服装身份的改变，让人想象以前的生活是什么样子。而服装对人的吸引力就在于此"。

伦敦切尔西艺术学院的丽贝卡·厄利从慈善商店买旧衣服升级再造，把黑影照片套印在旧衣外层，用活性染料把污渍盖住。要是穿旧了，还可以将其当成夹层充填料背心。2008年，厄利的学生凯特·戈兹沃西和人一起创办循环设计中心，回收聚酯羊毛制成衬里，不用黏合剂，做成马甲。他们还用激光蚀刻熔化透明材料，采用数字控制技术熔合材料，产生蕾丝效果。戈兹沃西和瑞典公司浆它合作，生产纸衣。

道德忧虑

2011年，时尚设计师、模特和企业家开始思考时尚中的道德问题，和世界各地的音乐人一起改变世界。当然，这一过程并非一蹴而就，而是始于20世纪七八十年代。当时，媒体曝光时尚产业残忍对待动物，使用皮草、羽毛、动物皮革制衣，用动物做化妆品研发试验，用童模拍时装和化妆品广告，宣扬儿童性感观念，扭曲了社会价值观。过去一二十年来，人们也开始关注非洲裔、亚洲裔模特受种族歧视问题。美国版《时尚》一向给人留下多元文化的印象，但翻遍2002—2009年封面，只能看到几个黑人明星[*]。2008年，时尚摄影师尼克·奈特以传奇黑人超模、T台常青树娜奥米·坎贝尔为原型制作电影《无题》，他认为，对某一种族的偏爱是受商业利益驱动。此外，大众媒体塑造让人望尘莫及的完美体型，对年轻人影响很大，患厌食症和贪食症的人明显增多。不少设计师通过款式设计打破对年龄和体型不切实际的刻板印象。2006年，意大利时尚经纪人签订协议，约定不得雇用未成年或体重过轻的模特走秀。

1986年，环保人士杰伊·韦斯特维尔德创造"漂绿"一词，抨击个人、公司和组织以环保为噱头推销产品，意图掩盖不道德行为。时尚大公司也在此之列。不道德行为包括：不公开用料，雇用童工生产，商标和实际不一致，分类不标准误导消费者，虚报产地等。2007年，桑迪·布

* 哈莉·贝瑞，2002年12月；莉亚·科布德，2005年5月；詹妮弗·哈德森，2007年3月；米歇尔·奥巴马，2009年3月。

莱克在《生态时髦——时尚矛盾》一书中写道,消费者以为自己买到了公平交易棉花制成的有机产品,其实未必;有些公司使用混合面料,却不在成分中标明。

　　服装大公司把生产加工环节转移到发展中国家,也产生了很多劳动用工问题,引起广泛关注。但因为很难掌握发展中国家工人的具体工资,所以西方设计师误认为工人得到了合理报酬。就算这些工人拿到的工资不够在当地开支,总会有经济学家站出来说在血汗工厂收入不高也比失业无所事事好。实际情况却是,发展中国家的用工环境和19世纪欧美血汗工厂相差无几(见第一至四章)。虽然发展中国家劳动法规各有不同,但用工环境一般有安全隐患,工人每天要工作十几个小时。2013年,孟加拉国首都制衣厂聚集地达卡区拉纳广场发生惨剧,1100多名制衣工丧生,惨烈程度堪比1911年纽约三角内衣厂火灾,说明现在的工作条件并不比一百年前好多少,这也给一些公司敲响了警钟,倒逼其重新审视生产加工流程。2015年纪录片《时尚代价》让消费者更加意识到,大众消费文化和快时尚导致环境和道德危机。

　　但不只有快时尚存在生产问题。澳大利亚记者伊丽莎白·温豪森绘出了一幅设计师服装供应链图。她发现,如果要按一个款式生产300多件服装,就要去中国生产。订单量不够,要另外收费。美国订单一般是一个款式上万件。工厂仿照样品,或者根据纽约商店橱窗照片确定款式,完成后,再送到香港贸易公司。这些公司给外国买家和中国工厂牵线搭桥。衣服做好后,可以运到世界各地大城市。运费约为生产成本的一半。对于小订单,当地工厂直接让专职制衣师生产。但如果订单很大,就有必要外包、分包。澳大利亚政府明文规定,不得低于最低工资雇用流动工人。有的黑心雇主没有在澳大利亚工业注册局登记备案,违反服装贸易要求在工厂以外生产服装。发达国家的服装生产和消费可能存在不符合可持续发展要求的问题,但更深远的问题是"越来越多的服装在发展中国家生产,给经济、社会和环境带来负面影响"。据估计,美国、英国以及欧洲其他国家的30%—50%的服装都在海外生产。这些国家和地区工厂工作条件差,工人受剥削,健康状况不佳,引起人们对当地的关注。剥削形式包括:廉价用工,使用危险化学品生产纺织品和服装,使用有限的化石燃料维持供应链运转,导致环境一步步恶化。

　　这些问题只有靠集体力量才能解决。自2010年以来,越来越多的时尚品牌开始使用环保材料,善待工人,公开生产过程。总部位于洛杉矶的"革新"公司把设计、服装生产和摄影全过程都交给总部专职员工完成。在本土生产可以减少公司碳足迹,确保员工受到美国劳动法保护。"塞尚"(Sézane)是2013年创立于巴黎的品牌。公司建立公平用工标准,三分之二的衣服都在欧洲生产。"土著"(Indigenous)品牌注重公平贸易,与南美纺织厂手工艺人合作。当然,并不是所有品牌都愿意公开生产过程。但时尚产业总体上正慢慢以消费者为导向转为关注服装生产中的道德问题。

　　很多"顽疾"是因为跨境执法难。虽然有英国的"道德贸易组织"、荷兰的"禾众基金会"和"清洁成衣运动"、澳大利亚的"公平西方"、美国的"公平用工"等行业协会鼓励、监督时尚企业善待工人,但似乎"没有一个专门的组织或政府机构规范时尚行业行为"。针对"时髦假货"(见第九章),以及偷窃创意知识产权的行为,一些时尚企业努力建立正式和非正式的道德准则。2015—2019年,美国时装设计师协会主席黛安·冯芙丝汀宝请求政府加强知识产权设计和公平贸易政策监管。虽然消费市场高度全球化,时尚产业集团化运作(见第九章),但个人设计师希望保持经济独立,保护独有知识产权,对工人剥削问题负起道义责任。但环保材料供应有限,生态产品价格依然偏高。要让时尚环保深入人心，成消费大势，需要花费时间和金钱。话虽如此，一些顶级时装品牌已推出可持续奢侈品，让我们看到21世纪生态时尚商品的消费市场远比过去大。

我们也必须意识到，时尚要靠欲望，而不是靠愧疚卖出去。19世纪百货公司满足的就是中产阶层的欲望，给他们提供优质服务，让他们有贵族的风光和派头。后来，定制时装受到街头服装冲击，实体店降格为网店展示部（见第九章），时尚体系摇摇欲坠。欲望、爱美之心、全球经济起伏跌宕，这些因素都逆转了时尚潮头。受疫情影响，零售店接连关闭，全球经济持续衰退，库存积压，时尚产业如何迈步向前成了问题。现任美国时装设计师协会主席汤姆·福特给全体会员发了一封信，感激行业同仁在疫情之初快速反应，向医务人员捐献口罩和个人防护用具，解决燃眉之急。福特在信中表示要继续支持设计师应对未来不确定性，也表达了对疫情过后时尚行业不确定性的担忧。2020年6—7月期《时尚》专题采访顶级设计师马克·雅可布、多娜泰拉·范思哲、缪西娅·普拉达、托里·伯奇、巴尔曼创意总监奥利维尔·鲁斯汀、蔻依创意总监娜塔莎·拉姆齐-李维和汤姆·福特，请他们每人都描绘一下时尚在未来会是什么样子。大多数设计师都认为，飞到全球各地举办时装秀、拍照片已经过时，会增加时尚行业碳足迹。设计师要从"少即多"原则重新思考生产问题。如果整个时尚产业都以此步调行动，那么将会在解决环境问题上迈出重要一步。

小结

20世纪下半叶，西方时尚设计师发展特许业务，推出副线品牌和快时尚，提高了服装产量，降低了价格，让消费者快买快扔。工业生产和消费浪费造成环境和道德困境。为了解决这些问题，时尚产业逐渐发展可持续时尚，升级再造古着，回收衣服和材料，离开导致资源枯竭的线性发展轨道，创造循环经济。

第十一章

时尚的数字化

绪论

今天的时尚潮流已不完全由模特在T台上、杂志封面上穿什么款式而决定。人们通过电子商务平台购物，在虚拟空间创建自己的化身，利用数字技术搭配衣服，开发智能纺织品，时尚及其理想渗入虚拟世界，文化风向也随之变化。社交媒体推动微潮流形成，影响商业和文化现象。社会平等运动改变了人们的性别表达和对美的认识，也更加渴望时尚体系能够兼容并蓄。

虚拟高级时装

批量生产、全球外包产生了不少问题，虚拟高级时装应运而生，时尚和科技联姻成果丰硕。比如，让虚拟化身穿上品牌服装；通过时尚和造型应用程序定制服装；设计智能服装内置通讯，连接其他设备，完成特定功能。消费者可用智能手机随时体验在线购物。商家可利用虚拟现实和增强现实技术展示时尚新品，吸引年轻消费者。数字时尚改变了服装功能、展示和营销办法，为时尚产业开辟了一条新路。

随着智能手机和替代现实技术的发展，网络空间进出方便，时尚变成一种数字现象。虚拟高级时装涉及在线时尚的方方面面，包括在线时装秀和数字时尚，虚拟现实、增强现实和混合现实体验。这些技术让人们看到，时尚其实能够满足人们多种需求和欲望。一种新型炫耀消费由此形成。消费者可用数字穿戴呈现自己的形象，可让虚拟化身或理想化的自己在线试穿新衣，穿上奢侈设计师服装。

从这一角度来讲，时尚从业人员可从网络游戏、虚拟身份等技术中汲取不少灵感。堡垒之夜、星际迷航、魔兽世界、使命召唤等游戏有虚拟商品，供玩家在线购买服装、配饰，装扮虚拟化身。这些装扮可以用真实或数字货币购买，但一般靠通关做任务取得。虽然玩家在真实世界中未必都爱穿衣打扮，但他们会花上万小时玩游戏，装扮虚拟化身，表明自己是高手。在游戏中，虚拟化身的衣服象征玩家的身份，显示其能力和战队归属。

虚拟化身是虚拟高级时装的基础，连接时尚和游戏文化。游戏玩家借鉴真实世界的造型和配饰，花钱或做任务装扮化身。时尚界也借鉴游戏产业做法，建构虚拟世界，方便买家试穿衣服。这方面的例子最早出现在流行文化中。在1995年邪典电影《独领风骚》中，艾丽西亚·西尔弗斯通饰演的雪儿是个十几岁的孩子，用软件在电脑桌面上创建自己的数字孪生，再选当天要穿什么衣服。从现在的游戏里依然能看到这种选择、建模衣服的概念。有的应用程序可以让用户创建数字孪生试穿衣服，在游戏中相当于是给自己找一个"穿衣"化身。"精灵"（Genies）应用程序专门定制漫画型虚拟化身，让移动设备用户通过化身交流。截至2020年，用户可选择100多万个情绪表达和奢侈服装用以实时发送短消息。古驰支付1000万美元，委托精灵定制穿奢侈服装的虚拟化身。用户可以从真实世界古驰服装中挑选款式装扮化身，也可以购买其他用户同款服装。

路易威登也和游戏商英雄联盟达成了合作关系。路易威登在现实世界推出的经典百搭系列可以复制成数字皮肤，每件售价10美元。一贯秉持趣味审美的莫斯奇诺服装和模拟人生游戏公司结成合作伙伴，把现实生活中的衣服做成像素化数字图像，表明真实和数字世界叠加交织。还有一些服装公司和游戏公司合作，把真实衣服做成可下载内容。比如，生活方式品牌"100个贼"（100 Thieves）和任天堂"动物森友会"系列游戏合作，把每一件衣服做成数字版，贴在照片墙平台上。当然，名人代言的游戏一直非常火爆。比如，自2014年以来，金·卡戴珊和巴尔曼、卡尔·拉格斐、罗伯特·卡沃利等高端时尚品牌及设计师合作，展示虚拟化身的奢侈衣橱。而卡尔·拉格斐引导虚拟用户线下购物。英国快时尚品牌ASOS和模拟人生游戏公司合作，在虚拟世界中给用户搭配好一套衣服，购买后在真实世界穿戴。

除了和游戏商合作开发数字服装装备外，时尚公司也自己开发应用程序。比如，古驰开发的"复古游戏厅"（Gucci Arcade）。2019年，芬迪在微信上线"迷你游戏"，玩家升级后，可以收集时尚产品。历峰集团旗下奢侈品电商颇特集团《波特》杂志前总编、《时尚芭莎》前编辑露西·约曼斯是"换装"（Drest）应用程序创始人。这款程序给真实世界的超模娜塔莉亚·沃佳诺娃、伊琳娜·谢克、伊曼·哈曼、杜晨·科洛斯创建了虚拟化身，让用户给她们穿衣打扮。用户每天要面对款式搭配难题，当时尚编辑抢游戏币，抢到后给化身购买虚拟奢侈服装。目前和换装合作的品牌有160多个，包括华伦天奴、斯特拉·麦卡特尼、博柏利、普拉达和古驰等。以计算机编程之母爱达·洛芙莱斯名字命名的"爱达"（Ada）应用程序能让用户给虚拟化身穿奢侈服装，在富丽堂皇的背景中拍照，分享到社交媒体。用户和游客都可以线下购买爱达合作品牌设计师服装。应用程序"艳羡"（Covet）也有类似功能，让用户装扮"纸娃娃"，从合作品牌商处购买真实服装。这些应用程序目标相同，即普及奢侈品牌和模特虚拟化身，让每个人都能领略时尚魅力。

数字服装过时后，不用扔到垃圾填埋场，既得科技之利，又有可持续发展前景。2018年11月，挪威街头风零售品牌"卡凌思"（Carlings）推出第一个数字时装系列。上线照片墙平台仅一周就已售罄。用户上传照片到网上，在虚拟世界中穿戴，再把虚拟化身上传到社交媒体。受堡垒之夜游戏给虚拟化身穿衣启发，卡凌思的服装男女通穿，售价在11—35美元之间，契合年轻人的消费能力。2019年，纽约"神经工作室"（Neuro Studio）推出"溶思"（Solventus）系列，立体扫描人体模型，定制数字服装，再用回收材料3D打印出来，让消费者参与设计过程。这其实借鉴了耐克的设计理念。耐克曾推出"可调篮球鞋"（Adapt BB），让用户根据自己的生物特征数据调整设计，创造出更合脚的鞋子。

虚拟化身穿戴时髦，登录社交媒体后，就有了自己的生命，变成明星受到追捧，代言美容和时尚广告。比如，2016年，最终幻想游戏主角雷霆姐代言路易威登。虚拟偶像米克拉·索萨是计算机生成的网红大咖。用户还可以变成虚拟化身，在真实世界装扮成数字空间中的样子，参加一年一度的圣地亚哥国际动漫展。幻想服饰脱胎于数字衣橱，联通真实和数字两个世界，使其互相替换。这听起来极具未来感，但其实早在20世纪初就有设计师探讨过真实和想象的关系。波瓦雷创造"东方"系列，把剧院服装带进沙龙。德劳内设计"同时"服装，把墙上的油画变成可以穿在身上的艺术（见第二章）。

还有一些虚拟产品只有数字版。2019年4月，一款纯数字高级时装以9500美元价格售出。阿姆斯特丹数字面料公司"制造者"（The Fabricant）联手增强现实艺术家约翰娜·雅斯科维斯卡定制数字版高级时装"绚彩"（Iridescence）。有人把这款服装拍卖后捐给慈善事业，使用加密币在区块链上出售。要设计虚拟服装，需要掌握跟传统时尚设计不一样的技术。虽然设计是基于真实纺织品艺术美感，但设计师必须会用软件工程技术3D建模，而不是传统服装剪裁技术。制造者同时用传统打样软件和3D建模工具，为虚拟化身定制衣服。

在真实世界中，设计师要用奢华面料手工制作服装。从这一个角度来说，数字服装和真实高级服装有什么关系？在不远的未来，会不会有"数字裁缝"这种职业？会不会有数字面料图书馆？也许，虚拟定制时装可以让高级定制时装焕发新的活力，尽显其专属专有本色。而成衣价格低，容易买到，则可以复制为虚拟化身的皮肤。最终，任何一家时尚公司都必须提供虚拟产品，博得"Z世代"好感。因为，这一代人青睐虚拟购物、虚拟穿戴，有的人买不起真实世界的奢侈服装，有的人则不认为这些服装有什么价值。2020年疫情以来，全球经济持续不振，人们与实物越发疏远，花在线上的时间也越来越多。

但要体验虚拟时尚，最终可能还是要靠虚拟现实、增强现实和混合现实技术。虚拟现实让人置身另一个3D渲染空间中，可以虚拟试穿衣服，戴上护目镜体验虚构现实。增强现实是用护目镜或手机做过滤器，增强图像。混合现实是组合现实生活元素和虚拟元素，用护目镜和应用程序将计算机图像叠加到物理世界上。伦敦时装学院时尚创新机构负责人马修·德林克沃特用"魔力跳跃"混合现实护目镜把数字图像叠加到真实物体上。展望时尚产业未来，德林克沃特认为，要给新服装建模，为穿者提供虚拟体验，用智能手机创建逼真的虚拟化身，让人们可以戴上混合现实眼镜以观看穿各种套装的虚拟化身，并为其拍摄3D照片。德林克沃特预测，我们的虚拟化身可以居住在增强现实云中，体验时尚和数字融为一体，戴上过滤器改变相貌，自选数字时装，向别人展示自己的虚拟化身。流行文化对此已有反映。在美剧《上载新生》（Upload）第一季第三集中，穿者在增强现实镜子中欣赏虚拟服装。还可以用虚拟现实技术创造来世。

技术联通艺术和时尚两个世界，融合多个学科，让服装具备多种功能。普林斯顿大学数字叙事学教授安德里亚·劳尔用增强现实和服装做实验，表现人类沟通的隐喻。她用增强现实复原手工服装，创作《之上——灰姑娘效应》。该作品是一件超大号衬衫裙，印有鸟形星座。通过移动设备上的增强现实应用程序，可以感受到自己化身为一个星座，星光熠熠，鸟儿绕在身边。劳尔与研究黑洞和时空维度形状的天体物理学家珍娜·拉文合作，设计作品《同一片苍穹下》。受拉文启发，劳尔设计了一款飞行连身衣，参加旧金山太空和媒体艺术探索节展览。观众可以看到1919年阿瑟·爱丁顿爵士亲眼看到的日食，在纺织品上重复印刷数字图案，用增强现实应用程序"腾空"（RISEN）欣赏服装。太空和媒体艺术探索节开创历史，让英语世界的观众重新认识100年前爱因斯坦提出的广义相对论。

劳尔以传统服装形式为载体，运用现代科技建立起观者和穿者之间的关系，改变了双方的角色。穿者的身体变成通往天象的门户，而观者透过专门镜头看到天象，镜头同时

▲ 图11.1 太空和媒体艺术探索节中的安德里亚·劳尔专题展，展出《同一片苍穹下》(2019，左) 和《之上——灰姑娘效果》(2018)。

又变成服装展示工具。2008年，劳尔创作《可爱的身体》，用传感器记录声音和触感，探讨穿者和观者的关系。她之所以把衣服和人生经历联系起来，是受到了一位精神病人的启发。19世纪，艾格尼丝·里希特患有心理疾病，不用纸笔，而把自己的记忆绣在衣服上。劳尔还制作了一件维多利亚风短上衣，用内置传感器创建自己的身体轮廓图。这是一种交互式作品，可以记录观者的触觉、听觉和嗅觉，创造出"混合记忆和录制声音的拼贴画，所有人都能看到"。

纽约城市大学纽约城市技术学院新媒体主任海蒂·布瓦维特也创作互动作品，绘制人类互动图谱。2013年，身兼游戏设计师的布瓦维特创作《生命激扬信号》，让观众带着传

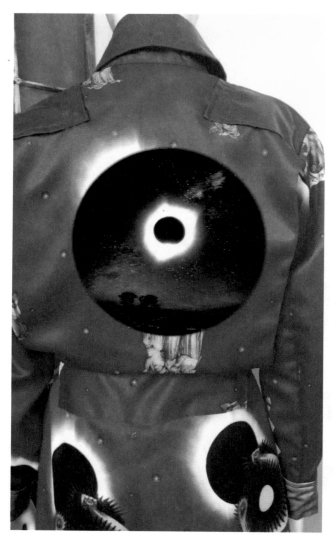

◀ 图11.2　安德里亚·劳尔《同一片苍穹下》（2019）局部。作品涉及詹娜·莱文专著《黑洞布鲁斯和其他外太空歌曲》、自定义增强现实应用程序、3D动画、再生聚酯数字印刷、反光面料。

▶ 图11.3　安德里亚·劳尔《之上——灰姑娘效果》（2018）局部。再生聚酯材料数字印刷、增强现实应用程序。用户点击移动设备上的应用程序，激活印制在劳尔衣服上的动画小鸟。

感器参与现场舞蹈表演，体验大型多媒体，用传感器记录下运动时的生物特征数据。这场表演相当于现场电子游戏，改编自英国数学家约翰·何顿·康威1970年发明的细胞自动机——康威生命游戏。布瓦维特把舞台分成几个区域，用舞者去别人的区域活动，就相当于挤占了生存空间，导致饥饿或孤独。布瓦维特把舞者的生物特征数据输入到生物算法中，以 3D 图像形式投射到屏幕上，让观众看到。她在自己的网站上解释："观众与产生的图像互动，与舞者对话。"而编舞规则与短语数据库相对应。布瓦维特的作品反映了可穿戴设备和互动服装的发展情况，模糊了生物记忆和生物数据的界限，引发人们对技术和人体的合理应用、数据隐私等问题的思考。

▲ 图11.4 安德里亚·劳尔2008年作品《可爱的身体》。从劳尔的服装草图上可以看到维多利亚时期服装元素，也可以看到电子互动设备安装的位置。

▶ 图11.5 安德里亚·劳尔2008年作品《可爱的身体》。观者阅读电子互动设备说明，了解设备启动的位置和方法。

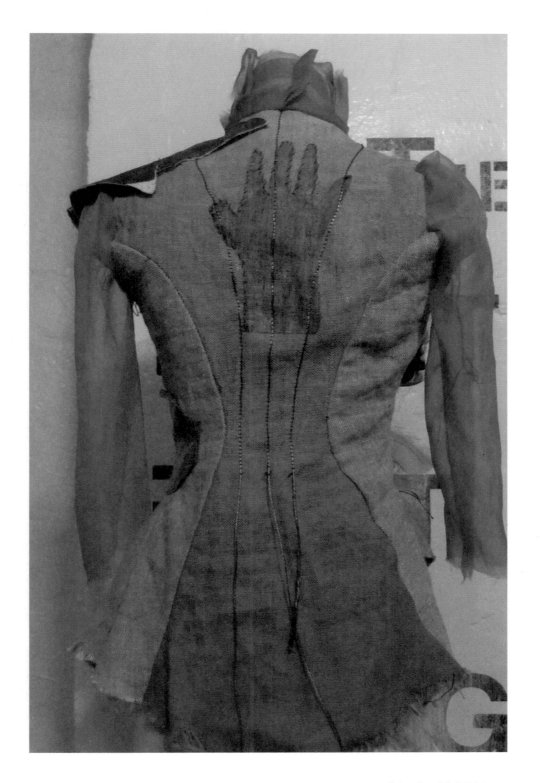

▲ 图11.6　安德里亚·劳尔2008年作品《可爱的身体》的服装成品。

▲ 图11.7　海蒂·布瓦维特2013年作品《生命激扬信号》。布瓦维特用游戏规则创造现场互动游戏，用传感器记录舞者运动图谱。

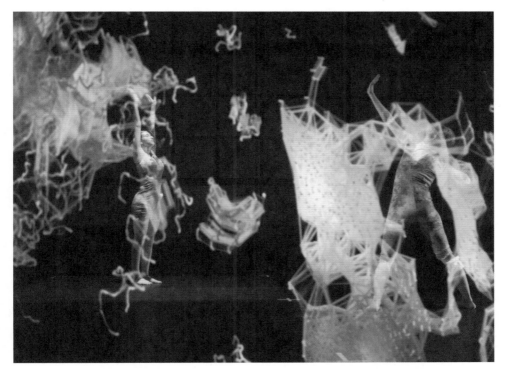

▲ 图11.8 海蒂·布瓦维特2013年作品《生命激扬信号》。舞者现场表演，产生动态数据库，观众与之互动，产生影像，舞者做出回应。

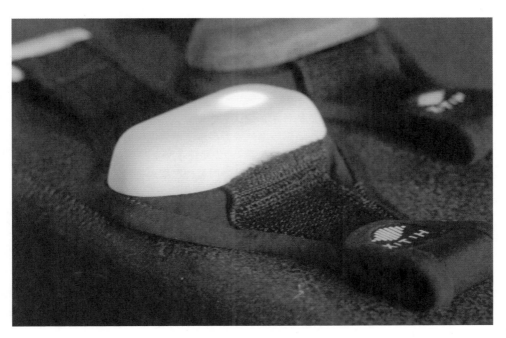

▲ 图11.9 海蒂·布瓦维特作品《X感》。布瓦维特与他人合作开发开源生物创意工具，帮助移动设备用户了解体温、血流、心跳等生物特征数据。

时尚技术简史

　　技术和服装业界逐渐达成共识：服装是一种便携式技术。服装和配饰最贴近我们的身体，可以调节生物节律，提醒我们防范风险和灾害性天气。时尚与智能纺织品联系紧密。互动式服装既要考虑连接性能，也要美观。

　　20世纪，有人自制智能纺织品，做好衣服后连上LED电线，在黑暗中照亮身体部位，产生戏剧效果。发光服装的发明远比电要早。在古代近东地区，人们把金属制苞状饰片缝在衣服表面，穿在比真人大的神像上，放在神庙内，春分一到，就会反射太阳光，让观者有炫目之感。中世纪，十字军带回金布等战利品。金布是一种含金丝绸织物，用多色纱线纺成，饰有复杂图案，有绒面效果。所含黄金一般是扁平箔条，裹在丝芯纱线里，露在布面上。十字军把金布捐给教堂，给圣母玛利亚当披风，这从宗教画中可见一斑。穆斯林用金布表达对统治者的忠诚，布边写有阿拉伯书法库法体文字。中世纪画家也在布边写上这样的字体，历史学家称之为"伪库法体"。世界各地教堂和博物馆都有金布藏品。文艺复兴时期，意大利和法国织布匠仿制金布，为欧洲皇族制衣。现代化早期，最让西方觊觎的伊斯兰特产就是金属丝线纺织品。当时穿金布衣服的人还意识不到，金属可以导电，金布是典型的发光面料。而"导电"也是现代互动智能纺织品的首要条件。

　　发明电后，人们逐渐认识到，服装也可以带电。19世纪80年代初，芭蕾舞演员把灯泡戴在额头上，在短裙下面装电池供电的电灯。1884年4月26日，《纽约时报》刊登了一则广告，引起巨大反响。标题是《带电女孩》，内容是住宅、公司照明新法。做广告的公司是"带电女孩照明公司"。他们雇用年轻女孩，让她们头戴灯泡，穿带电线的衣服，推销比枝形吊灯亮的"五十烛光"，客户可以挑选这些"风格女孩"照亮家里的走廊，这比仆人举灯照明要好。沃思时装屋为科尼利尔斯·范德比尔特二世夫人爱丽丝·格温设计了一款晚礼服，供她参加1883年3月26日的范德比尔特舞会。这款晚礼服内置电池，为格温手中的灯泡形火炬供电。礼服本身带有巴斯尔臀垫，装饰繁复，金色缎面上有星芒和闪电图案，饰有珍珠和银色金属丝流苏，搭配电器元件，看起来天衣无缝。当晚参加舞会的客人都扮相奇特，但沃思设计的整体造型惊动全场。

　　发明家意识到了电对时尚产业的作用。法国人古斯塔夫·特鲁夫发明了舷外发动机和电动汽车。1881年，他在巴黎第一届国际电气展上展示了电池供电缝纫机，改进了脚踏式缝纫机。后来，特鲁夫发明了一系列"发光器"：先是随手势而亮的前照灯，接着是可穿戴设备雏形——"电子首饰"和"发光电子珠宝"。时髦的巴黎人将其买来做领带扣，舞蹈演员戴着这些首饰去女神游乐厅表演。1888年1月3日，美国发明家托马斯·爱迪生列出五页"待办事项"清单，第二页页头标着"人造灯丝"和"人造丝绸"，可能是为了制造导电布。下面还标着"表面开关"，可能跟现在的触摸传感器差不多。1884年，尼古拉·特斯拉与爱迪生合作。之后两人分道扬镳，争着在专利局申请专利。特斯拉发明了交流电，为我们现在生活的科技世界做出了巨大贡献。特斯拉和西屋电气公司合作，为1893年芝加哥举办的哥伦布纪念博览会供电，在尼亚加拉瀑布建成第一座交流水力发电厂，与爱迪生发明的直流电系统竞争。除了供电外，特斯拉发明线圈，奠定现代无线科技基础。他心怀慈善理想，希望人人用上免费的电，但爱迪生和马可尼的商业公司模式最终胜出。如果没有电、导电元件和无线技术，就不会有今天的智能纺织品。

　　20世纪60年代，刮起未来风，科技和服装再次建立联系。库雷热、卡丹、拉巴内推

▲ 图11.10 1883年3月26日，科尼利尔斯·范德比尔特二世夫人所穿"电灯裙"由沃思时装屋设计，目前收藏于纽约市博物馆。

出"太空时代"系列服装，形似宇航服（见第五章）。其他设计师、工程师也在研究更实用的科技服装。1968年，纽约当代工艺博物馆举办"遮体"大型展览，聚焦服装和技术的关系，集中展现纺织技术进步，运动装和户外装所用的气候控制面料，用于潜水和太空航行的技术纺织品，以及镍铬合金线电加热服装——1968年，阿尔伯特和维姬·库珀设计了这种衣服，由可充电银镉电池供电，即便气温降到零度以下，仍能供电四小时。此次展会还展出了威尔逊公司哈特福德设计的冷却服，内嵌有软管，可储水冷却。其他展品有：鲁迪·格恩赖希设计的宽松印花服装，男女通穿，以服装设计重新界定人体活动范围；拉巴内用模具焊接的金属服装，虚构未来的样子；卡辛用分层设计控制体温，展现时装技术革命。

服装和技术有何关系，纽约艺术家戴安娜·朵依早就预测过。"遮体"展有朵依设计的以下作品："电影连衣裙"，皮革制成，直筒廓形，饰有发光胶片；皮革"摩托车夹克"，带有独立电池组供电白炽灯，搭配有警报和收音机功能的"扬声器腰带"。朵依二十多岁当模特时创作了这

▼ 图11.11 1967—1968年，戴安娜·朵依设计的发光服细节。美国公共电视网《古董路演》视频画面。朵依的发光服由便携式电池组供电。电池组盖在衣服腰部下面，能供电几个小时。

些作品。后来，她把这些衣服卖给了贝齐·约翰逊在纽约苏活区开的"贴身用品"精品店，受到了沃霍尔等艺术家的欢迎。他们经常聚在"麦克斯的堪萨斯城"夜总会。1967年，朵依接受《时代》杂志专访，称带电服装是"超感官体验"。穿者可在衣服上加装每秒高达12脉冲的闪光灯，或者不闪动的灯，或者是二者的组合。清洗时，可以拆掉电子元件。朵依对《时代》杂志表示，她正在设计闪光领带，以及能播放音乐的衣服。后来，她给纽约"蓝调魔鬼"等摇滚乐队设计服装。1967年，蓝调魔鬼和谁人乐队巡回演出，就穿着她设计的发光服。这种衣服可以跟随音乐节奏闪光。设计发光服的不只有朵依一个人。沃霍尔的粉丝、人称"老虎"的琼·莫斯也有类似作品，而且经常和朵依合作，作品在她自己的纽约上东区"小小"精品店出售。1967年，沃霍尔为莫斯拍摄了纪录片《四星第14盘》。当然，这些衣服并不是没有质量问题。有传闻说，几个女孩穿着朵依的电装去麦克斯的堪萨斯城夜总会消遣，结果衣服爆炸。据报道，蓝调魔鬼乐队成员出汗遭电击。尽管出现了这些问题，朵依的设计依然领先时代潮流。后来，她把技术卖给了美国军方。

21世纪的时尚和科技

21世纪，时尚产业继续追随科技发展的脚步。软硬件工程师和纺织品、时装设计师合作，创造"智能"交互式纺织品。智能纺织品大致可分为三类：被动智能、主动智能和超级智能。被动智能纺织品带传感器，始终如一对环境做出反应，抗菌纺织品就是典型。主动智能纺织品带致动器，受集成按钮或面板控制，可反射和表现行为；也可能含有微处理器，操纵LED灯点亮衣服；还可通过预编程，改变LED的颜色序列。主动智能还表现在，受到触摸或其他环境刺激后，打开、关闭开关起作用。超级智能纺织品的行为受到外界刺激，也可在导电纤维辅助下自主处理。这种纺织品有自适应学习系统，内置处理器集成系统，能够感知自身，对环境做出反应。所有智能服装都有一个重要特征：与穿者动作同步，通过传感器通信。传感器可以印在或缝缀在面料表面。面料使用银线、颜料等导电材料。当然，这样一来，衣服就显得很笨重。纺织工程师与技术专家合作，把合金、天然或合成纤维混合在一起制成纱线，编织或针织成导电布。智能纺织品的未来发展方向是，将传感器嵌入导电布制成的主动智能或超级智能服装中，使用蓝牙或无线技术连接纤维或纱线。

智能纺织技术不断发展，时尚和纺织设计师共同开辟了穿戴科技新纪元。双方一起创造适用批量生产的原型产品，再迭代升级产品。李维斯、阿迪达斯、圣罗兰等全球时尚大公司和谷歌工程师合作，实施"提花"（Jacquard）项目。该项目从属于谷歌先进技术与项目实验室。提花项目研发人员在面料上加导电线，做成触摸传感器。项目负责人伊万·普皮列夫认为，在服装中添加交互式元件只是第一步。以后要做的是让日常材料具备无形的计算功能。研发人员面临的困难是用工业织机批量生产导电纱线，把导电元件缩到扣子一般大小，一体生产出来，后期添加做饰品。有了智能纺织品，设计师和裁缝就可以做出自己喜欢的服装。具备交互功能的产品种类多起来，消费者就可以选出适合自己生活方式的产品。2017年，谷歌和李维斯合作，推出"提花"项目首款智能服装"通勤卡车司机夹克"，将卡车司机常穿的牛仔布夹克内置拇指大小微处理器，使用提花电子标签，与袖口上的端口连接，从夹克表面接收信号，通过蓝牙把信号传输到移动设备上的应用程序里。

目标客户是在城市骑自行车上班的年轻专业技术人士。骑行过程中，可滑动夹克左袖，连接移动设备，接听电话，选择音乐，查看通知消息。第一代夹克衫只有男款。2019年，李维斯推出第二代适合女士的尺寸和款型，还可以加选羊羔绒衬里，但功能保持不变。虽然实现了批量生产，但这款牛仔夹克的价格并没有降下来。2017年，建议零售价为350美元。2019年迭代后，价格为198美元。普皮列夫表示，谷歌将和低价位品牌公司合作，提高产品销量。但要想把价格降下来，最终还要靠规模经济。

谷歌还和奢侈品牌圣罗兰合作，推出"赛逸"（Cit-e）背包，背着背包可以拍照，控制音乐播放，边走边在谷歌地图上放置图钉。提花电子标签与背带上的导电面料相连接，用户可用手势操作提花移动应用程序。和其他可穿戴技术一样，触动设备即可通信，用户轻敲或闪烁灯光都会通知应用程序。

阿迪达斯与谷歌先进技术与项目实验室、国际足联（FIFA）旗下的艺电体育合作，研发出GMR技术。用户把电子标签放在真人运动员的运动鞋底部，就可以收集球员生物特征数据，在游戏中生成数字孪生。技术支撑是提花机器学习算法，可以测量踢球、速度、击球力量和距离，同步真人运动员与游戏运动员的技能。

在融合时尚和科技方面，几家小公司的表现也可圈可点。麻省理工学院学生麦迪逊·马克西创办"卢米亚"（Loomia）模块化系统，申请了卢米亚电子层专利。用这种技术可以创建软电路，与灯、加热元件和触摸传感器结合后，适用于各种纺织品应用程序。与20世纪60年代朵依等人实验的发光装置不同，LED灯安全性能高，可以集成到柔性纺织品中，也可以放在衣服外面，让衣服保暖又不臃肿。安全和加热功能都用开关控制，是主动智能纺织品范例。卢米亚电子层可以编程，能变成天线，也可以与多个控制模块和传感器配套，在多个通道上传输电力和数据。值得一提的是，卢米亚公司不断扩大可水洗电子纺织品生产规模，降低成本。2019年，公司采用卢米亚电子层制作既时尚又可以加热的冬装夹克。

时尚设计师也利用技术工具改造成衣和传统高级时装。土耳其裔塞浦路斯人侯赛因·查拉扬、荷兰人艾里斯·范·赫本都诠释了何为未来先锋时尚。两位设计师都使用3D打印、激光切割、LED和微控制器等新技术创造概念服装，融合艺术、服装设计和工程技术。他们和其他领域的专家组成团队，一起创作。

侯赛因·查拉扬

侯赛因·查拉扬重新界定时尚表演，认为其不是美学，而是技术。和其他后现代主义艺术作品一样，他的作品融合多媒体，挖掘多种可能，呈现新现实，表达前卫思想，涵盖雕塑、视频、建筑、表演等多个领域。

查拉扬早期作品以长寿和古代为主题，运用土耳其服装和纺织品元素，同时体现塞浦路斯文化。1993年，还在读研究生的他创作"切线流动"，把服装和铁屑埋在花园里，使其呈现考古文物的光泽，体现岁月摧败。他认为，自己的三件代表作是连接过去和未来的"思想纪念碑"。第一件是1999年春夏"向地"系列连衣裙，形似椅子，包住身体，使其成为服装的一部分。第二件是1999—2000年秋冬"回声形"系列"飞机"连衣裙，带有活动襟翼。第三件是2000年春夏"过去减去现在"系列遥控连衣裙，采用飞机制造材料，带可活动襟翼，拉起襟翼，能看到下面的薄纱衬裙。这三件服装都体现同一主题——迭代生存、文化流离、逃亡和迁徙。苏西·门克斯认为，查拉扬精通技术"魔法"，"深谙如何用设计表现逃离的难民"，可以看出他受到"科索沃事件影响，童年记忆如影随形"。2008年，查拉扬与施华洛世奇合作，推出春夏系列水晶连衣裙，在裙下装激光二极管，因多面晶体反射，二极管变成身体光棱镜。查拉扬认为，模特在昏暗T台上360度旋转是在膜拜名人。

从2006年开始，查拉扬不再探讨文化意义和记忆，转而关注逃离、转变和互动，设计"科技高级时装"。他运用高科技创造服装结构，在其中插入微芯片，控制衣服各部分的运动。他对服装如何动起来非常着迷，把电池组连在微处理器上，转换下摆、翻领和头饰。换句话说，他设计的服装整体可以变形。2008年，他和施华洛世奇合作推出"读数"系列升空连衣裙，把1.5万个LED灯和施华洛世奇水晶放在一起，创造出光芒璀璨的效果。

查拉扬还设计了可以做视频显示屏的水晶裙。裙子能投射彩色灯光，显示鱼在水下游泳的图像。其他作品包括：像台灯一样发光的帽子、模仿风吹效果的宽下摆裙。毋庸置疑，查拉扬把时尚、艺术和科学融为一体，拓宽了时尚的思想边界。2009—2010年，荷兰博伊曼斯·范伯宁恩美术馆举办时尚艺术展，展出查拉扬创作的艺术装置"微观地理"。其中有一个垂直的水箱，里面有个人像穿着衣服在旋转。水箱把横截面图像投射到多个视频屏幕上。为加深观众对展品的理解，博物馆配有视频访谈。查拉扬在访谈中表示，他依据"凝视"的概念，创造了一种"迷你人生"，很像是闭路电视录像，记录日常生活，使之成为视觉文化的一部分。从后现代主义艺术视角来看，他的艺术装置有多层含义，但他没有给出任何解读。

查拉扬的很多作品都可以放在舞台上表演，搬到电影屏幕上，做博物馆展品，模糊了艺术和时尚的边界。自2003年以来，他执导了短片《时间冥思》《行之地》《美学》。2015年，他代表土耳其参加世界顶级艺术展——第51届威尼斯艺术双年展。2015年，他和编舞家达米安·贾莱特合作编排《重力疲倦》，在伦敦萨德勒威尔斯剧院上演。这一作品体现了查拉扬对服装的一贯看法，即服装是人类境遇的隐喻，而"重力是感知现实的货币"。台上的舞者有的穿可以包裹、悬挂和伸展的超弹性服装，检验物理定律；有的穿雕塑感文胸，搭配柔软垂褶裙。他们各自舞动，诠释何为流动和不动。查拉扬既设计科技高级时装，也设计成衣系列，所体现的实验性理念每每令人惊叹。

艾里斯·范·赫本

艾里斯·范·赫本运用技术的手法有所不同，但效果一样惊人。2007年，范·赫本在荷兰阿姆斯特丹创办高级时装屋，为碧昂斯、凯特·布兰切特、斯嘉丽·约翰逊等名人设计服装，表达女性赋权观念。范·赫本学古典芭蕾出身，对身体运动和身体在空间中的位置很感兴趣。她模仿自然形态，采用3D打印和激光切割技术，结合刺绣、蕾丝和垂褶等手工艺，展现高级定制传统。

2009年，范·赫本探讨纺织品和身体的关系。她采用几何设计，用精巧易磨损材料创作古埃及木乃伊系列，从现代人视角探索生命和来世的关系。2010年，她用激光切割皮革，以箔片为涂饰，创作"联觉"系列，探索感官知觉的重叠。范·赫本认为，未来的服装可以融合、补充人的感官知觉。为此，她在精巧的服装形式上不断变换光的形式，给观者创造了一道视觉谜题。观者可以通过超灵敏振动仪和接收器获得触觉体验。

范·赫本与人合作设计高级时装，挖掘自然主题，2011年推出"结晶"系列。范·赫本从水的液态和结晶态形式中获得灵感，与边沁克鲁维尔建筑师事务所合作创作系列服

▲ 图11.12　2009年1月21日，伦敦设计博物馆展出侯赛因·查拉扬的作品《读数》，1.5万颗LED灯和水晶熠熠闪光。

▲ 图11.13 艾里斯·范·赫本2011—2012年秋冬"结晶"系列连衣裙。制作这款连衣裙，需要用几百张数码照片，3D打印树脂材料后加热，手工操作瞬间结晶，产生飞溅效果。

装。这些衣服给人一种错觉，以为穿者浸在水中，身边水花四溅，时间凝固。这一系列的服装展现的都是水的运动形式，有流动的瀑布，也有凝结的冰晶。每件作品都在计算机上设计，用 3D 软件打印后，从非晶型共聚酯（PETG）透明亚克力板剪出，再加热材料，用钳子手工操作，产生飞溅效果。细致观察这一系列服装，会发现服装本身是概念隐喻。而概念是艺术家的思想结晶。

范·赫本的其他作品也是跨学科探索的结果，表现的是柔软和坚硬、科技和自然界的张力。2012 年，她创作"混合整体论"。2013 年，创作"电压"。后来，又与加拿大建筑师菲利普·比斯利合作。两人同时在多伦多皇家安大略博物馆举办个展。新西兰艺术家查尔斯·范·坎普曾用特斯拉线圈做实验，比斯利和范·赫本受到启发，于 2014 年合作推出"磁力运动"系列。近年来，范·赫本的作品体现了人体对自然力的体验。比如，2017 年的"催眠"、2019 年的"感官海洋"。这两个作品都用自然材料拼成，反映受声波影响的视觉和心理现象。自 2009 年以来，范·赫本一直和施华洛世奇合作。2019 年，与瑞亚·蒂尔斯坦合作，在维也纳施华洛世奇水晶世界店设计"生物形态主义"艺术装置。

科技和时尚还有不少合作空间有待开发，最终将引发时尚革命。问题是：科技服装能否从实验阶段走进日常生活？可穿戴计算服装能否从新奇玩意儿变成人的第二层皮肤？

时尚即未来遐想

很多设计师和时尚理论家都认为，服装之式即未来之景。20 世纪初，艺术运动和哲学运动巧妙结合，凸显机器和技术在重建社会秩序中的工具属性。在这种美学观影响下，服装变成未来的象征。这其中艺术成分有多少？能否反映科幻虚构元素？对高级时装和成衣影响有多大？

在 20 世纪的一百年中，服装时常左右人们对未来的看法。在视觉艺术思想方面，俄罗斯建构主义、意大利未来主义、德国包豪斯学派都反对划分纯艺术和应用艺术等级，注重艺术实用功能，把连衣裙也当作艺术作品。这些观念在当时影响很大。俄国大革命后，柳博芙·波波娃设计男女通穿连衫裤工作服，大胆用色，流线廓形，舍弃奢华浮饰，体现简洁和平等（见第三章）。在德国包豪斯学校，康定斯基、克利、伊登和约瑟夫·阿尔伯斯把深奥的色彩哲学转化为视觉语言，从施莱默的三人芭蕾服装、斯托尔策尔和安妮·阿尔伯斯的纺织品上可见一斑（见第二章）。设计师用玻璃纤维和玻璃纸等工业材料设计服装和织品，表达前卫思想，反映服装功能从装饰转为实用，说明服装形式具有象征意义。当时的服装图案是抽象的几何形状，启发了后来的未来感连衣裙设计。索尼娅·德劳内设计的服装色彩艳丽，带几何图案，宽松便于活动，和她的同时奥费主义*油画异曲同工。换言之，油画在人体上获得生命，体现现代机器的动感（见第二章）。

尤金妮娅·保利切利在《时尚和未来主义——会表演的连衣裙》一文中，分析了20世纪头十年，服装设计如何受到意大利未来主义的影响。从这一年代的服装样式中可以看到世界变迁。保利切利指出，造型体现的是公众形象，进一步影响服装形式和颜色象征。1914年，未来感服装设计师贾科莫·巴拉发表《未来男装宣言》，提出不对称剪裁"反中性装"概念，倡导使用意大利国旗红绿白三色。三色不仅象征民族主义，也表明未来主义者坚信只有革命战争才能推动变化，由此回应了菲利波·托马索·马里内蒂的观点。1909年，马里内蒂在法国最负盛名的报纸《费加罗报》头版发表未来主义宣言，明显带有政治意味。鲜艳的色彩象征激进好斗，彰显"一战"期间主张干预战争人士的勇气。而中性色彩寓指不参战人士的胆小懦弱。当时的男装采用贴身不对称设计，几乎没有装饰，很像是今天的科幻风设计。

色彩不是服装设计师按季节使用的色调，而是带有象征意义。服装的色彩和形式具有哲学内涵，反映现代社会的速度、机器和标新立异的愿望。20世纪初，时尚深入发展。这是本章中"虚拟高级时装"乃至本书一以贯之的主题。时尚走向何方，要看服装三要素——形式、审美和可及性。

两次世界大战期间，夏帕瑞丽的怪异另类设计主导巴黎时尚。1937年，正值夏帕瑞丽职业生涯巅峰。时任英国版《时尚》编辑艾莉森·赛托这样描述她的设计风格："普遍认为，她的服装准确表达了她所处的时代……她思想敏锐，能够深刻洞察以后若干年的发展趋势。"1938—1939年，她推出冬季系列"生肖"，表现天体、占星术和星座运势，隐含设计师和赞助人对世事的忧虑。当时，时局不稳，爆发"二战"。夏帕瑞丽的套装裙有垫肩，修长有棱角，让人想起依据空气动力学设计的战斗机。裙装图案和配饰象

* 立体主义分支，索尼娅是主要实践者之一。

征梦境，体现了超现实主义（见第二章）。在设计师的想象中，未来是现在的倒置，导致角度不对称，但身体自然对称，由此形成了一对矛盾、一种隐喻。夏帕瑞丽所用材料和主题非同寻常，设计的昆虫首饰让观者内心为之一动。

　　"二战"以来，美国人对地外世界和外星生命深感好奇。太空服和头盔象征探险先驱。未来主义的故事情节出现在漫画书、电影和电视中，主角穿着紧贴身体、棱角分明的服装。这些服装又通过电影电视节目为大众熟知。比如，1933—1951年系列影视片《巴克·罗杰斯》，1950—1955年《太空巡逻队》，1954年《飞侠哥顿》，1955—1957年《科幻剧场》，1959—1964年《阴阳魔界》。从1965—1968年《迷失太空》、1966—1969年《星际迷航》中可以看到服装设计师对未来的构想。1968年，赫迪·雅曼为斯坦利·库布里克执导的电影《2001太空漫游》设计服装，与库雷热、拉巴内和卡丹的太空时代高级时装主题相合。这些设计师和艺术家都用金属、塑料等工业材料设计柔软的未来感服装，诠释"他者"概念，让人想起工业时代和后工业时代的机器。这一时期的服装重装饰，轻实用，探讨的是服装之下身体的活动，与20世纪初现代主义者关注的焦点一致。

　　如果我们要探寻服装和幻想之间的联系，就会发现时尚反映文化和社会运动，表现的不仅是我们生活的这个世界，还有时间轴上的多个世界。科幻影视是人类思考未来世界的主要载体。科幻元素在高级定制时装中时有体现。比如，库雷热设计的白色靴子和遮阳帽，卡丹用羊毛和乙烯基材料设计的宇宙系列。1968年，拉巴内为邪典电影《太空英雄芭芭丽娜》设计未来感服装，后来又推出同系列成衣。设计师用艳色、不对称的设计诠释未来时尚。

　　时尚可以替代现实，可以塑造乌托邦、反乌托邦或末日降临后的世界，推动故事情节发展*。但大多数科幻文学和影视作品反映的是人类对未来世界的思考。1968年，菲利普·K.迪克创作科幻小说《仿生人会梦见电子羊吗？》。1982年，小说被改编成生物工程主题科幻电影《银翼杀手》。2017年，再被改编为《银翼杀手2049》。从这些电影中可以看到人类和类人机器人穿的各种材料、风格的服装。该片服装设计师蕾妮·艾普尔混合古风和街头风，帮助观众视觉体验人物生活，用潮湿的皮草表现类人机器人的痛苦，用透明塑料外套揭示某种东西。这说明设计师有意识不用20世纪六七十年代科幻电影惯用的服装材料和形式。特里希·萨默维尔受科幻文学或者范·赫本作品的启发，采

<hr>

*　经典电影《星球大战》原作三部曲蕴含东方文化元素。比如，楚巴卡和汉·索洛的服装像是日本武士服，卢克·天行者和欧比旺·克诺比的裹身外套很像是僧人穿的法衣。

用激光切割镀金皮革，为 2012—2015 年《饥饿游戏》四部电影设计服装。麦昆、韩国设计师郑旭俊等也为电影设计服装。从流媒体影片来看，未来的时尚既注重实用，也体现穿者幻想，反映了人们对未来几十年自然环境和社会环境的思考。故事情节一般围绕两个主题——文化亚群体和极限生存。服装设计也反映了这两个主题，比如，2015—2020 年电视剧《苍穹浩瀚》中，地球飞行员穿的合体连身衣和火星盔甲。未来感服装主要用反光材料、中性色调，但也有例外，比如，乔安妮·汉森为《苍穹浩瀚》中角色克里斯金·阿瓦萨罗拉（索瑞·安达斯鲁饰演）设计的纱丽。剧中的小行星带人留莫霍克发型，脖子和脸上有刺青，让人想起 20 世纪 70 年代的朋克族。有的科幻小说表现 19 世纪维多利亚时代，以此反映对未来的看法，出乎读者意料。比如，2000 年，尼尔·斯蒂芬森创作的科幻小说《钻石年代》，刻画了一群思想保守的新维多利亚精英。他们衣冠楚楚，穿的衣服用真正的纺织品做成；而席特人从来没见过丝线长什么样子，只能穿机器做出来的复合材料衣服。

科幻文学电影迷用二次元和地下时尚再度诠释作品主题。喜欢 20 世纪八九十年代科幻主题的人自称"蒸汽朋克"，于 2006 年举办第一次大会"沙龙集"。蒸汽朋克深受维多利亚时代影响。与之相关的是柴油朋克和赛博朋克。前者反映柴油动力机械，后者注重计算机技术进步。喜欢穿幻想服的人经常参加聚会互动。二次元迷聚会更不一般。他们从"阿达果"（Adafruit）等柔性电路组件公司购买原材料，自己动手设计可编程 LED 智能服装，装扮成虚拟化身和动漫超级英雄。自 1970 年以来，加利福尼亚州圣地亚哥市每年都会举办国际动漫展，吸引了上百万人参加。他们都把自己打扮成游戏和科幻文学角色。当代科幻服装仍然反映一个社会的政治、文化、经济状况，体现穿者身份。

时尚的代表性和兼容性

时尚产业现已价值万亿美元。但有很多方面值得从业者重新思考。比如，创意和商业人才背景更加多元，广告要面向更多群体，服装要突破二元性别结构，美的理想形式要重新建构。20 世纪，成衣行业领导结构发生变化。原来在服装和纺织品行业做工的移民自立门户，创办企业。"二战"期间及战后，美国出现各种价位的服装。塞尔达·韦恩·瓦尔德斯、安·科尔·洛等黑人设计师面向各种肤色的客户提供服务。20 世纪 60 年代，伊夫·圣罗兰打破巴黎惯例，聘用各种肤色的模特走秀。乔瓦尼·詹尼·范思哲等高端服装设计师纷纷效仿，扩大了美的理想内涵。1973 年，时尚界打响凡尔赛之战，斯蒂芬·伯罗斯为美国设计师助阵。与此同时，民权运动深入发展，媒体广泛宣传美和时尚的另类形式。但最重要的里程碑还是出现在 20 世纪 80 年代。黑人设计师帕特里克·凯利获准加入巴黎高级时装公会，成为第一位美籍会员。2020 年 6 月，250 名黑人时尚设计师发起"凯利倡议"，在请愿书上签名，呼吁时尚产业各部门积极吸纳黑人英才。2018 年，《青少年时尚》杂志主编林赛·皮兹·瓦格纳在《纽约杂志》撰文"处处无处——黑人时尚从业者的真实状况"。2020 年 6 月，瓦格纳和人一起创办"黑人时尚理事会"，呼吁时尚公司发布年度指数，推动各色人种同责同权。

时尚包容性运动还包括重塑性别期待。人们对时尚性别边界的讨论已经持续了几个世纪。莎拉·伯恩哈特穿着裤子在工作室拍照曾引起轩然大波（见第六章）。20 世纪前十年，时尚界打破 19 世纪服装局限，把女性从束身胸衣等维多利亚风格服装中解放出来。"一战"

后，"新风貌"塑造了新一代女性。男装也在不断发展，出现了预折衣领、袋型套装和悬垂套装，更方便身体活动。20世纪后半叶，男女服装都变得更加随意，T恤、蓝牛仔裤变成男女衣橱通配。鲁迪·格恩赖希实验无性别服装，得到性别平等运动人士欢迎。嬉皮士青睐东方样式服装，喜穿束腰外衣和宽松裤子。20世纪六七十年代，女性解放运动不断发展，社会渐渐接受女性穿裤子，男性也开始穿裙子。比如，华丽摇滚明星穿异装。有的男性穿紧身喇叭裤，搭配防水台高跟鞋，凸显男人形体。20世纪80年代，高级时装品牌范思哲设计艳色印花丝绸男装，打破男装限制，还为女性设计金属服装"傲洛唐"，颠覆女装材料和色彩传统。20世纪90年代，亚历山大·麦昆让男模穿裙子、女模赤着上身走T台，故意模糊身份边界。

做什么样的广告、选谁做模特对消费者影响很大。20世纪中叶，女性时尚形象从光彩照人的偶像转变为天真烂漫的少女，美学新理想随之形成。60年代，崔姬和简·诗琳普顿代表的"风骚坏女孩"受宠。80年代，波姬·小丝是性感化身。90年代，"海洛因范儿"席卷T台。这些时尚潮流都对正处青春期的女孩产生了不好的影响，变化呼声随之而起。2000年以来，数码摄影取代胶卷照相。修图工具Photoshop把现实变成幻想。修过图的模特照片出现在时尚杂志上，受到年轻女性崇拜，导致饮食紊乱、抑郁、吸毒。时尚新理想应该突出有健康体魄的模特和大码模特，而不是骨瘦如柴的女孩。2010年以来，时尚行业制定新标准，涵盖道德和种族维度，为戴头巾的穆斯林女性设计端庄时尚。目前，该领域快速发展。

小结

时尚行业不断吸纳科技新成果和新思想。电子商务创造了购物新体验。消费者不必去百货商店买高档货，既省钱，又实用。实体衣服被摆上网，虚拟服装也在虚拟试衣间和数字孪生上呈现新表达形式。时尚融汇网络游戏元素。奢侈品牌服装变成虚拟化身皮肤，让网民在线体验高端时尚。人们不用花钱买昂贵衣服，就能在社交媒体上体验数字时尚。虚拟高级时装设计师打破服装尺寸限制，从科幻作品中汲取灵感，满足人们对时尚的幻想。在真实世界中，智能纺织品和内置无线技术服装越来越多，为时尚开辟视觉体验之外又一条新路。社会平等观念日益深入人心，时尚体系变得更加包容，让各种背景的消费者都能买到心仪的衣服。

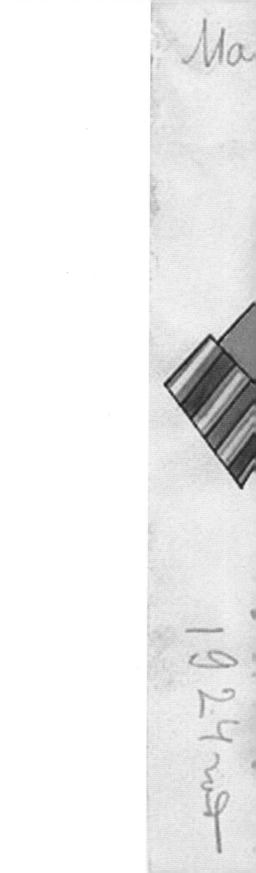

结

论

《西方时尚文化史》研究现代欧美时尚产业两种完全相反的业态。高级定制时装诞生于19世纪中叶，为私人专享。而成衣产业的理念是，服装是一种商品，应该面向所有社会阶层。英国人查尔斯·弗莱德里克·沃思推动高级定制时装向成衣转变。沃思在巴黎开时装屋，以精工细制闻名，服务欧洲皇室。但沃思也制作品质相似、价格较低的服装，卖给美国中产阶层，在当时引起争议。20世纪初，帕奎因、波瓦雷、薇欧奈等设计师效仿沃思，为成衣产业的崛起铺平了道路。

早期的高级时装设计师被誉为"艺术天才"，不声不响交契于上层精英，将精明商道藏而不露。波瓦雷等设计师都深谙此道。但当"富"胜于"贵"时，社会阶层界限模糊，时尚重心转移。早在20世纪初，英国和欧洲大陆就有不少一流高级定制时装设计师看到了欧美中产阶层的消费潜力。

最开始，成衣只是高级定制时装的翻版。时装屋照图样仿制后，卖给中产阶层常逛的百货商店。这样一来，每隔几年，时尚就翻新一次。但超富阶层在此潮流中岿然不动，自然与社会下层区别开来。19世纪50年代以来，缝纫机普及。20世纪一二十年代，制造工艺不断进步，开启现代生活。时尚设计大师不拘常规，应时而动。服装设计渐趋标准化。标准化尺寸、色彩和款式显著降低了生产成本。香奈儿设计的标准化"小黑裙"，被1926年10月期美国版《时尚》比作1925年福特T型车。小黑裙设计简洁，流线廓形，现代感强，非常实用。20世纪20年代，香奈儿、巴杜等巴黎高级时装屋开创成衣和运动装生产线。与此同时，美国成衣设计自成一体。罗德与泰勒百货的多萝西·沙弗是零售高手。埃莉诺·兰伯特善于公关。克莱尔·麦克卡德尔和邦妮·卡辛等设计师的运动装适合正式场合穿着，塑造美国理想生活方式。"二战"爆发后，美国设计在商业运营和美学理念两方面都与法国高级时装存在显著差别。

夏帕瑞丽和艺术界联系紧密，用高端时尚表现达达主义和超现实主义，再来批判时尚本身。20世纪30年代，她与萨尔瓦多·达利、让·谷克多等超现实主义艺术家合作，批评精英时尚，推崇后现代主义思想。从60年代开始，流行文化、视觉艺术都成为后现代主义表现载体。时尚拙劣模仿艺术，艺术拙劣模仿生活。时尚和街头服饰、流行文化越走越近。安迪·沃霍尔采用批量生产工艺，创作波普艺术。时尚变成好莱坞电影、音乐和媒体广告的通用语言，弥合了社会阶层差距。在高科技世界，时尚潮起潮落，一次性时装成型。受以上诸多因素影响，高级定制时装因价格过高，自己把自己淘汰出局。20世纪七八十年代，出现生活方式服装，美国成为运动装生产中心。"穿着体面"过时，"穿着随便"流行，社会结构越发扁平。

街头风受底层青睐，成为"二战"后青年亚文化元素。高级时装设计师紧跟风头，创造小众市场，对时尚产业的设计、营销和制造产生巨大影响。不少时尚作家认为，现代反时尚是美国嬉皮运动的结晶，受到了美国反建制运动的影响。但20世纪70年代，英国的朋克族也持极端政治观点，自绝于社会。追其根源，当时，很多年轻人失业，心中愤懑，以服装表达虚无情绪。薇薇安·韦斯特伍德打破时尚规则，重建服装品位概念，确立朋克时尚地位。朋克族桀骜不驯，对地方和国家问题、女权主义、性、种族、性别、政治、环保等都持激进态度。20世纪70—90年代，时尚成为视觉工具，帮助穿者表达社会政治观点，酝酿革命。巴黎T台设计师也开始诠释街头风。

"反时尚"一词说明时尚和反时尚共生共存。时尚体系不断变化。反时尚完成了时尚循环。意味深长的是，20世纪六七十年代非欧洲风格服饰也被视为反时尚。究其原因，这类服装的设计师质疑西方主流观念。80年代初，"第二波"日本设计师带着街头风走向巴黎T台，创造跨文化时尚。山本耀司和川久保玲完全解构款式、形象、制作方法、营销策略和展示手段。三宅一生慢下来打磨时尚。当时，欧洲时尚行业发展缓慢，深陷挪用拼凑之网。三位日本设计师促进了行业发展，不能不说有一定的讽刺意味。他们的作品富有人文价值，是对社会价值观念的反思和主观诠释。服装设计事关人的记忆和意义。广义而言，时尚不仅仅是第二层皮肤。

本书最后两章探讨了21世纪时尚行业要解决的问题。快速生产、快速推出新款式、大量使用合成材料、全球外包导致血汗工厂人权危机，严重污染环境。斯特拉·麦卡特尼等设计师率先推行时尚可持续发展模式。而要实现全行业可持续发展，必须全面整改成衣业。消费者可以在重塑时尚中发挥重要作用，因为过度消费和过度生产密不可分。对于高级时装业，情况刚好相反，一次性生产和消费更有利于可持续发展。艾里斯·范·赫本等设计师认为，高级时装可以是表达自然艺术形式的载体，各领域专家可以开展技术合作。侯赛因·查拉扬也借助科技之力设计服装，诠释全球化社会中身份和他者的概念。

如果要问，21世纪最突出的变化是什么？那就是，时尚从模拟世界走向数字媒体世界。自20世纪90年代以来，时尚业界一直在适应新技术的发展，利用电子商务和网上营销的强大工具，采用混合现实和虚拟现实创造虚拟购物环境，让消费者看到自己穿上衣服的样子。社交媒体出现，网红卖货，替代了传统广告。高端时尚品牌和游戏公司合作，为虚拟化身提供皮肤，让社会各阶层都买得起奢侈品。最终，虚拟高级时装只有数字版，只能在网上"穿戴"体验。

《西方时尚文化史》聚焦时尚形成的社会文化背景，介绍19世纪中叶以来的主要设计师和流行风格。本书不求事无巨细、面面俱到，只为时尚专业学生打牢基础，把握当代时尚产业发展脉络。展望未来，时尚产业仍将不断变化，适应社会发展，研发新材料，找到新方法，将服装和生活方式融为一体。时尚产业的确产生了一些问题，但我们仍然可以乐观预见，时尚产业能够一如既往帮助人类找到解决问题的办法。

纳兹宁·哈达亚特·门罗

术语表

● 中产阶层（bourgeoisie）：从法语翻译而来。其形容词形式"中产阶层的"（bourgeois）指的是中产阶层的品位。这两个词在19世纪有贬义。当时的贵族对中产阶层喜欢的物品和风格不屑一顾。但在法国大革命期间，中产阶层品位又与无产阶级价值观相对立。

● 巴斯尔臀垫（bustle）：垫在或撑在短裙或礼服裙下面，让裙子饱满有型。

● 裙笼（cage）：1857年发明，为同心钢环组成的钢架。可用胶带粘在宽裙下，使裙面呈球形。

● 克里诺林式裙撑（crinoline）：用马毛经线和羊毛纬线织成的硬质面料制成，自1840年起，用作下裙衬裙，常和裙笼配套使用，又称"笼状克里诺林式裙撑"。

● 炫耀消费（conspicuous consumption）：某人穿华服，戴首饰，彰显财富。该词由经济学家索尔斯坦·凡勃伦于1899年首创。比较：炫耀休闲（conspicuous leisure）。

● 炫耀休闲（conspicuous leisure）：某人穿复杂装饰、不便于活动的衣服，表明自己不必去劳作维持生计。该词由经济学家索尔斯坦·凡勃伦于1899年首创。比较：炫耀消费（conspicuous consumption）。

● 束身胸衣（corset）：女用紧身内衣，包住胸部至臀部以塑形。最初用鲸骨制成。

● 高级时装设计师（couturier）：从法语翻译而来。若称"高级女装设计师"，则为"couturière"。高级时装设计师采用高档面料，凭精湛手艺为社会上层或皇族设计衣服。

● 剪裁（couture à façon）：从法语翻译而来，字面意为"某种剪裁方法、工艺"，指的是裁缝按已有款式加工，与高级时装设计师原创设计相对应。

● 花花公子（dandy）：指的是特别注重穿衣打扮、过分在意仪容仪表的男子。1815年首次使用。

● 半上流社会（demi-mode）：从法语翻译而来，字面意为"半世界"，指的是19世纪，有一群人的生活方式不合社会正统，与上层形成对照。"demi-mode"也可指"暗娼"，即高级妓女，以及与有钱男人有不正当关系的女子。该词可能套用了1855年小仲马戏剧《半上流社会》（Le Demi-Monde）之名。

● 数字孪生（digital twin）：有生命或无生命物的数字复制品。在时尚中，指的是展示服装的虚拟化身。

● 生态时尚（eco-fashion）：用可再生资源或回收品制成的服装，对环境无害。

● 公平贸易（fair trade）：发达国家和发展中国家达成协议，解决工人劳动环境和公平待遇问题。

● 中上阶层（haute bourgeoisie）：从法语翻译而来，指的是购买能力强的中产阶级上层。

●高级定制时装（haute couture）：从法语翻译而来，指的是某位设计师经营时装屋专为有钱客户量身定制、精工细裁的服装。

●有闲阶层（le bon monde）：从法语翻译而来，字面意为"好世界"。本书指"有闲阶层"。

●原型或模特（models）：在高级定制时装中指新设计出的原型。在成衣中，指的是专门穿衣展示、拍照的模特职业。

●计件工资（piece work）：在服装产业中，工厂按成品，而非小时支付工人工资。

●可持续性（sustainability）：一般指生产工艺或行为不妨害后代、以同等生产效率生产的能力。

●可持续时尚（sustainable fashion）：遵照公平贸易原则，使用环保材料，倡导降低浪费、适度消费理念的服装生产。

●薄亚麻织物（toile）：从法语翻译而来，字面意为"面料"。在时尚产业中，指的是用于制作服装图案的未漂白薄纱织物。

●虚拟商品（virtual goods）：仅存在于虚拟世界的数字形式物品。

参考文献

Albanesi, Melanie. (2020), 'See Rockers in Their Light Up Suits', PBS Antiques Roadshow, 13 April 2020.

Available online: https://www.pbs.org/wgbh/roadshow/stories/articles/2020/4/13/see-rockers-their-light-suits (accessed 17 August 2020).

Allen, J. S. (1983), *The Romance of Commerce and Culture*, Chicago: University of Chicago Press. Anscombe, I. (1984), *A Woman's Touch: Women in Design from 1860 to the Present Day*, London: Virago Press.

Anti-Counterfeiting Group (2005), Available online: www.a-cg.org Aoki, S. (2001), *FRUiTS*, London: Phaidon Press.

Arnold, R. (2001), *Fashion, Desire, and Angst: Image and Morality in the 20th Century*, London: I. B. Taurus.

Arnold, Rebecca. (2009), *The American Look*, London and New York: I.B. Taurus.

Artley, A. (1976), *The Golden Age of Shop Design: European Shop Interiors 1880–1939*, London: Architectural Press.

Bailey, A. (1988), *Passion for Fashion*, London: Dragon's World. Baillen, C. (1973), *Chanel Solitaire*, trans. B. Bray, London: Collins.

Banner, L. (1984), *American Beauty*, Chicago: University of Chicago Press.

Barker, E. (1999), *Contemporary Culture of Display*, London: Yale University Press. Barnard, M. (2002), *Fashion as Communication*, London: Routledge.

Bartlett, D., S Cole and Agnès Rocamora, (ed.). (2013), *Fashion Media: Past and Present*, London: Bloomsbury Publishing.

Barwick, S. (1984), 'Century of Style', in *Harper's Bazaar* (Australia), September, pp. 121–4. Basye, A. (2010), 'One Day in Fashion: Cinemode', 13 August. Available online: www. onthisdayinfashion.com

Batterberry, M. and Batterberry, A. (1982), *Fashion: The Mirror of History*, London: Columbus Books.

Battersby, M. (1988), *The Decorative Twenties*, Whitney Library of Design, New York: Watson-Guptill. Baudot, F. (1999), *A Century of Fashion*, London: Thames & Hudson.

Bayer, P. (1988), *Art Deco Source Book: A Visual Reference to a Decorative Style*, Oxford: Phaidon. Bayley, S. (ed.) (1989), *Commerce and Culture*, Design Museum Books, London: Fourth Estate.

Beard, N. D. (2008), 'The Branding of Ethical Fashion and the Consumer: A Luxury Niche Market or Mass-Market Reality?' *Fashion Theory*, Vol. 12, No. 4, pp. 447–68.

Beaton, C. (1954), *The Glass of Fashion*, London: Weidenfeld & Nicolson. Bell, Q. (1992

[1947]), *On Human Finery*, London: Allison & Busby.

Bellafante, G. (2004), 'The Frenchwoman, In All Her Moods', *New York Times*, 5 March. Benaim, L. (1997), *Issey Miyake*, London: Thames & Hudson.

Bender, D. (2002), 'Sweatshop Subjectivity and the Politics of Definition and Exhibition', in *International Labor and Working-Class History*, No. 61, Spring 200), pp. 13–23.

Benjamin, W. (1970 [1936]), 'The Work of Art in the Age of Mechanical Reproduction', in H. Arendt (ed.), *Illustrations*, pp. 219–53, London: Cape.

Berry, J. (2005), 'Re: Collections—Collection Motivations and Methodologies as Imagery, Metaphor and Process in Contemporary Art', unpublished DVA thesis, Griffith University, Brisbane.

Best, K. N. (2010), 'Fashion Journalism', in J. B. Eicher (ed.), *Berg Encyclopedia of World Dress and Fashion*, Vol. 8, London: Berg.

Betts, K. (2004), 'Rei Kawakubo: Comme des Garçons, Avatar of the Avant-Garde', *Time*, 16 February, p. 40.

Betts, K. (2009), 'Will Fashion's Biggest Names Kiss the Runway Goodbye', *Time*, 10 December. Black, S. (2007), *Eco-Chic: The Fashion Paradox*, London: Black Dog Publishing.

Bliekhorn, S. (2002), *The Mini-Mod 60s Book*, San Francisco: Last Gasp Publications.

Blumenthal, R. (1992) 'When the Mob Delivered the Goods.' *The New York Times Magazine,* (26 July). Available online:https://www.nytimes.com/1992/07/26/magazine/when-the-mob-delivered-the-goods. html (accessed 18 June 2021).

Bolton, A. (2011), 'Alexander McQueen Bumster Skirt Highland Rape' blog for 'Savage Beauty' exhibition at The Metropolitan Museum of Art. https://blog.metmuseum.org/alexander-mcqueen/ bumster-skirt-highland-rape/ (accessed 18 April 2021).

Boodro, M. (1990), 'Art and Fashion—A Fine Romance', *Art News*, September, pp. 120–7. Borelli, L. (2002), *Net Mode: Web Fashion Now*, New York: Thames & Hudson.

Bouillon, J-P. (1991), 'The Shop Window', in J. Clair (ed.), *The 1920s: Age of Metropolis*, pp. 162–80, Montreal: Museum of Art Press.

Bouquet, M. (2004), 'Thinking and Doing Otherwise', in B. M. Carbonell (ed.), *Museum Studies: An Anthology of Contexts*, Oxford: Blackwell.

Bourdieu, P. (1984), *Distinction: A Social Critique of the Judgement of Taste*, London: Routledge and Kegan Paul.

Bowman, J. (2008), 'Culture Shock: Comparing Consumer Attitudes to Counterfeiting', in *WIPO 4th Global Conference*, Geneva: WIPO.

Braun, Sandra Lee. (2009), 'The Forgotten First Lady: The Life, Rise, and Success of Dorothy Shaver, President of Lord & Taylor Department Store, and America's "First Lady of Retailing".' Ph.D. Dissertation, University of Alabama, Available online at: http://acumen.lib.ua.edu/ u0015/0000001/0000153/u0015_0000001_0000153.pdf (accessed 7 July 2019).

Bray, E. (2009), 'The New Link Between Music and Fashion', *The Independent*, 21 August.

Breward, C. (2003), '21st Century Dandy', exhibition catalogue, in *Art Architecture & De-*

sign, London: British Council.

Breward, C. and Evans, C. (eds) (2005), *Fashion and Modernity*, Oxford: Berg.

Broinowski, A. (1999), 'Japanese Taste: Askew by a Fraction', in B. English (ed.), *Tokyo Vogue: Japanese/ Australian Fashion*, exhibition catalogue, Brisbane: Griffith University.

Brown, S. (2010), *Eco Fashion*, London: Laurence King.

Buckberrough, S. A. (1980), *Sonia Delaunay: A Retrospective*, Buffalo: Albright Knox Gallery. Carbonell, B. M. (ed.) (2004), *Museum Studies: An Anthology of Contexts*, Oxford: Blackwell. Carnegy, V. (1990), *Fashions of the Decades: The Eighties*, London: Batsford.

Carter, E. (1980), *Magic Names of Fashion*, London: Weidenfeld & Nicolson. Casadio, M. (1997), *Moschino*, London: Thames & Hudson.

Chadwick, W. (1990), *Women, Art and Society*, London: Thames & Hudson.

Chapman, C., Lloyd, M. and Gott, T. (1993), *Surrealism: Revolution by Night*, exhibition catalogue, Melbourne: National Gallery of Victoria.

Chapman, J. and Gant, N. (eds) (2007), *Designers, Visionaries and Other Stories*, London: Earthscan. Charles-Roux, E. (1981), *Chanel and Her World*, London: Weidenfeld & Nicolson.

Chenoune, F. (1993), *A History of Men's Fashion*, Paris: Flammarion Press.

Chipp, H. B. (1973), *The Theories of Modern Art*, Los Angeles: University of California Press. Christodoulides, G. (2009), 'Branding in the Post-Internet Journal', *Marketing Theory*, Vol. 9,

pp. 141–4.

Cicolini, A. (2005), *The New English Dandy*, London: Victoria & Albert Press. Clair, J. (ed.) (1991), *The 1920s: Age of Metropolis*, Montreal: Museum of Art Press.

Cline, Elizabeth L. *Overdressed: The Shockingly High Cost of Fast Fashion*. New York: Penguin, 2012.

Cohen, A. A. (ed.) (1978), *The New Art of Colour: The Writings of Robert and Sonia Delaunay, The Documents of 20th-Century Art*, trans. D. Shapiro and A. Cohen, New York: Viking Press.

Colchester, C. (1991), *The New Textiles: Trends and Traditions*, London: Thames & Hudson. Copping, N. (2009), 'Style Bloggers Take Centre Stage', *Financial Times*, 13 November.

Craik, J. (1994), *The Face of Fashion*, New York: Routledge.

Crane, D. (2000), *Fashion and Its Social Agenda*, Chicago: University of Chicago Press.

Cumming, C. W. et al. (2017) *The English Dictionary of Fashion, 2nd Edition.* London and New York: Bloomsbury Academic.

Cunningham, B. (2010), *Bill Cunningham New York*, video by Richard Press/Philip Gefter (producer). Damase, J. (1972), *Sonia Delaunay: Rhythms and Colours*, London: Thames & Hudson.

D'Avenel, G. (1989 [1898]), 'The Bon Marché', in S. Bayley (ed.), *Commerce and Culture*, pp. 57–9, London: Fourth Estate.

Davis, Nancy and Amelia Grabowski (2018), 'Sewing for Joy: Ann Lowe' (12 March), *National Museum of American History Blog,* Smithsonian Institution. Available online: https://

americanhistory.si.edu/ blog/lowe (accessed 8 June 2020).

De Grazia, V. (1991), 'The American Challenge to the European Arts of Advertising', in J. Clair (ed.), *The 1920s: Age of Metropolis*, pp. 236–47, Montreal: Museum of Art Press.

Delaunay, S. (1978), *Nous Irons Jusqu' au Soleil*, Paris: Editions Laffont.

Deloitte (2017), 2017 Global Mobile Consumer Survey: US Edition, p. 2. Available online: https:// www2.deloitte.com/content/dam/Deloitte/us/Documents/technology-media-telecommu- nications/ us-tmt-2017-global-mobile-consumer-survey-executive-summary.pdf (accessed 18 June 2021).

DeLong, M. (2009), 'Innovations and Sustainability at Nike', *Fashion Practice: The Jour- nal of Design, Creative Process & the Fashion Industry*, Vol. 1, No. 1, pp. 109–14.

Di Grappa, C. (ed.) (1980), *Fashion Theory*, New York: Lustrum Press.

Diehl, N. (ed.) (2018), *The Hidden History of American Fashion*, London and New York: Bloomsbury Academic Press.

Dormer, P. (1993), *Design After 1945*, London: Thames & Hudson.

Dowsett, S. and G. Obulutsa (2020), 'Height of Fashion? Clothes Mountains Build Up as Recycling Breaks Down', in *Reuters*, 30 September.

'Electric Girls' *New York Times*, 26 April 1884.

Emery, Joy Spanabel (2014), *History of the Paper Pattern Industry*. New York and London: Bloomsbury.

English, B. (ed.) (1999), *Tokyo Vogue: Japanese/Australian Fashion*, exhibition catalogue, Brisbane: Griffith University.

English, B. (2004), 'Japanese Fashion as a Re-considered Form', in The Space Between: Textiles–Art– Design–Fashion Conference CD, Vol. 2, Perth: Curtin University of Technology.

English, B. (2005), 'Fashion and Art: Postmodernist Japanese Fashion', in L. Mitchell (ed.), *The Cutting Edge: Fashion From Japan*, Sydney: Powerhouse Museum Publications.

English, B. (2011a), Interview with Zang Yingchun, Director of International Fashion and Textile Design Education, Tsinghua University, Beijing, 18 October.

English, B. (2011b), *Japanese Fashion Designers: The Work and Influence of Issey Miyake, Yohji Yamamoto and Rei Kawakubo*, Oxford: Berg.

English, B. and Pomazan, L. (eds) (2010), *Australian Fashion Unstitched: The Last 60 Years*, Melbourne: Cambridge University Press.

Epstein, J. (1982), 'Have You Ever Tried to Sell a Diamond?', *The Atlantic* (February). Available online: https://www.theatlantic.com/magazine/archive/1982/02/have-you-ever-tried- to-sell-a-diamond/304575 (accessed 25 April 2021).

Evans, C. (1998), 'The Golden Dustman: A Critical Evaluation of the Work of Martin Mar- giela and a Review of Martin Margiela: Exhibition (9/4/1615)', *Fashion Theory*, 2/1: 73–93.

Evans, C. (2003), "Yesterday's Emblems and Tomorrow's Commodities", in S. Bruzzi and P. Church- Gibson (eds), *Fashion Cultures*, London: Routledge.

Evans, C. (2003), *Fashion at the Edge: Spectacle, Modernity and Deathliness*, New Hav- en: Yale University Press.

Evans, C. and Thornton, M. (1991), 'Fashion, Representation, Femininity', *Feminist Review*, Vol. 38, pp. 56–66.

Ewen, S. (1976), *Captains of Consciousness: Advertising and the Social Roots of the Consumer Culture*, New York: McGraw-Hill.

Ewing, E. (1981), *Dress and Undress: A History of Women's Underwear*, London: Bibliophile. Ewing, E. (1986), *History of 20th-Century Fashion*, London: Batsford.

Farrar, L. (2011), 'Will Chinese Designers Get Left Behind in China's Fashion Boom?' *CNN*, Available online: www.edition.cnn.com/2011/09-1/living/china-fashion-designers/index. html

Farro, E. (2021), 'Stella McCartney Introduces Her First Garments Made of Mylo, the "Leather" Alternative Grown From Mushrooms', in *Vogue*, 17 March.

Featherstone, M. (1982), 'The Body in Consumer Culture', *Theory, Culture and Society*, Vol. 1, No. 2, pp. 18–33.

Featherstone, M. (1984), 'Lifestyle and Consumer Culture', *Theory, Culture and Society*, Vol. 4, No. 1, pp. 55–70.

Federation de la Haute Couture et de la Mode. Available online: https://fhcm.paris/en/the-federation/ history/ (accessed 18 September 2019).

Financial Times (2003), 'The Rise of Asia Gathers Speed', 29 December. Finkelstein, J. (1996), *After a Fashion*, Melbourne: Melbourne University Press.

Finamore, M. T. (2009), '1: Before 1930', in Finamore, M. T. and Poulson, A., 'Fashion in Film', Oxford Art Online Available online: https://www.oxfordartonline.com

Fletcher, K. (2007), 'Clothes That Connect', in J. Chapman and N. Gant (eds), *Designers, Visionaries and Other Stories*, London: Earthscan.

Foley, Bridget. (2020), "Tom Ford Writes CFDA Members" in *Women's Wear Daily*, May 4. Available online: https://wwd.com/fashion-news/fashion-scoops/fashion-scoops-tom-ford-coronavirus-cfda- letter-from-the-chairman-1203627403/ (accessed 29 July 2020).

Font, L. (2009), 'Christian Dior', Oxford Art Online. Available online: https://www.oxfordartonline.com Fox, I. (2010), 'British Men Are Too Scruffy, Says Menswear Designer of the Year/Life and Style', *The*

Guardian (UK), 10 December.

Frankel, S. (2001), *Visionaries*, London: Victoria and Albert Museum Publications.

Frankel, S. (2006), 'French Fashion Draws a Veil Over Our Faces', *The London Independent*, 9 March.

Freud, S. (1965), *The Interpretation of Dreams*, trans. and ed. J. Strachey, London: George Allen & Unwin.

Friedman, U. (2015), 'How an Ad Campaign Invented the Diamond Engagement Ring,' *The Atlantic* (13 February). Available online: https://www.theatlantic.com/international/archive/2015/02/how-an- ad-campaign-invented-the-diamond-engagement-ring/385376 (accessed 26 April 2021).

Frith, S. (2000), 'Fashion as a Culture Industry', in S. Bruzzi and P. Church-Gibson (eds),

Fashion Cultures, London: Routledge.

Gale, C. and Kaur, J. (2004), *Fashion & Textiles: An Overview*, Oxford & New York: Berg. Galante, P.(1973), *Mademoiselle Chanel*, Chicago: Henry Regnery Co.

Galloway, S. and Mullen, M. (2009), 'The Biggest Opportunity for Luxury Brands in a Generation', *The European Business Review*. Available online: www.europeanbusinessreview. com/?p=2391

Garland, M. (1970), *Changing Form of Fashion*, New York: Praeger.

Genova, A. and Moriwaki, K. (2016), *Fashion and Technology: A Guide ot Materials and Applications,*

London and New York: Bloomsbury Academic Press.

Gerald, Jonas. (1967), 'Aglow.' *The New Yorker* (28 January). Available online: https://www. newyorker. com/magazine/1967/01/28/aglow-2 (accessed 17 August 2020).

Gill, A. (1998), 'Deconstruction Fashion: The Making of the Unfinished, Decomposing and Re-assembled Clothes', *Fashion Theory*, Vol. 2, No. 1, pp. 25–49.

Gill, A. (2006), 'In Trainers: The World's at Our Feet and the Multiple Investments in High Performance Shoe Technology', conference paper, Cultural Studies Association of Australia's UNAUSTRALIAN conference, University of Canberra, December.

Gilligan, S. (2000), 'Gwyneth Paltrow', in S. Bruzzi and P. Church-Gibson (eds), *Fashion Cultures: Theories, Exploration, and Analysis*, New York: Routledge.

Givhan, R. (2015), *The Battle of Versailles*, New York: Flatiron Books.

Glasscock, J. (2003), 'Bridging the Art/Commerce Divide: Cindy Sherman and Rei Kawakubo of Comme des Garçons'. Available online: www.nyu.edu/greyart/exhibits

Glynn, P.(1978), *In Fashion: Dress in the Twentieth Century*, New York: Oxford University Press. Golden, A. (1997), *The Memoirs of a Geisha*, New York: Alfred A. Knopf.

Goldberg, R. L. (1979), *Performance Live Art—1909 to the Present*, New York: Abrams.

Goldberg, R. L. (2001), *Performance Art: From Futurism to the Present*, London: Thames & Hudson. Grail Research (2009), 'Nielsen Global Luxury Brands Study', Fashion Industry Analysis, September.

Available online: www.grailresearch.com/pdf/ContenPodsPdf/Global_Fashion_Industry_ Growth_in_ Emerging_Markets.pdf

Greely, H. (1845), The New York *Tribune*, p. 1 c.3 (June 20); Reprinted in Commons, J. R. (1909), 'Horace Greely and the Working Class Origins of the Republican Party,' *Political Science Quarterly* (Vol. 24, No. 3: Sep. 1909): 472.

Gronemeyer, A. (1999), *Film: A Concise History*, London: Lawrence King.

Grovier, K. (2017), 'When Fashion and Art Collide', *BBC Online* (13 October). Available online: http:// www.bbc.com/culture/story/20170929-when-fashion-and-art-collide (accessed 25 May 2020).

Hauffe, T. (1998), *Design: A Concise History*, London: Lawrence King.

Haulman, Kate. (2014), *The Politics of Fashion in Eighteenth-Century America*. Chapel Hill, NC: University of North Carolina Press.

Healy, R. (1996), *Couture to Chaos*, Melbourne: National Gallery of Victoria.

Hebdige, R. (1987), interview in video *Digging for Britain: Postmodern Popular Culture and National ID*, Hobart: Tasmania School of Art.

Hebdige, R. (1997), 'Posing . . . Threats, Striking . . . Poses: Youth Surveillance and Display', in K. Gelder and S. Thornton (eds), *The Subcultures Reader*, pp. 393–405, London: Routledge.

Heinze, A. R. (1990), *Adapting to Abundance*, New York: Columbia University Press.

Heller, N. (1987), *Women Artists*, New York: Abbeville Press.

Herd, J. (1991), 'Death Knell of Haute Couture', reprinted in *Courier-Mail*, Brisbane, 10 August.

Hill, A. (2005), 'People Dress So Badly Nowadays', in C. Breward and C. Evans, *Fashion in Modernity*, Oxford: Berg.

Holborn, M. (1988), 'Image of a Second Skin', *Artforum*, Vol. 27, November, pp. 118–21.

Hollander, A. (1983), 'The Great Emancipator—Chanel', *Connoisseur*, February, pp. 82–91.

Hollander, A. (1984), 'The Little Black Dress', *Connoisseur*, December, pp. 80–9.

Hollander, A. (1988), *Seeing Through Clothes*, Berkeley: University of California Press.

Horyn, C. (2000a), 'On the Road to Fall, Paris at Last', *New York Times*, 1 March.

Horyn, C. (2000b), 'Galliano Plays His Hand Smartly', *New York Times*, 21 May.

Horyn, C. (2004), 'A Store Made for You Right Now: You Shop Until It's Dropped', *New York Times*, 17 February.

Horyn, C. (2006), 'Balenciaga, Weightless and Floating Free', *New York Times*, 4 October.

Howell, G. (2012), *Wartime Fashion: From Haute Couture to Homemade, 1939-1945*, London and New York: Berg Publishing.

The Independent (2010), 'Top Menswear Designers Mix Cheeky with Elegant', 28 June.

International Centre of Photography (1990), *Man Ray: In Fashion*, exhibition catalogue, New York:

International Centre of Photography.

Jackson, T. and Shaw, D. (2008), *Mastering Fashion Marketing*, London: Palgrave Macmillan. Kapferer, J. N. and Bastien, V. (2009), *The Luxury Strategy: Break the Rules of Marketing to Build*

Luxury Brands, London: KoganPage.

Kaplinger, M. (2008), 'Combatting Counterfeiting and Piracy: A Global Challenge', in WIPO 4th Global Conference, Geneva: WIPO.

Katz, I. (1996), 'Hollywood's Smash Its', *The Guardian, G2*, 14 August.

Kawamura, Y. (2004), 'The Japanese Revolution in Paris,' *Through the Surface*. Available online: www. throughthesurface.com/synopsium/kawamura

Kaye, L. (2011), 'Textile Recycling Innovation Challenges Clothing Industry', *The Guardian*, 23 June. Kettley, S. (2016), *Designing with Smart Textiles*, London: Fairchild Books.

Kidd, W. (2002), *Culture and Identity*, New York: Palgrave.

Kidwell, C. B. and Christian, M. C. (1974), *Suiting Everyone: The Democratization of*

Clothing in America, Washington, DC: Smithsonian Institute Press.

Kiefer, B. (2017) 'Why Benetton's provocative photographer Toscani thinks advertising is "totally stupid"' (6 December). Available online: https://www.campaignlive.com/article/why-benettons-provocative- photographer-toscani-thinks-advertising-totally-stupid/1452172 (accessed 24 April 2021).

Kinsella, S. (1995), 'Cities in Japan', in L. Skov and B. Moeran (eds), *Women, Media and Consumption in Japan*, Honolulu: University of Hawaii Press.

Knafo, R. (1988), 'The New Japanese Standard: Issey Miyake', *Connoisseur*, March, pp. 100–9.

Lauer, A. 'Under One Sky' and 'From Above, the Cinderella Effect'. Available online: AndreaLauer.com (accessed 23 October 2020).

Laurentiev, A. (ed.) (1988), *Varavara Stepanova: A Constructivist Life*, trans. W. Salmond, London: Thames & Hudson.

Laver, J. (1967), 'Fashion, Art and Beauty', *Metropolitan Museum of Art Bulletin*, Vol. 26, No. 3, pp. 130–9.

Laver, J. (1969), *A Concise History of Costume*, New York: Abrams.

Laver, J. (1995), *Costume and Fashion: A Concise History*, London: Thames & Hudson. Lehnert, G. (1998), *Fashion: A Concise History*, London: Lawrence King.

Laver, J. and Probert, C. (1982), *Costume and Fashion: A Concise History*, New York: Oxford University Press.

Leitch, L. (2020) 'Creating the Future: How Fashion Designers are Responding to the Crisis', in *Vogue*
June/July.

Lemire, B. (1991), *Fashion's Favourite: The Cotton Trade and the Consumer in Britain 1660–1800*, Oxford: Oxford University Press.

Leone, O. (n.d.) #INTERVIEWS, 'Masahiro Nakagawa one of 20471120′s founders'. Available online: https://www.lepetitarchive.com/interviews-masahiro-nakagawa-one-of-20471120s-founders/ (accessed 18 April 2021).

Leong, R. (2003), 'The Zen and the Zany: Contemporary Japanese Fashion', *Visasia*, 23 March.
Available online: www.visasia.com.au.

Lewis, John. (1994), 'Attention Shoppers: The Internet is Open', in *New York Times* (August 12, Section D, p. 1). Available online: https://www.nytimes.com/1994/08/12/business/attention- shoppers-internet-is-open.html (accessed 2 August 2020).

Leymarie, J. (1987), *Chanel*, New York: Skira/Rizzoli.

Loho, P. (2019) 'Telling the Forgotten Histories of Bauhaus Women', in *Metropolis Magazine,* 22 August.
Available online: https://www.metropolismag.com/design/bauhaus-women-global-perspective/ (accessed 8 September 2019).

Lipke, D. (2008), 'Is Green Fashion an Oxymoron?' *Women's Wear Daily*, 31 March.

Lipovetsky (1994), *The Empire of Fashion: Dress in Modern Democracy*, trans. Catherine Porter, Princeton: Princeton University Press.

Lloyd, M. (1991), 'From Studio to Stage', *Craft Arts*, Vol. 22, pp. 32–5. Lodder, C. (1983), *Russian Constructivism*, London: Yale University Press.

Loschek, Ingrid (2009), *When Clothes Become Fashion*, Charlotte: Baker & Taylor.

Lowthorpe, R. (2000), 'Watanabe Opens Paris with Technology Lesson', *The London Independent*, 9 October.

Lufkin, Bryan. (2020), 'The Curious Origins of Online Shopping', BBC.com (26 July). Available online: https://www.bbc.com/worklife/article/20200722-the-curious-origins-of-online-shopping (accessed 20 August 2020).

Lynam, R. (ed.) (1972), *Paris Fashion*, London: Michael Joseph. Lynton, N. (1980), *The Story of Modern Art*, Oxford: Phaidon.

MacDonell, N. (2019) 'Why Safari Style is No Longer Politically Correct,' *Wall Street Journal*
(23 January). Available online: https://www.wsj.com/articles/why-safari-style-is-no-longer-politically- correct-11548263049 (accessed 22 April 2021).

Mackerell, A. (1992), *Coco Chanel*, London: Batsford.

Madsen, A. (1989), *Sonia Delaunay: Artist of the Lost Generation*, New York: McGraw-Hill. Mah, A. (2006), 'Fakes Still Have Their Niche in China', *International Herald Tribune*, 5 March.

Maheshwari, Sapna. (2020), 'Lord & Taylor Files for Bankruptcy as Retail Collapses Pile Up', *New York Times* (2 August). Available online: https://www.nytimes.com/2020/08/02/business/Lord-and-Taylor- Bankruptcy.html (accessed 3 September 2020).

Martin, R. (1998), *Cubism and Fashion*, New York: Metropolitan Museum of Art.

Martin, R. and Koda, H. (1993), *Infra-Apparel*, Metropolitan Museum of Art, New York: Harry Abrams.

Marly, D. de (1980), *The History of Haute Couture 1850–1950*, New York: Holmes & Meier.

Marvin, C. (1990), *When Old Technologies Were New: Thinking About Electric Communication in the Late Nineteenth Century*, Oxford University Press, USA.

Massachusetts Bureau of Statistics (1875), in D. Crane (2000), *Fashion and Its Social Agenda*, p. 75, Chicago: Chicago University Press.

Mayman, Lynette. (2019), 'Loja Saarinen, Lady of Fashion', *Cranbrook Kitchen Sink* (1 March 1). Available online: https://cranbrookkitchensink.wordpress.com/2019/03/01/loja-saarinen-lady-of- fashion/ (accessed 8 November 2019).

McDermott, C. (2000), 'A Wearable Fashion', in *Vivienne Westwood; A London Fashion*, London: Philip Wilson.

McDowell, C. (1987), *McDowell's Directory of Twentieth-Century Fashion*, New York: Prentice-Hall.

McDowell, C. (1997), *The Man of Fashion: Peacock Males and Perfect Gentlemen*, London: Thames & Hudson.

McDowell, C. (2000), 'Fantasy and Role Play', in *Fashion Today*, pp. 460–92, London: Phaidon. McFadden, D. R. (1989), *L'Art de Vivre: Decorative Arts and Design in France 1789–1989*, Smithsonian

Institute, New York: Vendome Press.

McMahon, K. and Morley, J. (2011), 'Innovation, Interaction, and Inclusion: Heritage Luxury Brands in Collusion with the Consumer', in *Fashion and Luxury: Between Heritage and Innovation*, Paris: Institut Francais de la Mode.

McRobbie, A. (2000), 'Fashion as a Cultural Industry', in S. Bruzzi and P. Church-Gibson (eds), *Fashion Cultures*, London: Routledge.

Mendes, V. and de la Haye, A. (1999), *20th Century Fashion*, London: Thames & Hudson. Menkes, S. (2000), 'Fashion with Bells on It: Haute Couture or Caricature?', *International Herald

Tribune*, 13 July.

Menkes, S. (2005), 'Hussein Chalayan: Cultural Dialogues, New Feature', *International Herald Tribune*, 19 April.

Menkes, S. (2006), 'What Is Hidden, Secret and Interior Will Become the New Erotica', *International Herald Tribune*, 2 March.

Menkes, S. (2010), 'Celine's Chic Severity', *New York Times*, 7 March.

Merlo, Elisabetta and Carlo Marco Belfanti. (2019), 'Fashion, Product Innovations, and Consumer Culture in the late 19th century: Alle Città d'Italia department store in Milan', *Journal of Consumer Culture* Vol. 19, Issue 4 (Nov.) (first published online 14 September 2019). Available online: https:// journals.sagepub.com/doi/abs/10.1177/1469540519876005 (accessed 19 September 2019).

Metropolitan Museum of Art (1977), *Arts Décoratifs et Industriels Modernes, Paris Exhibition, 1925*, pp. 42–4, New York: Garland.

Metropolitan Museum of Art (2017), *Art of the In-Between,* Exhibition Guide, New York: Metropolitan Museum.

Miller, M.B. (1981), *The Bon Marché: Bourgeois Culture and The Department Store 1869–1920*, Princeton, NJ: Princeton University Press.

Milbank, C. R. (1985), *Couture: The Great Designers*, New York: Stewart, Tabori & Chang. Mitchell, L. (1999), 'Issey Miyake', in B. English (ed.), *Tokyo Vogue: Japanese/Australian Fashion*,

exhibition catalogue, Brisbane: Griffith University.

Mitchell, L. (ed.) (2005), *The Cutting Edge: Fashion from Japan*, Sydney: Powerhouse Museum. Mitchell, Rebecca N., ed. (2018), *Fashioning the Victorians: A Critical Sourcebook*, London and New

York: Bloomsbury Visual Arts,

Miyake, I. (1978), *East Meets West*, Tokyo: Heibon-Sha Ltd.

Moore, B. (2009), 'The Fashion Industry's Old Business Model Is Out of Style', *Los Ange-*

les Times, 13 September.

Moore, B. (2005), 'Tone in Chic', *Los Angeles Times*, 27 August.

Morgan, A. (2011), 'New Business Degree Makes Sustainability Its Starting Point', *The Guardian*,

14 April. Available online: www.guardian.co.uk/sustainable-business/blog/one-plan-et-mba-university- exeter

Morris, B. (1978), *The Fashion Makers*, New York: Random House.

Mossoff, Adam. (2011), 'The Rise and Fall of the First American Patent Thicket: The Sewing Machine War of the 1850s', in *Arizona Law Review* (Vol. 53: 2011, 165–211).

Mower, S. (2006), 'Paris Fashion Weekend; Special Report', *The Guardian*, 28 February.

Mulvagh, J. (1992), *Vogue History of 20th Century Fashion*, London: Bloomsbury.

Musée de la Mode et du Costume (1984), *Exposition—Hommage à Elsa Schiaparelli*, Paris: Palais Galleria.

The Nation, (2008), 'DHL Partners with eBay to Enhance Shipping Solutions for eBay Sellers', 9 December. Available online: www.nationmultimedia.com/

Neret, G. (1986), *The Arts of the Twenties*, New York: Rizzoli.

New Policy Institute and Joseph Rowntree Foundation (1993), 'Monotony, Poverty and Social Exclusion'. Available online: www.poverty.org.uk

Newman, A. and Patel, D. (2004), 'The Marketing Directions of Two Fashion Retailers', *European Journal of Marketing*, Vol. 38, No. 7, pp. 770–89.

Niwa, M. (2002), 'The Importance of Clothing Science and Prospects for the Future', *International Journal of Clothing Science and Technology*, Vol. 14, Nos. 3–4, p. 238.

Okonkwo, U. (2010), *Luxury Online*, London: Palgrave Macmillan.

Olds, A. (1992), 'Archives: All Dressed Up in Paper', *ID*, Vol. 39, No. 3, p. 17.

O'Neill, A. (2005), 'Cuttings and Pastings', in C. Breward and C. Evans (eds), *Fashion and Modernity*, Oxford: Berg.

Palmer, A. (2001), *Couture and Commerce: The Transatlantic Fashion Trade in the 1950s*, British Columbia: UBC Press.

Palmer, A., and Clark, H. (eds) (2005), *Old Clothes, New Looks: Second Hand Fashion*, London: Berg.

Palmer, Alex. (2015), 'How Singer Won the Sewing Machine War', in *Smithsonian Magazine* (14 July). Available online: https://www.smithsonianmag.com/smithsonian-institution/how-singer-won-sewing- machine-war-180955919/ (accessed 20 September 2019).

Palmer White, J. (1986), *Elsa Schiaparelli: Empress of Fashion*, London: Aurum Press.

Palmer White, J. (1988), *Haute Couture Embroidery: The Art of Lesage*, New York: Vendome Press.

Palmer White, J. (1991), 'Paper Clothes: Not Just a Fad', in P. Cunningham and S. Voso Lab (eds), *Dress and Popular Culture*, Ohio: Bowling Green State University Popular Press.

Pankhurst, R. (1999), interview with Richard Pankhurst, son of suffragette Emily Pankurst, in *The Suffragettes: 100 Images of the Twentieth Century*, video, New York: CAPA Productions.

Paulicelli, Eugenia. (2009) 'Fashion and Futurism: Performing Dress', *Annali D'Italianistica* 27: 187–207.

Available online: http://www.jstor.org/stable/24016255 (accessed 28 August 2020).

Penn, I. (1988), *Issey Miyake: Photographs by Irving Penn*, ed. N. Calloway, A New York Graphic Society Book, Boston: Little, Brown & Co.

PBS.org, 'Edison Outside the Lab' (n.d.). Available online: https://www.pbs.org/wgbh/americanexperience/features/edison-gallery/ (accessed 30 July 2020).

Peoples Wagner, Lindsay. (2018), 'Everywhere and Nowhere: What It's Really Like to Be Black and Work in Fashion', *New York Magazine*. August 23. Available online: https://www.the-cut.com/2018/08/what- its-really-like-to-be-black-and-work-in-fashion.html (accessed 13 November 2020).

Phelps, Nicole. (2020), 'Amazon Launches Luxury Stores on Its Mobile App With Oscar de la Renta as First Brand Partner', *Vogue* (15 September). Available online: https://www.vogue.com/article/amazon- launches-luxury-stores-oscar-de-la-renta (accessed 15 September 2020).

Pinnock, T. (2018), 'Try on, tune in, drop out: the story of Granny Takes A Trip and London's psychedelic tailors', uncut.co.uk. Available online: https://www.uncut.co.uk/features/try-tune-drop- story-granny-takes-trip-londons-psychedelic-tailors-102789/ (accessed 14 June 2021).

Poiret, P.(1915), 'From the Trenches', *Harper's Bazaar*, Vol. 50, No. 2. Poiret, P.(1931), '*En Habillant L'Époque*', n.p.

Polhemus, T. (1994), *Street Style: From Sidewalk to Catwalk*, London: Thames & Hudson. Polhemus, T. (1996), *The Customised Body*, London: Serpent's Tail.

Polhemus, T. and Proctor, L. (1978), *Fashion and Anti-Fashion: Anthropology of Clothing and Adornment*, London: Thames & Hudson.

Poulson, A. (2009), '2: After 1930', in Finamore, M. T. and Poulson, A., 'Fashion in Film', Oxford Art Online (https://www.oxfordartonline.com).

Powell, B. (2014), 'Meet the Old Sweatshops: Same as the New', in *The Independent Review* Vol. 19, No. 1 (Summer 2014), pp. 109–22.

Power, D. and Hauge, A. (2006), 'No Man's Brand—Brands, Institutions, Fashion and the Economy', research paper, Centre for Research on Innovation and Industrial Dynamics, Uppsala Universitet, Uppsala, Sweden.

Press, Gil. (2015), 'A Very Short History of the Internet and the Web', in *Forbes Magazine,* 2 Jan.

Available online: https://www.forbes.com/sites/gilpress/2015/01/02/a-very-short-history-of-the-internet-and-the-web-2/#134ba2187a4e (accessed 2 August 2020).

Putman, Tyler Rudd. (2010) 'The Slop Shop And The Almshouse: Ready-Made Menswear In Philadelphia, 1780-1820', Master's Thesis, University of Delaware.

Quantis (2018). Measuring Fashion: Environmental Impact of the Global Apparel and Footwear Industries Study.

Radner, H. (2001), 'Embodying the Single Girl in the 60s', in E. Wilson and J. Entwhistle (eds), *Body Dressing*, pp. 183–97, Oxford: Berg.

Reinach, S. S. (2005), 'China and Italy: Fast Fashion versus Prêt a Porter. Towards a New Culture of Fashion', *Fashion Theory*, Vol. 9, No. 1, pp. 43–56.

Ribeiro, A. (1988), *Fashion in the French Revolution*, London: Batsford.

Richmond, Vivienne. (2013), *Clothing the Poor in Nineteenth-Century England*. Cambridge: Cambridge University Press.

Richter, H. (1965), *Dada—Art and Anti-Art*, New York: Abrams.

Riis, Jacob August. (1890), *How the Other Half Lives,* New York: Charles Scribner's Sons.

Rissanen, T. (2005), 'From 15%–0: Investigating the Creation of Fashion without the Creation of Fabric Waste', presented at the conference Creativity: Designer Meets Technology, Europe 27–29 September, Copenhagen, Denmark, KrIDT and Philadelphia University (US). Available online: www.kridt.dk/ conference/speakers/Timo_Rissanen.pdf

Roberts-Islam, Brooke. (2019), World's First Digital-Only Clothing Sells for $9,500', *Forbes Magazine* (14 May). Available online: https://www.forbes.com/sites/brookerobertsislam/2019/05/14/worlds-first- digital-only-blockchain-clothing-sells-for-9500/#6ff8f0d1179c (accessed 14 August 2020).

Rovine, V. L. (2005), 'Working the Edge: XULY.Bët's Recycled Clothing', in A. Palmer and H. Clark (eds), *Old Clothes, New Looks: Second Hand Fashion*, London: Berg.

Sabin, R. (ed.) (1999), *Punk Rock: So What? The Cultural Legacy of Punk*, New York: Routledge. Saiki, M. K. (1992), 'Issey Miyake—Photographs by Irving Penn', *Graphis*, July/August, Vol. 48, No. 280.

Saisselin, R. G. (ed.) (1984), *The Bourgeois and the Bibelot*, New York: Rutgers University Press. Sarabianov, D. and Adaskina, N. (1990), *Liubov Popova*, New York: Abrams.

Scaturro, S. (2008), 'Eco-tech Fashion: Rationalizing Technology in Sustainable Fashion, *Fashion Theory*, Vol. 12, No. 4, pp. 469–89.

Schiaparelli, E. (1984 [1954]), *Shocking Life*, London: J. M. Dent & Sons Ltd. Schwartz, B. (2009), 'Style-Fashion in Dark Times', *The Atlantic*, June.

Scottish Arts Council (1975), 'Fashion 1900–1939', exhibition catalogue, Edinburgh: Scottish Arts Council.

Seebohn, C. (1982), *The Man Who Was Vogue: The Life and Times of Condé Nast*, New York: Viking. Settle, Alison. *Clothes Line*, Methuen and Company Limited, London, 1937, p.14.

Shaw, M. (2012), 'Slave Cloth and Clothing: Craftsmanship, Commerce, and Industry', in *Journal of Early Southern Decorative Arts* (Vol. 33). Available online: https://www.mesdajournal.org/2012/ slave-cloth-clothing-slaves-craftsmanship-commerce-industry/ (accessed 18 June 2021).

Shonfield, S. (1982), 'The Great Mr Worth', *Journal of the Costume Society*, No. 16, pp. 57–8. Simms, J. (2008), 'E-male Order: Buying Clothes on the Net Is No Longer Just for Girls', *The Independent*, 28 April.

Simon, J. (1999), *'Miyake Modern'*, New York: Little, Brown & Co.

Smith, P. (1968) Body Covering. [Exhibition catalog] Museum of Contemporary Crafts, the American Craft Council, New York

Somerville, K. (2011), 'Rebels & Rulebreakers', in *Manstyle*, Melbourne: NGV.

Sozanni, F. (2011), 'What About Chinese Fashion Designers? And Fashion in China?' Available online: www.vogue.it/en/magazine/editor-s-blog/2011/04/april-1st (accessed 18 June 2021).

Standen, D. (2011), 'John Varvatos style.com', *Runway Review*, 18 June. Staniszewski, M-A. (1998), *The Power of Display*, Cambridge, MA: MIT Press. Steele, V. (1988), *Paris Fashion*, Oxford: Oxford University Press.

Steele, V. (1991), *Women of Fashion: Twentieth-Century Designers*, New York: Rizzoli. Steele, V. (1998), *Paris Fashion: A Cultural History*, Oxford: Berg.

Steele, V. (2000), *Fifty Years of Fashion: New Look to Now*, New Haven, CT: Yale University Press. Steele, V. (2011), 'Fashion and Art', lecture, November, Queensland University of Technology, Brisbane, Australia.

Stempniak, K. (2019), 'Benetton & Fashioning Controversy', blog for *The Devil's Tale,* Duke University Library (8 April).

Stern, R. (2004), *Against Fashion: Clothing as Art 1850–1930*, Cambridge, MA: MIT Press.

Storey, H. and Ryan, T. (2011), 'Catalytic Clothing', Dezeen Blog Archive, 15 June. Available online: www.dezeen.com/2011/06/15/catalytic-clothing-by-helen-storey-and-tony-ryan/ (accessed 18 June 2021).

Sullivan, J. C. (2013), 'How Diamonds Became Forever', *The New York Times*, 3 May.

Takeda, S. et al. (2015), *Reigning Menswear: Fashion in Menswear 1715-2015,* Los Angeles, CA: Los Angeles County Museum of Art.

The Story of Fashion: The Age of Dissent (1985), video, London: RM Arts Production.

Taylor, L. (1999), 'Wool Cloth and Gender: The Use of Woollen Cloth in Britain 1865–1885', in E. Wilson and A. de la Haye (eds), *Defining Dress: Dress as Object, Meaning and Identity*, Manchester: Manchester University Press.

Taylor, L. (2002), *The Study of Dress History*, Manchester: Manchester University Press. Thomas, D. (2005), 'If You Buy One of These Fake Bags . . .', *Harper's Bazaar*, April, pp. 75–6.

Thomas, S. (2008), 'From "Green Blur" to Ecofashion: Fashioning an Eco-lexicon', *Fashion Theory*, Vol. 12, No. 4, pp. 525–40.

Tomlinson, A. (ed.) (1990), *Consumption, Identity and Style*, London: Routledge.

Tortora, P. G. and Marcketti, S. B. (2015), Sixth Edition. *Survey of Historic Costume,* London and New York: Fairchild Books.

Townsend, C. (2002), *Rapture: Arts Seduction by Fashion*, London: Thames & Hudson. Trebay, G. (2001), 'Boys Don't Cry: Fashion Falls for a Tough Look', *New York Times*, 3 April.

Trebay, G. (2004), 'Fashion Diary: Making a Surreal Trip onto a Nightclub Runway', *New York Times*, 4 March.

Trebay, G. (2006), 'Woman Masked, Bagged and, Naturally, Feared', *New York Times*, 1

March. Troy, N. (2003), *Couture Culture*, Cambridge, MA: MIT Press.

Undressed: Fashion in the Twentieth Century (2001), video, Little Bird/Tatlin Production, London: Beckmann Visual Publications.

Van Godtsenhoven, Arzalluz and Debo (eds) (2016), *Fashion Game Changers: Reinventing the 20th Century Silhouette*, London: Bloomsbury Visual Arts.

Varnedoe, K. and Goprik, A. (1990), *High and Low, Modern Art and Popular Culture*, Museum of Modern Art, New York, New York: Harry Abrams Press.

Veblen, T. (1965 [1899]), *The Theory of the Leisure Class (The Writings of Thornstein Veblen)*, New York: Macmillan.

Von Drehle, D. (2006), 'Uncovering the History of the Triangle Shirtwaist Fire', in *Smithsonian Magazine* (August). Available online: https://www.smithsonianmag.com/history/uncovering-the-history-of-the- triangle-shirtwaist-fire-124701842/ (accessed 2 January 2020).

Von Hahn, K. (2006), 'Noticed Sad Chic', *Globe & Mail*, Toronto, 18 March.

Walsh, M. (1979), 'The Democratization of Fashion', *Journal of American History*, Vol. 66, No. 2, pp. 299–313.

Watson, L. (2003), *Twentieth-Century Fashion*, London: Carlton Books.

Weir, J. (1985), 'Fashion; Closing the Gender Gap,' *New York Times,* 30 June, Section 6, Page 44. (accessed 23 November 2020).

Westwood, Vivienne. Blog, 'The Story So Far', n.d. Available online: https://blog.viviennewestwood.com/ the-story-so-far/ (accessed 17 July 2020).

White, C. (1998), 'Celebrating Claire McCardell', *New York Times,* Section B, p. 15 (17 November). Whitely, N. (1989), 'Interior Design in the 1960s: Arena for Performance', *Art History*, Vol. 10, No. 1, pp. 79–90.

Wicker, A. (2020), 'Fast Fashion is Creating an Environmental Crisis', *Newsweek Magazine* (1 September). Wilcox, C. and Mendes, V. (eds) (1998), *Modern Fashion in Detail*, London: Victoria and Albert Museum.

Wilson, E. (1985), *Adorned in Dreams*, London: Virago.

Wilson, E. and de la Haye, A. (1999), *Defining Dress: Dress as Object, Meaning and Identity*, Manchester: Manchester University Press.

Winge, T. M. (2008), 'Green Is the New Black: Celebrity Chic and the "Green" Commodity Fetish', *Fashion Theory*, Vol. 12, No. 4, pp. 511–24.

Worth, F. C. (1895), *Some Memories of Paris*, trans. F. Adolphus, New York: Henry Holt. Wynhausen, E. (2008), 'Following the Thread', *The Weekend Australian*, 6–7 September. Yamamoto, Y. (2002), *Talking to Myself*, Milan: Carla Sozzani.

Yan, H. (2011), 'Lower Tariffs Might Boost Luxury Buys', *China Daily Business News*, 16 June. Available online: www.chinadaily.com.cn/bizchina/2011-06/16/content_12714105.htm (accessed 18 June 2021).

Yves Saint Laurent Retrospective (1986), exhibition catalogue, Sydney: Art Gallery of New South Wales. Zola, E. (1989 [1883]), 'Au Bonheur des Dames', in S. Bayley (ed.), *Commerce and Culture*, pp. 53–6, London: Fourth Estate.

图片来源

0.1 Bain News Service/George Grantham Bain Collection/Library of Congress

1.1 National Child Labor Committee collection, Library of Congress

1.2 Universal History Archive/Universal Images Group via Getty Images

1.3 Collection: The Metropolitan Museum of Art, NY[69.524.35]. Rogers Fund and The Elisha Whittelsey Collection, The Elisha Whittelsey Fund, 1969

1.4 Collection: The Metropolitan Museum of Art, NY.[46.25.1a-d]. Gift of Mrs. Philip K. Rhinelander, 1946

1.5 Historical Picture Archive/CORBIS/Corbis via Getty Images

1.6 Library of Congress

2.1 Imagno/Getty Images

2.2 Imagno/Getty Images

2.3 Topical Press Agency/Getty Images

2.4 Apic/Getty Images

2.5 Chicago History Museum/Getty Images

2.6 Roger Viollet via Getty Images/Roger Viollet Collection/Getty Images

2.7 Apic/Getty Images

2.8 Lusha Nelson/Cond é Nast via Getty Images

2.9 Luigi Diaz/Getty Images

2.10 Cecil Beaton/Cond é Nast via Getty Images

2.11 Robert Randall/Cond é Nast via Getty Images

3.1 Cond é Nast via Getty Images

3.2 Pierre Mourgue/Cond é Nast via Getty Images

3.3 Charles Sheeler/Cond é Nast via Getty Images

3.4 George Hoyningen-Huene/Cond é Nast via Getty Images

3.5 Keystone-France/Gamma-Keystone via Getty Images

3.6 George Hoyningen-Huene/Cond é Nast via Getty Images

3.7 Universal History Archive/Universal Images Group via Getty Images

3.8 Fine Art Images/Heritage Images/Getty Images

4.1 National Child Labor Committee collection, Library of Congress, Prints and Photographs Division

4.2 National Child Labor Committee collection, Library of Congress, Prints and Photographs Division

4.3 George Grantham Bain Collection, Library of Congress

4.4 New York World-Telegram and the Sun Newspaper Photograph Collection, Library of

Congress

4.5 Popular and applied graphic art print fi ling series, Library of Congress

4.6 Serge Balkin/Cond é Nast via Getty Images

4.7 Horst P. Horst/Cond é Nast via Getty Images

4.8 Genevieve Naylor/Corbis via Getty Images

4.9 Bettman/Getty Images

4.10 Genevieve Naylor/Corbis via Getty Images

5.1 Bill Brandt/Getty Images

5.2 Henry Clarke/Conde Nast via Getty Images

5.3 Serge Balkin/Conde Nast via Getty Images

5.4 Erwin Blumenfeld/Conde Nast via Getty Images

5.5 Keystone/Getty Images

5.6 Ian Forsyth/Getty Images

5.7 John Minihan/Getty Images

5.8 Reg Lancaster/Daily Express/Hulton Archive/Getty Images

5.9 Universal History Archive/Universal Images Group via Getty Images

5.10 Keystone/Hulton Archive/Getty Images

5.11 George Freston/Fox Photos/Hulton Archive/Getty Images

5.12 SSPL/Getty Images

5.13 Gianni Penati/Conde Nast via Getty Images

6.1 Erica Echenberg/Redferns

6.2 Daily Mirror / Bill Kennedy/ Mirrorpix/Mirrorpix via Getty Images

6.3 David Corio/Redferns

6.4 Dave Hogan/Hulton Archive/Getty Images

6.5 Dimitrios Kambouris/Getty Images

6.6 Niall McInerney

6.7 Niall McInerney

6.8 Niall McInerney

6.9 Niall McInerney

7.1 Niall McInerney

7.2 Niall McInerney

7.3 Thierry Chesnot/Getty Images

7.4 Niall McInerney

7.5 Niall McInerney

7.6 Niall McInerney

7.7 Niall McInerney

7.8 Brian ZAK/Gamma- Rapho via Getty Images

7.9 Niall McInerney

7.10 Niall McInerney

7.11 Niall McInerney

7.12 Niall McInerney

7.13 Niall McInerney

7.14 Niall McInerney

7.15 Niall McInerney

7.16 Niall McInerney

7.17 Niall McInerney

7.18 Antonio de Moraes Barros Filho/WireImage

7.19 PIERRE VERDY/AFP via Getty Images

8.1 Arthur Elgort/Conde Nast via Getty Images

8.3 Niall McInerney

8.4 Niall McInerney

8.5 Barbara Alper/Getty Images

8.6 Niall McInerney

8.7 Niall McInerney

8.8 Niall McInerney

8.9 julio donoso/Sygma via Getty Images

8.10 Niall McInerney

8.11 Niall McInerney

8.12 Niall McInerney

8.13 Niall McInerney

9.1 SenseiAlan

9.2 Stephane Cardinale/Corbis via Getty Images

9.3 Tim Boyle/Newsmakers

10.2 Peter White/Getty Images

10.3 Darren Gerrish/WireImage

10.4 ANNE-CHRISTINE POUJOULAT/AFP via Getty Images

10.5 SCOTT MORGAN /Patrick McMullan via Getty Images

11.1 Andrea Lauer

11.2 Andrea Lauer

11.3 Andrea Lauer

11.4 Andrea Lauer

11.6 Andrea Lauer

11.7 Heidi Boisvert

11.8 Heidi Boisvert

11.9 Heidi Boisvert

11.11 PBS

11.12 Dan Kitwood/Getty Images

11.13 Victor Boyko/Getty Images

11.14 Victor VIRGILE/Gamma-Rapho via Getty Images